从历史与科学的角度切入
沿应用与传播的途径展开
以文化与美学的眼光欣赏
是赏析数学文化的袖珍百科

张景中 2022年4月

数学是奇异的旅行
　　是纯美的艺术
它能启迪心智，增强想象力
本书作者长期活跃在数学教研第一线
点赞这样高水平的作者传播数学文化！

杨鸿
2022年4月12日

数学文化赏析

张文俊　编著

内容提要

　　本书作为大学生数学综合素养教育用书，采用轻松的语气，从宏观的角度，以介绍数学的对象、内容、特点、思想、方法为载体，通过数学问题、生活案例、魔术游戏等，使读者领悟数学之魂、认识数学之功、经历数学之旅、体会数学之理、剖析数学之辩、欣赏数学之美、领略数学之奇、品味数学之趣、感受数学之妙、思考数学之问，准确、完整、科学地认识数学的实质，弄清数学的脉络与层次，体会数学思想方法的深刻性与普适性，感受数学的魅力. 本书不涉及深奥的数学知识，从历史与科学的角度切入，沿应用与传播的途径展开，以文化与美学的眼光欣赏，寓知识性、科学性、思想性、趣味性和应用性于一体，漫谈但不失严谨，通俗却不欠深刻，科学又不乏趣味.

　　本书配有全套设计精美的教学课件，可作为普通高等学校通识类课程——"数学文化"的教学用书，也可作为通俗读物，供教师、学生和其他数学爱好者阅读.

【作者简介】

　　张文俊，男，1963 年 3 月生，理学博士、博士后、二级教授. 1983 年于河南大学数学系毕业并留校任教，1995 年晋升教授，1996 年进入深圳大学工作，现任深圳大学数学与统计学院教授.

序　一

　　数学的基本研究对象有数与形，对它们的研究形成了数论、代数学与几何学．

　　自从变量引入数学以后，作为变量之间的关系，函数成为数学的一个基本研究对象．数可看成静态的函数，形可由函数表达，函数是数与形两者的推广与桥梁，并成为研究数与形的新的有力工具．函数研究的基本思想与方法主要是处理无穷的极限．函数与极限的引入不仅使得对数与形的研究与认识更丰富、更深入，也使得数学内容大大扩展了，从而产生了分析学．简言之，分析学研究函数与极限．

　　分析学在数论、代数学、几何学及拓扑学等中发挥着重要作用，比如在本书最后一章提到的几个问题的认识与证明中．在证明费马大定理中起基本作用的椭圆曲线（亏格为1的光滑复射影代数曲线）与模形式（一类复变函数）源于椭圆函数论与复变函数论，这里椭圆函数来源于求椭圆长度得到的椭圆积分．庞加莱猜想纯属拓扑学问题，它的证明却需要利用偏微分方程．黎曼假设的陈述事实上是一个关于复变函数的命题，却等价于一个精确的素数分布公式猜想，而素数分布问题表面上看与虚数毫无关系．

　　无疑，早先研究的数与形源自现实世界．人类思维的力量与神奇之处在于，人们并未受限于此，而是超前研究这些对象延伸在人类思维中并经过思维提炼的抽象存在及其固有规律，提供深入认识客观世界的新思想与新方法，这业已成为现代数学科学的一大特点，而随后对这些抽象物的现实存在性或意义的确认，证明了这种前瞻性研究的威力．

　　著名的例子包括虚数、代数结构、高维空间．引进虚数的动力来自三次方程的根式求解．中学都学过二次方程的根式求解，中国古代数学的割补术提供了解法．早先人们认识的是实数，当遇到 $x^2+1=0$ 的情形时，就认为该方程无解，不予深究．有了二次方程的根式求解，人们自然想知道三次、四次方程的根式求解问题．在16世纪，数学家们探讨了这个问题，将三次方程的求解转化为二次方程的求解，特别发现有一类三次方程会转化为判别式小于0的二次方程，并期待该三次方程的实数根由其转化的二次方程的虚数根表达出来．这就促使人们研究、引进了复数及其四则运算．代数结构是数的运算及其规律的延伸，人们意识到运算及运算律不必局限于现实中的数，可以深化扩展至"类的运算"乃至集合中元素的运算，这样便产生了抽象的概念与方法，比如群、环、域等，从而形成研究运算及其规律的代数学．我们所处的3维空间是现实的，其所有线性变换组成的空间自然是合理的数学研究对象，它已是9维空间，人们看不见摸不着，但数学思维能感知．

　　这些都引出数学的一个奇特性质——"无用之用"．"无用之用"语出庄子．庄子曰："人皆知有用之用，而莫知无用之用也．"从文化的角度看数学，容易理解庄子富有辩证思想、充满哲理的话．

科学研究是"探赜索隐，钩深致远"，是"格物致知"，源于对奥秘的好奇与探索、对新知识的渴望，力求突破人类认知的前沿边界与局限，创造新知识，为构建知识体系做出新贡献并推动科学文化的进步与发展，不一定是为了实用目的，甚至并无实用背景与实用需求，往往表面上看来与实用联系不明显．比如上述超前抽象物的研究，貌似"无用"，但其奇妙的价值便是庄子所说的"无用之用"，日后有着神奇的应用与实用．以往看似纯粹的抽象物，如虚数、代数结构、高维空间等，如今已经成为真实世界的基础，并得到了广泛深入的应用．

科学体系包括科学知识体系和科学文化，是人类宝贵的财富，是无价之宝．它的构建与应用造福全人类．它通过长期的积累，带给我们现今的文明；它今天不断地创新，也必将塑造我们美好的未来．"无用之用"的科学研究是做铺垫、打基础、利长远，目标是"构建科学体系"，这本身就是一种"用"．这类"无用之用"的科学研究在构建科学体系中十分关键、不可替代．

数学是科学体系的基石．数学对人类文明做出重大贡献，没有数学，就没有现代文明．数学彰显人类心智的荣耀并展示人类思维的威力．

数学除了从外部吸取营养外，还具有强大的内蕴力量，自身产生了大量问题与奥秘．数学研究的"有用之用"与"无用之用"均十分显著．"无用之用，众用之基"，现代文明已经充分证明了这一点．

华罗庚先生说过，"宇宙之大，粒子之微，火箭之速，化工之巧，地球之变，生物之谜，日用之繁，无处不用数学"．华先生曾在我国首倡将研究计算技术列为紧急措施，是中科院计算技术研究所筹备组组长，率先推动计算机科学与技术在我国的发展．

数学业已突破传统的应用范围，向着几乎所有人类知识领域渗透，产生了众多交叉学科，越来越直接地为人类物质生产与日常生活做贡献，也比以往任何时候都更为牢固地确立了她作为整个科学技术之基础的地位．

从文化的角度看数学，我们既要重视"有用之用"，也要重视"无用之用"．数学文化建设本身也蕴涵"无用之用"，虽然一般不即刻产生经济效益、实用效益，但却产生了无法估量的社会效益、文化效益．

数学在传播（数学普及、数学教育）与发展（数学创新）中产生文化效益．重视、加强数学文化建设是非常重要、十分必要的．

数学普及与数学教育源远流长．古今中外都重视数学普及与数学教育．数学早已成为人们受教育的主要课程，并在社会上得到一定普及．在中国，数学教育作为"六艺之一"始于西周，从起初的贵族教育发展到孔子的有教无类；在古希腊，柏拉图主张人人学数学，首次提出包括算术、几何的"四科"．

今天，科技创新与科学普及被当作实现创新发展的两翼，相辅相成，共同驱动国家的科技创新发展．以往的数学普及与新时代的要求还有距离，新的形势赋予数学文化建设新的内涵与任务.

数学是一切科学的基础,离开了数学就无法准确认识这个社会.联合国教科文组织(UNESCO)曾指出:"数学是理解世界及其发展的一把主要钥匙."数学文化建设有益于帮助大众认知、理解这个充满科学的世界,推动社会发展,有助于产生一批有数学功底的科技工作者队伍推动科技创新.总之,数学文化建设能够促进人类文明的进步.

人类的伟大之处在于自身的思维能力.数学是人类智慧的结晶、思维的体操,体现全方位思维能力,如逻辑、推理、演绎、分析、归纳、类比、联想、灵感、条理、整理、想象力、抽象力、记忆力、思考力、专注力、判断力、周密全面、严谨严密、把握重点、分清主次、去伪存真、去粗取精、辩证思维、直觉与美感等.数学训练是一种全面理性训练、思维训练,有益于开发人们的大脑、发展人们的思维能力.

掌握必要的数学知识、接受数学文化熏陶是每个受教育者的必做功课.数学的发展是人们不懈追求真理的历史,反映了科学精神与科学家精神,体现了数学文化.在数学课堂上,贯穿这些数学文化要素,穿插数学史故事,再现数学中实事求是的案例,比如三次数学危机的处理等,本身就是很好的思政教育,定会令人们获益匪浅.

数学文化建设应一方面通过数学教育、数学普及提升大众对数学的认识与理解,使数学更加平易近人,使人们进一步理解与崇尚数学、乐于接受数学文化熏陶、提升科学素质、遵循理性、言行诚实,在社会上形成推崇求是精神与理性思维的风尚,另一方面通过弘扬科学精神、科学家精神,培养一大批人喜欢和善用数学,培养一批人热爱数学、勇于探索数学及其应用,促进科技创新.要在社会上形成这样的氛围:从事科学研究、数学研究以及对所有这些事业的培育是高尚的、光荣的,使数学普及与数学创新交相辉映,为实现国家创新发展、建设世界科技强国做出贡献.

这本书从文化的角度、以开阔的视野看待数学,意欲提升读者的数学兴趣.可以看出作者花了大量时间、精力、心思来准备与遴选书中的素材.这么丰富的素材是需要平时费心不断积累的,如何精练选材、组材是需要精心思考琢磨的.素材的选取也反映了作者的高标准.比如"数学之问"一章选取了"古代几何作图三大难题""费马大定理""哥德巴赫猜想""四色猜想""庞加莱猜想""黎曼假设"这些数学史上非常重要和有影响的问题.当然,也应注意,数学中尚有不少问题虽然不够著名,但对数学发展同样产生着重大影响.

这本书还有以下特点:各章节独立性强,每章都配有思考题,每节大都配有"欣赏与思考"栏目.读者基本上可以按照自己的兴趣、以自己的顺序赏析阅读本书.另外,完成书中的思考题也会有助于提高自己对数学文化的认识与赏析水平.

"赏析"的书名很有讲究、很有意思.边欣赏,边分析:欣赏中学习、分析中思考,体现了我国自古就有的学思结合思想.比如 e,π 具有神奇的无理数、超越数性质,除了欣赏,知其然,还可分析,知其所以然.这些有趣的数论问题,其解决需要用微积分、复分析等方法.对于有志大学生,利用所学的高等数学知识,解决中学就听过但不知如何处理的问题，能更好体会数学的交融性和数学文化的力量．边分析，边鉴赏：比如通过分析平行公设问题，可鉴别出三类非欧几何，联系着微分几何与复变函数论，感受数学文化的魅力与神奇．

许多高校重视数学文化建设，专门开设"数学文化"课，我衷心推荐这本书作为这一课程的教科书，也衷心推荐这本书作为中学生、大学生、科学工作者的课外通俗读物．

周向宇

2022 年 4 月

于中关村

序 二

《数学文化赏析》是张文俊教授面向大学生综合素质教育而倾心撰写的又一部佳作.

31 年前我与文俊同时考取复旦大学的研究生,在任福尧教授指导下攻读复分析方向的博士学位. 由于同门同级,自然被分配到同一间研究生宿舍,因此在复旦数学系就有了我俩如影随形的"佳话". 的确,那是一段风华正茂的难忘岁月,我俩经常为一个不等式而彻夜长谈,也常常为数学不同分支间的联系而各抒己见,围绕科学发展史有过突发奇想的交流,甚至关于世界各地林林总总的文化现象也有浓厚的切磋兴趣. 从复旦毕业后,文俊先是去中国科学技术大学做博士后研究,接着去深圳大学担任数学教授. 在此后的岁月里,我们虽然再没有复旦校园里如影随形般的深度交流机会,但每次见面还是相谈甚欢,源于复旦校园的谈天说地的热情从来没有中断过. 慢慢地我发现,身居深圳特区的文俊,开始对数学文化大感兴趣,见面时他越来越多地谈论起丰富多彩的数学文化. 直到有一天我在网上搜索到他关于数学文化的一系列演讲视频,细细品味,才真正认识到他已经成为数学文化领域一位出色的学者.

上述回忆对我理解这本《数学文化赏析》似乎是必不可少的,因为正是这些背景使我能够更高效、更深入地阅读此书. 翻开每一页书稿,于我而言,这远不是一行行文字,仿佛是文俊用他那略带河南味的普通话,在抑扬顿挫之间把数学与文化引流至一道宽阔的河面,娓娓道来,精彩绝伦. 纵览全书,我有以下三点体会,供读者参考.

一是,研究和欣赏数学文化需要内外贯通的文化视野. 文化是人类在社会历史发展过程中所创造的物质财富和精神财富的总和. 数学本身自然是人类文化的一部分. 然而,由于这一部分不同于一般的大众文化,它具有深奥的专业性,人们便希望通过其外延感受数学存在和发展的魅力,更关心数学的思想、精神、方法、观点、语言,以及它们的形成和发展过程,包括数学家、数学史、数学美、数学教育、数学与各种文化现象的关系,等等. 因此,我们研究和欣赏数学文化就必须面对数学的内外关系问题,既要对数学的核心层有准确的把握,又要对其辐射出去的外在文化空间有清晰的认识. 这并不要求大家都成为数学家和文化学者,但建立起数学内外贯通的文化视野的主动性似乎是必要的. 本书十分精彩地驾驭了数学的内外关系,把数学的严谨性和文化的生动性展示得天衣无缝.

二是,研究和欣赏数学文化需要系统论和还原论辩证统一的思想方法. 数学是影响人类文明进程的大学问,枝繁叶茂、源远流长. 按还原论的观点,人们已经把它分类为几何、代数、分析、概率等一系列组成部分. 还原论派生出来的方法论无疑非常有助于将复杂的研究对象简单化、具体化,不断进行深化分析,从而系统认识数学大厦的基本构成. 遗憾的是,数学作为一种文化现象,这种分类往往并不利于考察其对人类社会影响的整体性.

本书从数学之魂、数学之功、数学之旅、数学之理、数学之辩、数学之美、数学之奇、数学之趣、数学之妙和数学之问十个方面，系统深入地阐述了数学的对象、内容和思想方法的文化价值，用系统论和还原论辩证统一的思想方法有效规避了数学文化的孤立主义陷阱. 这是本书的突出特色，值得特别点赞.

　　三是，研究和欣赏数学文化需要与时俱进的文化情趣. 数学是一门古老的学问，从历史上考察数学的进步无疑是揭示数学文化层面的重要途径. 必须注意，数学更是不断发展演化的活的学问，追根溯源的目的是为了走向未来. 因此，以史为鉴，紧扣科技发展和社会进步的时代主题，从具体的数学概念、数学方法、数学思想中揭示数学的文化底蕴一定是感受数学文化更为生动的途径. 本书在阐述数学的魂、功、旅、理、辩、美、奇、趣、妙和问的过程中牢牢把握数学发展的时代性，用一系列鲜活的时代文化案例展示出数学发展的强劲动力. 坦率而言，数学本身绝对不缺少时代张力，很多时候缺少的是我们与时俱进的数学文化情趣. 本书将数学史与数学新发展有效衔接，将数学流嵌入到生活流和科技流之中，水乳交融，引人入胜.

　　我们固然可以给数学文化下一个定义，但这并不能增加我们对其更为真切的感受. 要真正感受数学文化的魅力，我以为也如王国维所言，要经过三种境界. 王国维在《人间词话》中说，成大事业、大学问，要经过三种境界. 第一境界：昨夜西风凋碧树，独上高楼，望尽天涯路；第二境界：衣带渐宽终不悔，为伊消得人憔悴；第三境界：众里寻他千百度，蓦然回首，那人却在，灯火阑珊处. 阅读《数学文化赏析》，体会这三种境界，一定是感受和欣赏数学文化魅力的有效途径. 是为序.

乔建永
2022 年 4 月
于北京

前　言

有人认为，数学就是一些知识、方法和工具，是学校教育必教、升学考试必考的一门课程，很少有人去思考，为什么数学会受到如此重视？数学对人类的影响到底有多大？要透彻地解释这些问题并不容易，但有两句话值得关注：第一句是，一个人不识字甚至不会说话可以生活，但是若不识数，就很难生活；第二句是，一个国家的科学水平可以用它消耗的数学来度量. 前一句比较通俗，但颇为深刻；后一句比较高雅，且非常精彩！它们都说明数学对人类生存、生活以及社会进步、科技发展有着重要影响. 其实，数学源于实践、追求永恒、强调本质、关注共性，识方圆曲直、判正负盈亏，时时为人解难；数学思想深刻、方法巧妙、形式优美、内容广阔，析万事之理、解万象之谜，处处引人入胜；数学根基简明、推理严密、结论可靠、应用广泛，可化繁为简、能化难为易，事事让人放心. 数学是数量与空间的组合，是科学与艺术的统一，是人类思维的体操，更是人类不可缺少的素质. 代数简洁、几何优雅、分析严谨，数学充满魅力，使人着迷. 近年来，伴随信息化时代的步伐，数学已经名副其实地成为现代文化的重要力量，人人需要、事事相关、时时依靠. 它不仅仅是一些知识，还是一种思维，即"数学思维"；不仅仅是一种工具，还是一种素质，即"数学素质"；也不仅仅是一门学科，更是一种文化，即"数学文化". 数学文化正在以不可阻挡之势，走进我们的教育、科技、经济、金融、管理、生活等各个领域，影响着人类的观念、思想和行为.

数学经世致用. 像文学艺术探索和描绘人类的心灵世界一样，数学探索和表达自然的奥秘，分析和描述社会的本质，是人类认识与改造自然、理解与发展社会的重要动力. 作为一门课程，数学知识是学习与理解其他知识的基础，在世界各地，在学校教育的各个阶段，数学是教学时间最长、分量最重、要求最高的课程. 作为一种工具，数学方法是人们生存、生产、生活的得力助手，在人类社会的各个领域，在生产、生活的各个方面，在科学技术的各个分支，在社会发展的各个阶段，尤其是关键时刻，数学都扮演着极其重要、不可替代的角色. 作为一种语言，数学的符号、公式、图形等是描述自然与社会现象的通用语言，它以简洁而精确的方式，描绘宇宙万物的本质与共性，揭示自然、社会的模式与规律. 作为一种思维，数学严谨、精细、简洁、可靠，是理性思维的标志和典范，它培养的思考力、判断力、决策力是人的重要素质，是科学素质的核心. 作为一门学科，数学既是科学之母，也是科学之仆，既孕育了许多科学方向，又推动着所有学科的发展. 如今，人类进入信息时代，数学更显示出前所未有的"统治力"，它无声无息地走进人们的生活，引领科技的发展，把握社会的脉搏. 从某种意义上说，信息时代就是数学时代，信息技术就是数字技术，信息化就是数字化. 数字技术把各种事物、事物的关系、事物的发展变化等统一用数字描述，把各种问题的研究归结为数据存储、数据处理和数据传递. 其记忆容量远超人类大脑，其传递速度可与光速匹敌，极大地提高了各个领域的工作效率和工作质量，威力难以估量，影响异常惊人.

数学睿智聪慧．它蕴含着人类精细的思维与高超的智慧，以合情推理（归纳、类比、关联、辐射、迁移、空间想象等）为主的发散性思维，以演绎推理（三段论、递归、反证等）为主的收敛性思维，都深刻地影响着人类的思维方式，既饱含理性，又充满创新．人类的发明创造始于感性的发散性思维，终于理性的收敛性思维．数学思维是人类发明创造的源泉和动力．优秀的数学教育是对人理性思维品格和思辨能力的培养，是聪明智慧的启迪和潜在能动性与创造力的开发，它使人成为更完全、更丰富、更有力量的人．

数学美丽神奇．它打开了自然与社会的大门，掀起了两者神秘的面纱，用各种有组织的"符号""方程"以及"公式"等，简洁而深刻地描绘了复杂的自然与社会现象的本质与规律，其方法和内容都体现着自然与社会的多姿多彩、对立统一，具有极为深刻的美学价值．数学方法以静识动、以直表曲、以反论正，尽显神奇之威；数学结论万变寻常、万异求同、万象归根，皆表和谐之美．数学之美是数学生命力的重要支柱．

数学是美丽的、有趣的、有用的，更是人类不可缺少的素质．因为数学是美丽的，所以数学需要欣赏；因为数学是有趣的，故而数学可以欣赏；因为数学是有用的，因此数学值得欣赏．

然而遗憾的是，许多人感觉数学抽象、枯燥，学起来困难，讨厌甚至惧怕数学．因此，在大学开设一门课程，编写一本教材，从欣赏的角度去认识数学、领悟数学、应用数学，就显得特别必要，这正是我编写《数学文化赏析》并开设同名课程的初衷．实践证明，欣赏激起热爱，热爱焕发激情，激情产生动力，并最终真正提高读者的数学素质，这也正是本书要达到的目的．

本书共分十章，包括数学之魂、数学之功、数学之旅、数学之理、数学之辨、数学之美、数学之奇、数学之趣、数学之妙、数学之问．本书从宏观的角度去认识数学的本质，使读者对数学的概念、思想、方法等有一个整体的把握；以生动且富有哲理和智慧的实例去展示数学的美、理、奇、妙、智、趣、用，并通过数学自身的特点与思考方式去解释这些现象背后的原因；通过数学的对象、内容与思想方法去揭示数学的价值，包括数学对人、自然和社会的影响；借助流传千古的典故和让人陶醉的佳话帮助读者认识和理解一些著名数学问题，如庞加莱猜想等．

第一章数学之魂，旨在通过分析数学的对象、内容、特点、思考方式等，揭示数学与自然和社会的密切关系，体现数学思想、知识和方法的深刻性、普适性与可靠性，这是数学的灵魂，是数学价值和美、理、奇、妙、智、趣、用的根源．第二章数学之功，介绍数学的功能与价值，从数学与个人成长、数学与人类生活、数学与科技发展、数学与社会进步四个方面，通过实例见证数学的教育价值、应用价值以及对社会进步的推动作用．第三章数学之旅，介绍数学各主要分支的研究对象、内容、方法、价值和发展简史，包括几何学通论、代数学大观、分析学大意、随机数学一瞥、模糊数学概览等．第四章数学之理，介绍数学思维方法及其价值，并通过故事、游戏分别感性和理性地表达数学的主要思维方式．第五章数学之辨，从动中有静、变中有恒、乱中有序、异中有同、情中有理、理中有用六个方面，通过大量实例，解读数学中的辩证性．第六章数学之美，通过一个关于人脸美丑的实验以及对数学本质的分析，剖析数学美的原因和特征，并从典型实例中展示数学方法之美妙和数学结论之和谐．第七章数学之奇，通过分析实数系统的结构、三种不同的几何学以及神奇的幻方世界，描绘数学的奇异现象．第八章数学之趣，通过数字黑洞、勾股定理、悖论和魔术，品味数学的数字之趣、图形之趣、思维之趣，揭示数学与魔术的相通之处．第九章数学之妙，通过数学归纳法原理、抽屉原理、一笔画定理以及欧拉定理，彰显数学方法的美妙与神奇．第十章数学之问，通过古代数学三大难题、近代数学三大难题和现代数学的庞加莱猜想、黎曼假设等问题的缘起、发展、争端，直至某些问题最终解决的历程，说明数学家关注什么、如何提问、如何思考，以及他山之石可以攻玉的道理，讴歌数学家为科学献身的精神，并通过现代数学七大难题介绍数学发展的最新动态．

数学之魂，追根求源，昂首顶天立地；数学之功，探因析理，阔步所向披靡．

数学之旅，穿越时空，数形争放异彩；数学之理，普适可靠，揭示万事规律．

数学之辩，阴阳虚实，反映万物本质；数学之美，简洁和谐，方圆竞展奥秘．

数学之妙，出神入化，时时化繁为简；数学之奇，鬼斧神工，事事化难为易．

数学之趣，引人入胜，促进情智共生；数学之问，简明深刻，焕发数学生机．

把数学上升到一种文化，其实是对数学的返璞归真——数学自古就是一种文化．早在古希腊时期，数学与哲学就是一家．哲学研究真、善、美，内容包括研究真的逻辑学、研究善的伦理学、研究美的美学．而数学的真表现在它的理性精神，它所追求的客观性、精确性和确定性；数学的善表现在它与生活、科学、艺术的普遍联系和广泛应用；数学的美就是数学问题的结论或解决过程适应人类的心理需要而产生的一种满足感，是真与善的客观表现．因此，美国数学家克莱因（Kline，1908—1992）说："数学一直是形成现代文化的主要力量，同时又是这种文化极其重要的因素……数学一直是文明和文化的重要组成部分，一个时代总的特征在很大程度上与这个时代的数学活动密切相关．"今天谈数学文化，是基于数学所具有的科学、哲学、社会、美学和创新等多种功能，站在更高的层面，开启更宽的视野去看数学．

在本书完成之际，作者将书稿呈送给中国科学院张景中院士，汤涛院士，周向宇院士和俄罗斯工程院外籍院士、北京邮电大学原校长乔建永教授等四位专家，请他们予以指导．他们在百忙中认真阅读了书稿，提出了宝贵意见，乔建永院士和周向宇院士分别为本书作序，张景中院士和汤涛院士分别为本书题词．深圳大学附属中学覃滨老师为本书设计了封面，香港浸会大学贾伟教授题写了书名，朱芳婷、吴友成提供了版式和装帧设计方案．在此特向他们表示衷心的感谢！

由于数学历史源远流长、数学思想博大精深、数学应用广泛深入、数学之美无处不在、数学之趣俯拾皆是，要从茫茫的数学世界中选材，具有极大的主观性．限于篇幅和作者的数学与文学修养水平，本书的选材虽尽可能做到前呼后应、衔接自然，但无法做到面面俱到、例例贴切，本书的表述虽尽可能做到观点明确、说理透彻，但难以保证字字精辟、句句优美，不当甚至谬误之处在所难免，恳请读者批评指正．

张文俊

目 录

第一章 数学之魂 1
第一节 数学的对象与内容 3
一、数学的对象：数与形——万物之本（3）
二、数学的内容：模式与秩序——万物之理（4）
欣赏与思考 9
第二节 数学的方法与特点 10
一、数学理论的建立方式（10）
二、数学的思考方式（12）
三、数学的特点与地位（13）
欣赏与思考 16
第一章思考题 17

第二章 数学之功 18
第一节 数学的功能 19
一、数学的实用功能（20）
二、数学的教育功能（20）
三、数学的语言功能（21）
四、数学的文化功能（21）
欣赏与思考 22
第二节 数学的价值 23
一、数学与个人成长（23）
二、数学与人类生活（25）
三、数学与科技发展（27）
四、数学与社会进步（28）
欣赏与思考 29
第二章思考题 29

第三章 数学之旅 30
第一节 数学的分类 31
一、从历史看数学（31）
二、从对象与方法看数学（33）
欣赏与思考 34

第二节　数学分支发展概观 ·· 35
      一、几何学通论（35）
      二、代数学大观（39）
      三、分析学大意（42）
      四、随机数学一瞥（44）
      五、模糊数学概览（45）
   第三节　数学形成与发展的因素及轨迹 ······································ 47
      一、数学形成与发展的因素（47）
      二、数学发展的轨迹（47）
   欣赏与思考 ··· 48
   第三章思考题 ··· 48

第四章　数学之理 ·· 49
   第一节　数学思维及其价值 ·· 50
      一、从知识到思想（50）
      二、数学思维的类别及价值（51）
   欣赏与思考 ··· 52
   第二节　故事话思维 ·· 53
      一、数学关注什么（53）
      二、数学如何思考（54）
      三、数学如何表达（56）
   欣赏与思考 ··· 56
   第三节　游戏话思维 ·· 57
      一、一种民间游戏——"取石子"（57）
      二、改变一下游戏规则（59）
      三、用二进制来解决（61）
      四、结语（62）
   欣赏与思考 ··· 63
   第四章思考题 ··· 63

第五章　数学之辩 ·· 64
   第一节　动与静　变与恒 ·· 65
      一、动中有静（65）
      二、变中有恒（66）
   欣赏与思考 ··· 70
   第二节　乱与序　异与同 ·· 71
      一、乱中有序（71）

二、异中有同（72）

　欣赏与思考 ··· 77

第三节　情与理　理与用 ·· 78

　　一、情中有理（78）

　　二、理中有用（80）

　欣赏与思考 ··· 82

　第五章思考题 ··· 83

第六章　数学之美 ··· 84

第一节　数学美的根源与特征 ··· 85

　　一、美的基本特征（85）

　　二、数学美的根源（86）

　　三、数学美的基本特征（86）

　　四、如何欣赏数学美（89）

　欣赏与思考 ··· 89

第二节　数学方法之美 ·· 91

　　一、认识论的飞跃——以有限认识无限（91）

　　二、演绎法之美——以简单论证复杂（92）

　　三、类比法之美——他山之石，可以攻玉（93）

　　四、数形结合之美——以形解数，以数论形（93）

　　五、此处无形胜有形——存在性问题的证明（94）

　　六、从低级数学到高级数学——一览众山小（95）

　欣赏与思考 ··· 96

第三节　数学结论之美 ·· 97

　　一、从三角形到多面体（97）

　　二、从圆形到三角函数（104）

　　三、矩形之美与黄金分割（110）

　　四、自然对数的底与五个重要常数（118）

　　五、方圆合一，自然规律——$\sqrt{2}$，π，e 的联手（122）

　欣赏与思考 ·· 123

　第六章思考题 ·· 124

第七章　数学之奇 ·· 125

第一节　实数系统 ·· 126

　　一、数系扩充概述（126）

　　二、有理数域 **Q**（129）

　　三、实数域 **R**（132）

四、认识超穷数（133）
  欣赏与思考 ··· 136
 第二节　三种几何并存 ··· 137
　　一、泰勒斯——推理几何学的鼻祖（137）
　　二、欧几里得几何（137）
　　三、第五公设的疑问（139）
　　四、第一种非欧几何——罗巴切夫斯基几何（140）
　　五、第二种非欧几何——黎曼几何（142）
　　六、三种几何学的模型与结论对比（143）
　　七、非欧几何产生的重大意义（144）
  欣赏与思考 ··· 145
 第三节　河图、洛书与幻方 ·· 146
　　一、幻方起源（147）
　　二、幻方分类（147）
　　三、幻方构造（148）
　　四、幻方欣赏（152）
  欣赏与思考 ··· 157
 第七章思考题 ·· 157

第八章　数学之趣 ··· 158

 第一节　数字之趣——数字黑洞 ·· 159
　　一、卡普雷卡黑洞6174（159）
　　二、西西弗斯黑洞123（160）
　　三、自恋性黑洞153及其相关（160）
　　四、神奇的1089（161）
  欣赏与思考 ··· 161
 第二节　勾股定理与勾股数趣谈 ·· 162
　　一、勾股定理（162）
　　二、从几何观点看勾股定理（164）
　　三、从代数观点看勾股定理——勾股数与不定方程（166）
　　四、勾股数的特殊性质（168）
  欣赏与思考 ··· 170
 第三节　悖论及其对数学发展的影响 ··· 171
　　一、悖论的定义与起源（171）
　　二、悖论对数学发展的影响——三次数学危机（174）
　　三、常见悖论欣赏（179）
　　四、如何看待悖论（185）
  欣赏与思考 ··· 186

第四节　数学与魔术 ··· 187
　　一、有与无——二进制游戏（187）
　　二、奇与偶——托儿也如此低调（188）
　　三、序与数——你俩的秘密我知道（190）
第八章思考题 ··· 191

第九章　数学之妙 ·· 192
第一节　数学归纳法原理 ··· 193
　　一、数学归纳法及其理论基础（193）
　　二、数学归纳法的变形（194）
　　三、数学归纳法在几何上的一个应用——二色定理（197）
　　欣赏与思考 ··· 197
第二节　反证法与抽屉原理 ··· 198
　　一、反证法（198）
　　二、抽屉原理的简单形式（199）
　　三、聚会问题（200）
　　四、抽屉原理与计算机算命（201）
　　五、抽屉原理的推广形式（201）
第三节　七桥问题与图论 ·· 202
　　一、七桥问题（202）
　　二、图与七桥问题的解决——一笔画定理（203）
　　三、图的其他基本概念与图的简单应用（204）
第四节　数学与密码 ··· 206
　　一、密码的由来（206）
　　二、密码联络原理与加密方法（207）
　　三、RSA方法与原理（208）
第九章思考题 ··· 209

第十章　数学之问 ·· 210
第一节　古代几何作图三大难题 ··· 212
　　一、诡辩学派与几何作图（212）
　　二、三个传说（213）
　　三、三大作图难题的解决（214）
　　四、"不可能"与"未解决"（215）
　　五、两千年历史的启示（216）
第二节　费马大定理 ··· 217
　　一、费马与费马猜想（217）

二、无穷递降法：$n=3$，4时费马大定理的证明（218）
　　三、第一次重大突破与悬赏征解（220）
　　四、第二次重大突破（221）
　　五、费马大定理的最后证明（221）
　　六、费马大定理的推广（223）
第三节　哥德巴赫猜想 ……………………………………………………… 224
　　一、数的分解与分拆问题（224）
　　二、哥德巴赫猜想（225）
　　三、哥德巴赫猜想的研究（225）
　　四、陈氏定理（227）
　　五、附记（227）
第四节　四色猜想 ……………………………………………………………… 228
　　一、四色猜想的来历（228）
　　二、艰难历程百余年（229）
　　三、欧拉公式（231）
　　四、五色定理的证明（232）
第五节　庞加莱猜想 …………………………………………………………… 234
　　一、序（234）
　　二、从空间维数谈起（235）
　　三、拓扑学（236）
　　四、庞加莱猜想（236）
　　五、进展（238）
　　六、瑟斯顿几何化猜想（238）
　　七、哈密顿的Ricci流（239）
　　八、佩雷尔曼的证明（239）
　　欣赏与思考 ………………………………………………………………… 239
第六节　黎曼假设 ……………………………………………………………… 241
　　一、素数与黎曼ζ函数（241）
　　二、黎曼假设（242）
　　三、进展（244）
　　四、黎曼假设的重要性（244）
第十章思考题 …………………………………………………………………… 245

附录　菲尔兹奖与沃尔夫奖简介 ………………………………………………… 246
参考文献 ………………………………………………………………………… 248
人名索引 ………………………………………………………………………… 249

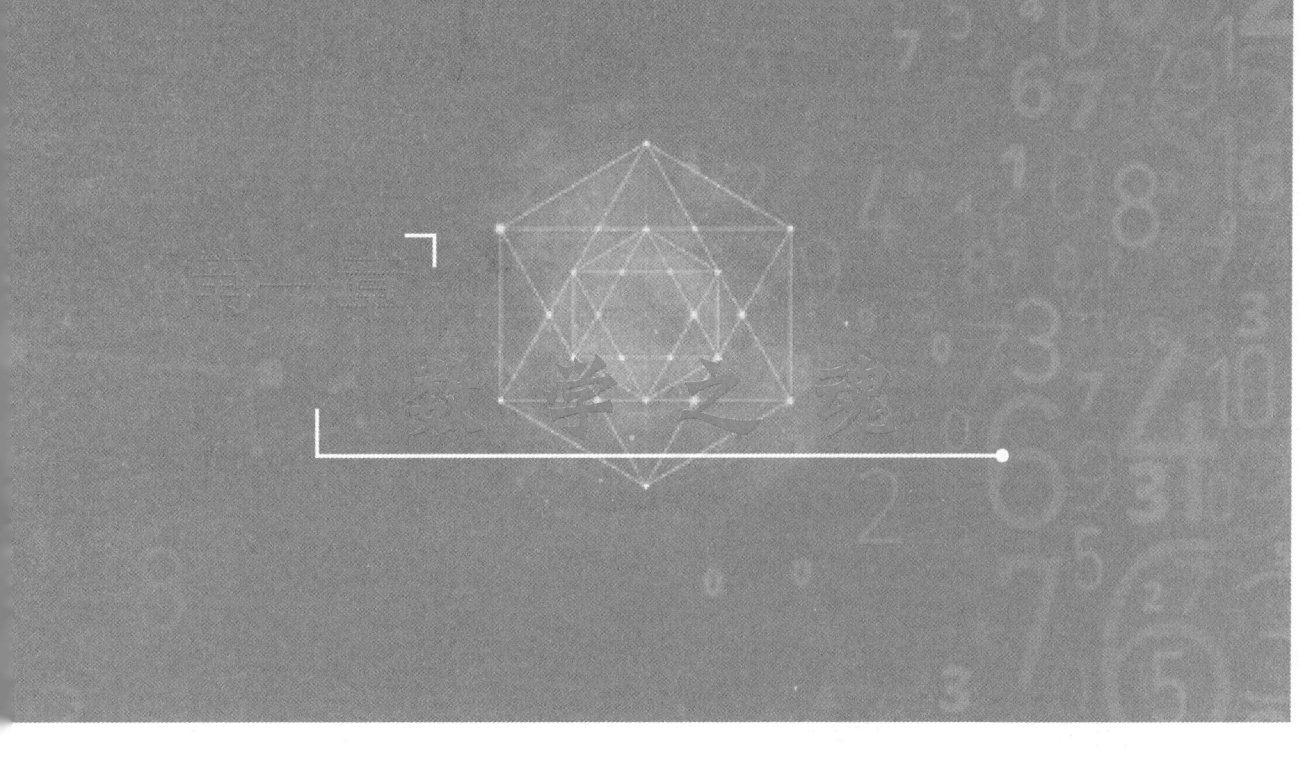

数学之魂　追根求源

数学,作为一门课程,既是解决问题的工具,也是发展学业的基础.古今中外,数学在基础教育的各个阶段都是必修课程,备受重视.

为什么数学会受到关注?为什么数学会很重要?这是因为:

数学理论的研究对象——数与形,为万物共有,是万物之本;

数学理论的研究内容——数形变化关系与规律,反映的是物质世界的运动规律与相互关系,是万物之理;

数学理论建立的基础——公理系统,结论直白、道理自明;

数学理论建立的方法——演绎推理(三段论),形式简洁、层次清晰、结构严谨、推论无疑.

数学关注万物的共性与本质,揭示万象之理与奥秘,其基础简明稳固,方法科学普适,结论精准可靠,这是数学的灵魂,是数学的美、理、奇、妙、智、趣、用的根源.

平安大厦有多高？

在深圳福田中心区，由平安集团兴建的平安大厦（见图 1.1）目前为深圳第一高楼。平安大厦有多高呢？

图 1.1 平安大厦

对于这个问题，只要找有关人员咨询，自然会得到准确答案。这里提出这个问题，目的并不在于要确切地了解平安大厦的高度，只是探讨一下受过不同类型教育的人对此类问题有何不同反应。

文学家喜欢用语言对事物进行描述。他可能用诸如"巍然屹立、高大宏伟、高耸入云"等一系列词汇对平安大厦的高度进行描述。这样的答案能给人们充分的想象空间和美的感受，却不能据此准确得知平安大厦的高度。

如果数学家遇到这样的问题，其处理方式会有很大不同。他善于对事物进行类比，因此会选取一个标尺，借助阳光，利用标尺与大厦投影的长度及相似原理测出大厦的高度；他擅长将事物进行转化，因此可能通过直角三角形直角边长与其对角的依赖关系，把大厦高度的测量问题转化为对仰视角的测量问题。他没有爬上楼顶，但能准确得到大厦的高度；他没有用丰富的词汇，但确实能告诉人们大厦的雄伟。他的方法不仅可以用来测量大厦，还可以移作他用。

这就是数学的威力——方法简洁、结论可靠、适用广泛。

第一节　数学的对象与内容

纯数学的对象是现实世界的空间形式和数量关系.

——恩格斯（Engels，1820—1895）

万物共有数与形

世间万事万物，不论是有生命的，还是没有生命的，不论是动物，还是植物，不论是自然形成的，还是人工创造的，不论是气态、液态，还是固态，不论是在宏观世界，还是在微观世界……均以一定的形态存在于空间之中，并受诸如长度、面积、体积、质量、浓度、温度、色度等各种数量的制约．这种万事万物所共有的内在特质——"形（态）"与"数（量）"，乃是数学科学的两大柱石．

世间万事万物不是静态不变的，也不是孤立存在的，而是在不断地运动和变化，相互联系、相互依存．从本质上看，事物的运动和变化，就是"数"的增减和"形"的变换，事物的相互联系，就是数（量）变关系与形变关系．

数的增加，衍生出一种基本运算——加法．在数的变化中，先增加2、再增加3，与先增加3、再增加2，其结果无异，这就衍生出加法运算的一种规律——交换律……研究各种数，甚至抽象元素的运算及其规律，就形成了各种各样的代数学．

形的变换各种各样，有描述位移的平移、旋转等刚体变换，也有描述缩放、透视的相似、仿射、直射等射影变换，还有描述拉伸、扭转等的拓扑变换．研究形在各种变换下的不变性质，或者用各种不同方法、观点去研究形，就形成了各种各样的几何学．

作为万事万物所共有的内在特质"数"与"形"，附以反映万事万物变化规律的运算、变换及其规则，就是数学．古典数学如此，现代数学本质也如此．

一、数学的对象：数与形——万物之本

欣赏数学，要从数学的研究对象数与形开始．

数与形是什么？是万物之本．

数，既可以表达事物的规模，也可以表示事物的次序，万象共有．

形，是人类赖以生存的空间形态，代表的是结构与关系，万物共存．

数与形是一个事物的两个侧面，两者相互联系，对立统一．

数与形是数学的两大柱石，整个数学都是围绕这两个概念的提炼、演变与发展而不断发展的，数学在各个领域中千变万化的应用也是通过这两个概念而实现的。

大体上讲：数学中研究数量关系或数的部分属于代数学范畴；研究空间形式或形的部分属于几何学范畴；数与形有机联系，研究两者联系或数形关系的部分属于分析学范畴。代数、几何、分析这三大类数学构成整个数学的本体与核心。

在代数学中，数量关系、顺序关系占主导，培养计算与逻辑思维能力；在几何学中，位置关系、结构形式占主导，培养直觉能力、空间想象能力和逻辑思维能力；在分析学中，量变关系、瞬间变化与整体变化关系占主导，函数为对象，极限为工具，培养周密的逻辑思维能力与建模能力。

二、数学的内容：模式与秩序——万物之理

欣赏数学，还要明白数学的研究内容。

在一些教科书中，数学的主要内容就是概念（定义）和结论（定理、公式、法则等）。它们似乎都是脱离了现实的空中楼阁。其实，数学是通过它的两个基本对象数与形来描述、探索和揭示万事之理、万象之谜的理论，它们源于现实，高于现实。所有的概念，无非是对现实世界各种事物及其结合方式的本质、共性提炼而得的抽象的数学对象；所有的结论，也无非是对这些数学对象的内在性质、外在联系、变化规律等的揭示而已。

1. 数学关注什么

现实世界千变万化，千差万别。数学的目标是要发现各种事物的本质，建立不同事物的联系，寻找多种事物的共性，探索一系列事物发展的规律，揭示事物现象的因果关系和奥秘，用以描述与理解自然和社会现象，以便对其发展方向进行判断、预测、控制与改良。数学要透过现象看本质，通过个性识共性，在混沌中建立秩序，在变化中寻找恒定。简而言之，数学关注本质、共性、规律和联系，它们都是事物在某种程度上的不变性。

1）本质、共性与数学概念。

数学家通过关注事物的本质、共性来提炼概念，建立运算、法则等。数学的对象数与形就是抓本质与共性的结果。

数学源于生活，高于生活，是一个从具体到抽象的过程，即从生活到数学，要经历一个高度抽象化的过程。例如，生活中看到两个苹果、两个梨、两张桌子等，在数学家眼里，那就是一个数字、一个符号 2；生活中把两个苹果与三个苹果放在一起，把两个梨与三个梨放在一起，分别是五个苹果、五个梨，在数学家眼里，那就是一种运算、一个式子 $2+3=5$；生活中先放两个苹果再放三个苹果，与先放三个苹果再放两个苹果，其结果相同，在数学家眼里，那就是一种法则 $2+3=3+2$。所有这些，都是一个抓本质、看共性、抽象化的过程。抽象的结果，使得其内涵更丰富、应用更广泛。

在数学内部，不仅 $2+3=3+2$，也有 $5+8=8+5$，$7+9=9+7$ 等，你总也说不完，总也写不完，数学家说，那就是 $m+n=n+m$。这里的 m 和 n 不仅可以是自然数，也可以是分数、无理数，还可以是一般的抽象元素。这就是共性的共性。

事实上，世间万事万物虽表面上千差万别，但许多看起来不同的事物却有着共同的部分。数学家往往更加关注这些共性，它为人类用统一手段或模式解决不同问题提供了方便。

例如，集合的概念为满足一定属性的一些事物的全体叫作一个集合，这是最基础的反映共性的概念．在数学中，各种定义都是按照共同属性分类的结果，各种公式也都是不同对象遵从的统一法则，同构、同态、同胚等概念都是代表某种方面的本质相同性．

2) 规律、联系与数学结论．

世间万事万物都有其存在的道理，这种道理统一归结为事物在某些方面、某种程度上的关联性、秩序性、规律性与稳定性．数学家关注事物的联系与规律，并通过数学的语言把它们表达出来．在许多情况下，这些联系与规律，都体现为某种不变性．万事万物总在不断地运动与变化，在运动与变化过程中总有某些方面、某些特征在某种程度上保持不变．这些不变的部分正是事物的本质和起根本作用的部分．数学中的定理、公式、法则所反映的都是某种不变性，如三角形内角和定理、三角形正（余）弦定理、三角形面积公式、圆周率等．

数学家之所以关注规律，大概是基于以下的认识：

第一，规律是存在的，规律是对一系列事物的发展趋势进行认识的一个重要角度；

第二，规律是可以被认识的，认识规律的基本手段依靠横向类比、纵向归纳；

第三，规律不一定唯一，由不同的人、以不同的观点、从不同的角度去观察，会发现不同的规律；

第四，规律需要发现，更需要论证，通过归纳、类比去寻找规律，通过演绎推理去论证规律．

另外，具体与抽象、表面与本质、个性与共性都是相对的．相对于两个苹果，数字 2 是抽象的；相对于数字 2，字母 m 是抽象的．数学的发展是层层递进、逐级抽象的，数学不仅关注从具体到抽象，也关注从抽象到更抽象，关注抽象的抽象、本质的本质、本质的共性、共性的本质、共性的共性、规律的规律等．例如，
$$(a+b)^2=a^2+2ab+b^2，\quad (a+b)^3=a^3+3a^2b+3ab^2+b^3，$$
这两个公式各自表达了一种规律，而各自的规律仍然遵循着一定的规律——二项式定理．毫无疑问，发现规律的规律，比单纯发现事物的规律意义更大．

2. 数学的研究内容——模式与秩序

数学的研究对象——数与形是物质世界的本质抽象化，但人们研究数学的根本目的不是做抽象游戏，而是要探讨物质世界的运动规律，并把这些规律通过数与形来表达．

19 世纪末到 20 世纪初，德国数学家康托尔（Cantor，1845—1918）建立了集合论．借助集合论，人们可以简洁地概括出数学的研究内容：数学是研究模式与秩序的科学．

从这种观点来看，数学研究的基本内容是各种各样的集合以及在它们上面赋予的各种结构，这集中表现为各种各样的模式．

1) 数学的基本结构及其功能．

按照模式与秩序的数学观点，数学的基础是集合．数学的基本集合包括各种数、各类图形、各类函数、各种空间、一般的抽象集合等．

在集合上建立结构，方构成数学．数学的基本结构有三种：

（1）代数结构：由集合及其上的运算组成，比如反映"合作"关系的各种运算及其运算规律等；

(2) 顺序结构：由集合及其上的序关系组成，比如反映对比关系的大小、先后，反映隶属关系的蕴含等；

(3) 拓扑结构：由集合及其上的拓扑组成，包括拓扑空间、度量空间等，比如反映亲疏程度与规模大小的距离就构成了一种度量．

以上三种结构的变化、复合、交叉形成各种数学分支．

例如，实数的全体是一个集合，在其上规定的加、减、乘、除四则运算就是一种代数结构；实数之间具有大小关系，这种大小关系就是顺序结构；实数可以通过数轴表现出来，在数轴上可以引入距离，距离可以刻画两个实数间的亲疏程度，这就是一种拓扑结构．实数的代数结构、顺序结构及其内在规律和关系刻画了实数的代数属性，形成了代数学的根基；实数的拓扑结构刻画了实数的几何属性，它是微积分得以在实数集上建立的基础．

三种结构分别可以解决度量问题（拓扑结构）、计算问题（代数结构）和比较问题（顺序结构），为人类通过数学解决实际问题提供了必要的工具．当人们面临一个实际问题需要解决时，首先，通过数学的拓扑结构对问题的因素进行度量，或者通过搜集与问题相关的数据，将问题数量化；其次，通过数学的代数结构对数据进行处理；再次，通过数学的顺序结构对处理的结果进行比较；最后，通过逻辑演绎推理对事物进行分析、判断、预测和决策．

2) 数学的模式与万事之理．

世界是物质的，物质是运动的，运动是相互联系的，相互联系的物质运动大都可以被数学家抽象为以数量之间的变化关系、空间结构形式为基本特征的数学模型．现实问题无穷无尽，但是从本质或主要部分看，不同的事物可能具有同一种模式．数学家关注这种本质上的统一模式，包括数值模式、形式模式、运动模式、行为模式、随机模式、稳定模式等．这些模式可能是真实的，也可能是想象的；可能是可见的，也可能是思想化的；可能是动态的，也可能是静态的；可能是定量的，也可能是定性的；可能是实用的，也可能是消遣的．它们可能来自我们周围，来自自然、社会，也可能来自数学内部，甚至来自人们大脑的内部运动．不同的模式会形成不同的数学分支，具有不同的用途，它们反映了万事、万物、万象之理．例如：

(1) 算术、数论、代数是研究数和计算的模式．

(2) 几何是研究图形的模式．

(3) 微积分是研究运动、量变关系的模式．

(4) 逻辑是研究推理的模式．

(5) 概率论是研究随机现象的模式．

(6) 拓扑是研究位置关系的模式．

(7) 分形几何是研究自相似的模式．

在这种观点下，数学也就远没有人们想象的那么神秘，它脉络清晰，是现实的、自然的，其本质也是通俗的．张景中院士曾经借此把数学与游戏和演戏相比较：数学像游戏，离不开道具和规则．数学中，各种集合是道具，而在各种集合上赋予的各种结构则是规则．数学像演戏，离不开演员和剧本．数学中，各种集合是演员，演员被分配了角色才能演戏．

集合是数学的基础，但是如果单有集合而没有结构，就像游戏中没有制订规则的道具，也像戏剧中没有分配角色的演员，只能是一副没有"生命力"的空架子．集合与结构的组合才构成具有强大生命力的数学,它能够简洁而又精确地刻画自然与社会的各种模式,进而用来解决自然与社会问题.

3. 数学结论的属性

数学理论首先要通过发现事物的本质或不同事物的共性去确立对象,形成概念;其次要针对这种对象探索其性质、关系等本质规律.因此,数学理论的建立与表达基于两个根本性的概念:定义和(真)命题(公理、定理、公式、法则等).

定义就是提出概念,是给某种具有一定属性的事物或关系命名,或者对某个词语界定其含义,其本质是抓事物共性与本质,其思想是分类研究,其目的是化繁为简,化混沌为清晰.例如整数、射线、三角形、函数、矩阵、加法、阶乘、行列式等,都属于数学的定义.

(真)命题是针对一种概念的性质或者对不同概念之间的对比与联系做出的正确判断,其基本结构是"若 P,则 Q",其中 P 和 Q 都是一种判断,前者称为条件或前提,后者称为结论;其要义是,在某种条件下,一定具有某种结论.数学命题也可以由一句话直述,但其本质仍具有上述结构.例如,"三角形内角和等于 180°"相当于"若 A,B,C 是一个三角形的三个内角,则 $A+B+C=180°$".

数学理论的建立与表达依靠数学思维.数学思维包括多个方面,如归纳、类比、演绎、计算等.概括地讲,它包含三大方面:"构造""计算"与"证明".因此,数学结论涉及的内容主要有对象存在性、对象结构、对象性质、不变性与不变量、建立模型与设计算法等.

1) 对象存在性.

给出一个数学定义,这种对象的存在性通常是首要的问题.例如,初等代数的中心问题就是研究方程或方程组的解的存在性、解的个数、解的结构问题;几何学中三角形内角和是否等于 180°,取决于过直线外一点是否存在与该直线平行的直线的问题;分析学中光滑函数能否在某一点取得极值取决于该函数是否存在导数等于零的点的问题;数论中的费马大定理涉及的是方程 $x^n+y^n=z^n$ 是否存在正整数解的问题,哥德巴赫猜想涉及的是对每个大偶数是否都存在两个素数使之等于两者之和的问题;拓扑学中的庞加莱猜想涉及的是对任何三维紧流形是否都存在到三维球面的微分同胚的问题;等等.

一般来讲,要说明某种对象是存在的,可以构造性证明,也可以纯理性推理,但要说明某种对象不存在,则只能依靠理性推理,其原因是,没有办法构造出来,未必不存在.

2) 对象结构.

弄清具有某种属性的事物的具体结构也是数学的目标之一.在很多情况下,数学家可以从理论上推导出对象的存在性,但未必能把它构造出来.例如,代数基本定理告诉我们,任何 n 次方程在复数范围内一定有 n 个根(包括重数),但 5 次及 5 次以上的方程却没有公式解,大多数根无法找到.另一方面,即使构造出来,由于对象未必唯一,通过一个或多个构造未必能认清其本质,研究其一般构造就是必须的.因此,具体构造具有某种属性的对象是数学的基本任务之一.

3) 对象性质.

研究指定对象的性质是数学最主要、最普遍的工作.它包括对象的内在性质(规律)以及与其他对象的对比与联系,具体表现为充分性、必要性和特征刻画.充分性是指满足什么条件的事物（对象）一定属于这种对象，必要性是指该对象一定具有什么性质，而特征刻画则是指既充分又必要的性质．例如，正方形一定是矩形，但矩形未必是正方形，因此正方形就是矩形的充分条件；长方形的两对对边分别平行，但两对对边分别平行的图形未必是长方形，因此两对对边分别平行就是长方形的必要条件；长方形的两对对边分别相等且有一个角为直角，反之，两对对边分别相等且有一个角为直角的图形也一定是长方形，因此两对对边分别相等且有一个角为直角就是长方形的特征刻画．不论是充分性、必要性，还是特征刻画（充要条件），一般来讲都不唯一．较深刻的特征刻画出现在交叉领域，也就是用完全不同的概念与性质去刻画，如几何对象用代数刻画、代数对象用几何刻画．勾股定理就是用代数来刻画直角三角形这个几何对象的．

4) 不变性与不变量．

不变性与不变量本质上也是在描述对象的性质，把它单独列出是因为它的普遍性和重要性．万事万物每时每刻都在运动和变化，数学家追求动中之不动，变中之不变．

不变性是指同一类数学对象，其中可能有些部分在变，但某些特征始终不变，是数学家关心的目标之一．例如，三角形边长及内角会有各种各样的变化，但其面积等于底乘高除以2的关系始终不变，其两边之和大于第三边的边长关系始终不变，正弦定理、余弦定理等这些边角关系始终不变，确定三角形全等的因素（边边边、边角边、角边角等）的个数3始终不变．不变性也可以用来描述某些数学现象，如对称．仔细分析，对称无非是在某种变换下几何图形能够保持不变的性质，轴对称是在反射变换下保持不变的性质，中心对称是围绕某点旋转一定角度时保持不变的性质．

不变量是不变性的特殊情况，是用常数来刻画不变性．例如，圆形由其圆心和半径确定大小和位置，圆的周长、面积等会随着圆的半径的变化而改变，但不论半径与圆心如何改变，周长与直径之比（圆周率）永远不变．又如，正方形的周长、面积会随着正方形边长的变化而改变，但是其周长与对角线之比永远不变，三角形边长及内角会有各种各样的变化，但其内角和永远不变．

一种对象的不变性或不变量，往往反映了这种对象的本质，在很大程度上，这个不变量决定了这种对象．例如，虽然圆周率是通过圆的周长和直径之比得到的，但是圆的面积、球的体积、球的表面积以及椭圆、椭球的相关计算，都由圆周率来决定．

5) 建立模型．

数学应用于实际的一个重要手段是建立模型．现实中的问题千奇百怪、五花八门，如果对每一个问题都分别处理，将会浪费极大的精力，实践上也不可能．但是，数学家面对不同的问题，总会通过某种方法进行分析，抓住其本质，找出其共性和联系，以此建立相应模型，进而解决一类问题．例如，一元二次方程 $ax^2+bx+c=0$ 就是模式的一个简单例子，它的解可以借助一个带平方根的式子表示出来．这个方程可以从许多完全不同的现实例子中抽象出来，但其内在数学性质完全一致．在这个模式中，注意到 a, b, c 是"任意"的数，这个简单的事实却隐藏着一个深刻的思想：把一个涉及无限的命题"解所有一元二次方程"用给定的有限条件 (a, b, c) 统一起来．现实问题无穷无尽，可是对于人类来说，认识是有限的，处理这些信息的能力就更加有限，人类只能够通过有限步逻辑推理（这是人类唯一能够做到的思维）去解决问题，只能通过模式和有限去把握无限，建立模型是实现这一目标的有效途径.

6) 设计算法.

数学应用于实际的另一个重要工作是设计算法或求解模型. 数学的许多对象, 如函数的导数、定积分等, 是通过抽象的定义引入的, 当涉及具体的对象时, 用定义计算既非常麻烦, 也没有必要, 因此需要寻找通用的算法或法则. 同样, 对于许多具体问题, 人们也许可以为其建立模型, 但未必能够马上提供算法求解模型, 因此也就不能真正解决问题. 于是, 设计算法、改进算法都是必要和有意义的数学工作.

欣赏与思考

1. 读心术

某位魔术师表演过一个使用月历设计的"读心术": 随便取出一张月历 (每月按照星期排成 4~6 行, 见图 1.2), 随便找一位观众在月历中画一个正方形框出 $4 \times 4 = 16$ 个数, 然后魔术师用笔在一张纸上写下一个数, 并密封于一个信封内. 接下来, 魔术师让这位观众在这个方框内随便圈定一个数, 并把这个数所在的行和列中的其他数全部划掉; 之后在该方框内剩下的数中再随便圈定一个数, 并把这个数所在的行和列中的其他数全部划掉. 以此类推, 继续做下去, 最后方框内原有的 16 个数只剩下 4 个圈定的数.

图 1.2 月历

此时, 魔术师请这位观众算一算留下的四个数之和是多少. 待这位观众算出这个和数后, 魔术师告诉他: "其实, 我早就猜出你的这个和数, 请你打开信封看一看." 这位观众打开信封, 发现魔术师写在纸上的数正是这个和数, 一时使他目瞪口呆.

在一次魔术教学时, 这位魔术师解密说: "因为当你框出 16 个数时, 我看到了 4 个角上的数, 然后相加, 把它记在了这张纸上." 观众又问: "我选的 4 个数完全是随机的, 换一个人可能选了另外 4 个数, 你为什么知道它一定等于这 4 个角上的数之和呢?" 魔术师无奈地回答: "这个真的很抱歉, 我只知道一定是这样, 但是我不知道为什么."

事实上, 在观众选取数的过程中, 看似随意, 但乱中有序. 你能发现其中的规律吗? 如果你只看到了观众圈定的方框中左上角那个数, 你能否通过这个数确定观众最终选择的 4 个数之和呢?

2. 关于度量的思考

度量就是把事物数量化, 是人类通过数学手段解决问题的第一步. 度量事实上是一个几何化的过程. 几何化具有直观性, 便于理解和把握. 例如对时间, 古人通过沙漏来测量, 后来的钟表通过指针旋转的角度来测量, 这都是几何化的过程. 如果不通过几何化度量, 人们很难判断一个时间段与另一个时间段哪个更长.

你还能举出一些度量问题吗? 对如血压、气压、色度、温度等的测量, 分析它们的本质.

第二节　数学的方法与特点

由最简单和最容易明了的事物着手，渐渐地、逐步地达到对最复杂对象的认识，甚至对那些原本无先后次序的事物，也假定为其排列层次．

——笛卡儿（Descartes，1596—1650）

始于公理，成于推理，表为定理

数学理论建立的基础是生活．从生活到数学，再到生活，经历创新创造阶段、理论建立阶段、再到应用阶段．首先从具体问题或素材出发，通过观察、实验、归纳、类比、统计、比较、分析、综合、抽象、诊断、建立概念、提出猜想，再通过逻辑演绎、推理、计算，建立理论，最后再把理论应用于实践．

数学学科与其他学科的一个重要区别在于，其对象是抽象的数与形，不涉及具体的物质属性．因此，数学理论的确立也只能通过思维而不是实验来实现．

在数学结论的确立过程中，每一步推证不仅要遵循严格的逻辑法则，也必须依据正确前提，如此才能保证新结论的正确性．然而，所依据的"正确前提"的正确性又从何而来呢？当然，在一定范围内我们依然可以要求，它是之前依据更早的"正确前提"，通过逻辑推演得到的．不幸的是，同样的问题，我们不得不一直问下去，永无止境．显然，如果我们要求每一个正确结论都依靠推理而得到，必然会陷入不可知的深渊．于是数学家给自己设立了论证的起点：公理——不证自明的事实．数学的理论始于公理，成于推理，表为定理．

数学对象的抽象性及数学研究方式的独特性和可靠性，使得数学学科有其独特的特点：概念的抽象性、推理的严密性、结论的确定性和应用的广泛性．这些特点确立了数学的永久性、万能性、基础性地位，成为科学之母与科学之仆．

一、数学理论的建立方式

数学的理论和方法被广泛地应用于人类社会的各个领域．人们相信数学的结论是正确的、方法是可靠的，其根源在于：

数学是从少许自明的结论（公理）出发，采用逻辑演绎（三段论）的方法，推出新结论（定理、公式）的科学．

据此，数学理论的体系结构可以清晰地表示为图1.3，其中的命题都是指真命题，包括定理、公式等.

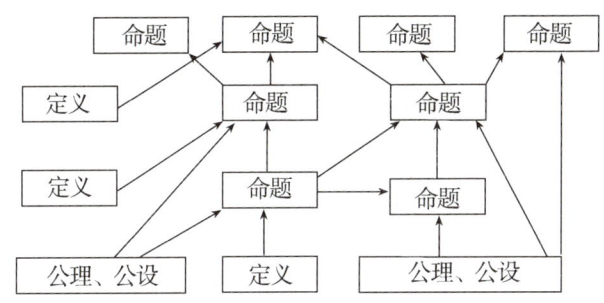

图 1.3 数学理论的体系结构框架图

关于数学理论的建立方式，还要做以下补充说明：一组自明的公理是数学论证的出发点，数学论证只承认演绎推理（三段论），演绎推理所得到的结论必须是新的、有意义的.

1. 一组自明的公理是数学论证的出发点

一组自明的公理是数学论证的出发点，也是数学结论可靠性的前提. 对于这组公理，有两个自然的要求：

（1）不能相互矛盾（**相容性**），任何两个公理之间不能出现矛盾；

（2）不要相互包含（**独立性**），不能由一个或几个公理导出另一个公理.

相容性保证了公理系统内部的和谐性，独立性保证了公理系统的简洁性.

除此之外，人们还试图一劳永逸，希望能够通过这组公理导出有关数、形及其关系的所有规律及性质，这就是所谓的**完备性**要求. 但是，完备性要求能否做到？1931 年，奥地利数学家哥德尔（Gödel，1906—1978）得到的哥德尔不完备性定理（见第八章第三节）表明，数学中根本不存在完备公理系统.

另外，什么是自明？这个问题相当主观，也相当深刻. 欧几里得（Euclid，约公元前 330—前 275）认为自明的命题，在高斯（Gauss，1777—1855）和罗巴切夫斯基（Lobachevsky，1792—1856）看来却不自明. 不能说明其错的东西，未必就是对的. 一些既无法在原公理系统中加以证明，也无法否定的命题，也就是独立于原公理系统之外的命题，其肯定形式或否定形式都与原公理系统相容，因此总是可以看作新的公理被添加进来，由此构建出更大的、新的公理系统. 但是，基于相容性要求，一个命题的肯定形式与否定形式不可能在同一个公理系统中同时出现，于是理论上就可以有多种公理系统存在（例如，分别在原公理系统中加入一个独立命题的肯定形式或否定形式，就得到两个不同的公理系统），不同的公理系统可以导出不同的数学，尽管它们之间可能会出现某种对立，但是它们各自的内部都是健康的. 非欧几何（见第七章第二节）的建立就基于此.

2. 数学论证只承认演绎推理（三段论）

数学结论的建立是通过推理实现的. 数学推理包括归纳、类比等合情推理，也包括演绎推理. 在数学理论的发现和确立过程中，**合情推理找方向**，**演绎推理定结论**. 数学论证只承认演绎推理，这是数学结论正确性与可靠性的保证. 演绎推理的一般结构是如下的三段论：

大前提：一个一般性的普遍规律；

小前提：一个特殊对象的判断；

结　论：这个特殊对象的结论.

按照三段论，一个完整的推理过程如下：

由于满足条件A的事物都具有性质C（大前提），而事物B满足条件A（小前提），因此事物B具有性质C（结论）.

这里的大、小前提是在推理过程中所运用的已有的真实判断，这一点必须保证或假定是正确的. 在这些前提下，所得出的结论无疑是正确和可靠的.

在数学中，单纯的举例、实验、类比、猜测等得到的结论均不被承认，这些方法只能用来解释或支持结论的正确性，而不能作为确立结论的根据.

因此，数学是新理论涵盖旧理论，旧理论是新理论的特例.

3. 演绎推理所得到的结论必须是新的、有意义的

对于新成果的认定，数学与工程等其他领域的评价标准大不相同，数学的成果要求结论必须是新的.

这里的新，只有时间性，没有地域性. 数学定理的新是指在人类历史中的新发现、新建立，数学的首创是在全人类首创，数学填补的都是人类空白，而不是国内空白、省内空白.

这里的新，相对于已知结论来讲是改进、推广或全新. 它有三种可能：新条件（对象）新结果，老条件（对象）新结果，新条件（对象）老结果. 基于已知的正确结论，按照演绎推理的方法所得到的数学结论是正确的. 但是正确的结论不一定是新的，新的结论不一定是有意义的，有意义的结论也不一定是唯一的. 例如，可以说1+3等于4，也可以说1+3小于10，两个结论都是正确的，但是前者更准确，而且在已知1+3＝4，4＜10的情况下，即使得到1+3小于10的所谓新结论，也是没有意义的. 因此，数学结论大多还有改进和推广的余地. 所谓改进，是指在指定的条件下，对指定的对象，得到比原来更精细或更准确的结果；所谓推广，是指在更宽泛的条件下，或者对更多的对象，得到与原来同样的结果.

需要强调的是，数学的创造性也包括方法上的创新. 对已知的结果探讨新的证明，也是数学家关注的事情. 绝大多数新证明，既表现得更简洁，也显示出新洞察. 数学家追求新方法的理由是：第一，美的享受；第二，寻找最快捷、最漂亮、最有效的途径，发现已有的结果与其他事实的关联；第三，对老问题进行修整、简化、系统化，有利于对老问题的理解与传播，也有利于对新问题的认识与研究.

二、数学的思考方式

在数学理论大厦的建立过程中，要通过发现事物的本质与共性，提出概念、建立关系、寻找规律等. 这是一系列数学思维的过程，体现为数学独特的思考方式. 这些方式包括分类、类比、归纳、化归、抽象化、符号化、公理化、最优化、模型化. 这些既是数学体系的特征，也是数学能力的体现. 它们保证了数学体系的简洁性与严谨性、数学结论的可靠性与普适性、数学方法的有效性与便利性、数学思想的科学性与深刻性.

以下对各种思考方式做一简单说明（进一步的讨论将放在第四章中）.

分类思想是按照研究对象的属性不同进行科学分类、逐一研究的重要思想，其分类理念以及分类的具体原则与方法都为人类解决复杂问题提供了宝贵的思想，其价值在于化整为零、积零为整．例如，数学中许多对象是通过定义引入的，这种"定义"的方法，本质上是对事物进行分类的手段，它把符合某种性质的事物划为一类，进而深入研究其基本性质及其与其他对象的关系．

类比思想是通过一个个体认识另外一个个体的思维方法，它由两个对象在某些方面的相似性推测它们在其他方面也可能相似．类比是数学研究中最基本的创新思维形式，在数学发现中扮演着极为重要的角色，许多陌生对象的性质和研究方法都来自数学家的类比思想．类比思想具有启发思路、提供线索、触类旁通的作用．

归纳思想是通过一个群体中的若干个体认识整个群体的思维方法，是通过个性发现共性、通过特性寻找规律、通过现象认识本质的重要的创新思维形式．人们可以通过归纳去理清事实、概括经验、处理资料，从而形成概念、提出规律．

化归思想是指把数学问题通过观察、分析、联想、类比等思维过程，进行变换与转化，归结到某个已经解决或比较容易解决的问题去研究，以最终解决原问题的思想．化归就是转化与归结，它包含了运动与变化、联系与转换的观点，可以化生为熟、化新为旧、化繁为简、化难为易、化异为同、化抽象为直观．化归一方面表现在处理数学问题的过程，可以将复杂对象或陌生对象化归为简单对象或熟悉对象；另一方面也表现在数学结论的表述，数学中许多结论都表现为对一种数学对象的多个等价刻画，数学中的"充要条件"是描述这一现象的典型语句，它本质上也是对数学对象性质的化归．

抽象化与**符号化**是数学独特的思维特征和表达方式，它使得数学概念脱离了事物的物质属性，形式简洁、内涵丰富、应用广泛．

公理化思想是首先找出最基本的概念、命题作为逻辑出发点，然后运用演绎推理建立各种进一步的命题，从而形成一套系统、严谨的理论体系的思维方法．这是人类认识论的一大创举，是数学可靠性的基础，它使得数学丰富的理论建立在最简单明了、不容置疑的认识基础之上，容易明辨是非．例如，几何学的正确性归结于诸如"等量加等量，总量仍相等"等公理的正确性．事实上，在人类的每一个认识领域，当经验知识积累到相当数量时，就需要对其进行综合、整理，使之条理化、系统化，形成概念、建立理论，实现认识从感性阶段到理性阶段的飞跃．在理性阶段，从其初级水平发展到高级水平，又表现为抽象程度更高的公理化体系．

最优化是数学追求的目标之一，**模型化**是人类将实际问题转化为数学问题的重要手段，两者都为人类圆满解决实际问题发挥了重要作用．

三、数学的特点与地位

长期以来，一些人对数学的认识仅仅局限于数学是一门课程、一类知识，是完成学业所必须完成的任务，是未来生活和工作所需要的方法和工具．因此，他们学习数学也就是为了完成任务、学懂知识、学会方法、会做习题、考试尽量拿个高分而已．然而，作为基础教育中最重要的课程之一，数学教育的重要性不仅仅体现在数学知识与方法的广泛应用上，更重要的是它对人的素质的影响，其价值远非一般的专业技术教育所能相提并论．

1. 数学的特点及其对人的素质的影响

数学教育对人的素质的影响,可以从数学的特点上得到解释. 数学具有概念的抽象性、推理的严密性、结论的确定性和应用的广泛性四大特点. 这四大特点反映了数学发展过程的整个内涵与外延的本质. 数学知识的起点——概念抽象,数学理论的形成过程——推理严密,数学中得到的结论——结论确定,数学结果与数学方法——应用广泛.

1) 概念的抽象性.

数学来自实践,其最本质、最突出的特征是抽象. 从初等数学的基本概念到现代数学的各种原理都具有普遍的抽象性与一般性. 数学的概念、方法大多是由对现实世界的事物对象及其关系,通过分析、类比、归纳,找出其共性与本质特征而抽象得来的. 数学应用于实际问题的研究,其关键在于建立一个较好的数学模型,建立模型的过程,就是一个科学抽象的过程. "抽象"不是目的,不是人为地增加理解难度,而是要抓住事物的本质. 通过抽象,可以把表面复杂的东西变得简单,把表面混沌的东西整理有序,把表面无关的东西实现统一. 例如,一个苹果加两个苹果是三个苹果,一个梨加两个梨也是三个梨,虽然物质对象发生了变化,但数量关系却保持不变,其本质的东西是 $1+2=3$. 虽然数学问题来源于现实世界,但是数学的研究对象却是不包含反映现实世界的物质及其运行机理的抽象系统,数学是通过思维来把握现实世界的.

对于一个数学家来说,他关注的不是研究对象的具体化,而是这些对象的性质或本质规律,这就需要抽象思维. 数学理论与方法运用于实际问题之所以有效,正是因为它们反映了现实世界的本质和规律.

抽象作为数学最基本的特征,并非数学所独有,任何科学都在一定程度上具有这一特性. 之所以把抽象性列为数学的第一大特点,是因为数学抽象有其突出特点和重要价值:

(1) 在数学抽象中只保留了量的关系和空间形式,舍弃诸如色彩、品质等因素(如数、点、线等原始概念);

(2) 数学抽象逐级提高,其抽象程度远远超过了其他学科的一般抽象(如从点到线,再到面,再到体,再到欧氏空间,再到一般的拓扑空间等);

(3) 数学本身几乎完全周旋于抽象概念和它们的相互关系(只有举例时才是具体的).

因此,数学不仅概念是抽象的,其思想方法也是抽象的(如加、减、群等),整个数学都是抽象的. 这是一门不包括实在物质的理性的思辨科学,培养的是一种"数学思维"能力. 这种思维为物质世界的运行机理建立全新的模式,是一种创造性思维,也是人类文明的源泉. 受过良好数学教育的人,善于抓住事物的本质,做事简练、不拖泥带水,具有统一处理一类问题的能力,具有创新的胆略和勇气.

2) 推理的严密性.

在发展过程中,数学每前进一步,都离不开严密的逻辑推理. 推理是通过已知研究未知的合乎逻辑的思维过程. 数学推理主要包括归纳推理、类比推理和演绎推理.

归纳推理是从个体认识群体,类比推理是从一个个体认识另一个个体,两者对培养人的发散性思维和创造性思维具有重要作用. 人类的发明创造始于感性的发散性思维,终于理性的收敛性思维. 归纳与类比是人类探索世界、发现新事物、新关系的重要手段,许多重要的猜想都是通过归纳与类比而提出的.

演绎推理是通过对事物的某些已知属性，按照严密的逻辑法则，推出事物的未知属性的思维方法，其结构为三段论，具有严谨、可靠、收敛的特点．数学推理以演绎推理为主，辅助使用其他推理．使用演绎推理，可以发挥以下作用：

（1）从少数已知事实出发，导出一个内容丰富的知识体系，使人类的认识领域逐步扩大，认识能力逐步提高；

（2）能够保证数学命题的正确性，使数学立于不败之地；

（3）可以克服仪器、技术等手段以及环境的局限，弥补人类经验之不足；

（4）可以通过有限认识无限，使人类的认识范围从有限走向无限；

（5）为人类提供了一种建构理论的有效形式．

在数学演绎推理中，分析必须细致，论证务求严谨，不允许用感知替代分析，也不允许用举例充当论证．

优秀的数学教育使人具有做事思路开阔、举一反三的类比与创新能力，具有以简识繁、以点识面的归纳能力，具有做事思维严谨、思考周密、结构清晰、层次分明、有条理、无漏洞的组织管理能力．

3）结论的确定性．

"1+1=2"，这是古今中外没有任何疑问的事实．其实，它并非仅仅是数学中的一个特例，数学结论从来都是确定的．所谓"结论的确定性"，是指对任一事件，通过数学方法所得到的判断或结论是确定的，但它并不意味着任何事件的发展都有唯一的或确定的结果．例如，随机事件的结果是"随机的"（不定的），但这本身是一个确定的数学结论．事实上，对同一个问题，不同的人，用不同的数学方法，在不同的时间和地点，做出的结论永远是一致的．前面我们提到，数学结论由演绎推理为主的推理形成，演绎推理的推理步骤要严格遵守形式逻辑法则，以保证在从前提到结论的推导过程中，每一个步骤在逻辑上都是准确无误的．所以，运用数学方法从已知的关系推求未知的关系时，所得到的结论具有逻辑上的确定性和可靠性．爱因斯坦（Einstein，1879—1955）说道："为什么数学比其他一切科学受到更特殊的尊重，一个理由是它的命题是绝对可靠和无可争辩的，而其他一切科学的命题在某种程度上都是可辩的，并且经常处于会被新发现的事实推翻的危险之中．"

数学结论的确定性直接导致结论的正确性，用严格的数学方法得到的结论是不可推翻的．这也是为什么数学发展到现在能够形成如此庞大体系的原因．许多科学是新理论推翻旧理论（如日心说推翻地心说等），而数学则是新理论产生了，旧理论依然正确！

所以，数学教育能培养人严肃认真、目标明确、前后一致、表里如一的态度．

4）应用的广泛性．

数学应用的广泛性是其日渐突出的一个特点．华罗庚（1910—1985）教授早在1959年就指出：宇宙之大，粒子之微，火箭之速，化工之巧，地球之变，生物之谜，日用之繁，无处不用数学．人类认识与改造世界的一个基本手段就是建立数学模型，现实世界中许多看起来与数学无关的问题都可以用数学模型完美地解决：先把实际问题的次要因素、次要关系、次要过程忽略不计，抽出其主要因素、主要关系、主要过程，再经过一些合理的简化与假设，找出所要研究的问题与某种数学结构的对应关系，把实际问题转化为数学问题，最后在这个模型上展开数学的推导与计算，以形成对问题的认识、判断和预测．

数学的研究对象——空间形式、数量关系与结构关系并不是自然界所独有的，在人类社会和精神世界，也都具有量的规定性和结构关系．因此，数学不仅为研究自然提供科学的工具和方法，还可以为所有关于量的规定性和结构关系的研究提供科学的工具和方法．如今，数学科学不仅是一切自然科学、工程技术的基础，而且随着信息时代的到来，它已渗透到经济学、教育学、人口学、心理学、语言学、文学、史学等众多人文社会科学的研究领域，成为当代人类文明的基石．

数学概念的抽象性、推理的严密性、结论的确定性这三个特点共同决定了数学科学的简洁性、严谨性、精确性、可靠性与普适性．其他的自然科学虽然也有相当的严谨性与精确性，但是它们的理论通常都有一定的适用范围．

数学的重要性更体现在，接受数学上严密的逻辑推理训练而培养出的以理性的思维模式和归纳、类比、分析、演绎的思维方法等为特征的数学素质，可以使人有很强的适应能力、再生能力和移植能力．数学知识和数学素质是享受不尽的财富．

2．数学的地位

与其他自然科学、社会科学相比，数学具有基础性、普适性、可靠性．数学来自现实世界却又超越现实世界，它所研究的数与形是客观世界的普遍和本质的属性，因此数学与一切事物的生存和发展密切相关，具有其独特的普遍性、抽象性和应用上的极端广泛性．

在古希腊时期，数学与哲学同属一家，数学家同时也是哲学家．哲学关注真、善、美，其分支相应分为研究真的逻辑学、研究善的伦理学、研究美的美学．而数学的真表现在它的理性精神，它所追求的客观性、精确性、确定性；数学的善表现在它与生活、科学、艺术的普遍联系和广泛应用；数学的美就是数学问题的结论或解决过程适应人类的心理需要而产生的一种满足感，简洁的表现形式，精细的思考方法，处处充满着理性、高雅、和谐之美，这是真与善的客观表现．

在当今科学分类研究中，许多学者称数学是刻画现实世界的普遍科学，且认为其可应用于任何学科和任何领域．数学是自然科学的语言．

数学，对象基本、根基稳固、方法可靠、结论普适，是人类宝贵的知识财富．

数学，是知识、方法，更是思维、素质．

基本的对象、可靠的方法、深刻的思想，此乃数学的灵魂．

欣赏与思考

物理教授的经验方程——数学结论都是有条件的

物理教授走过校园，遇到数学教授．物理教授在进行一项实验，他总结出一个经验方程，似乎与实验数据吻合，他请数学教授看一看这个方程．

一周后他们碰头，数学教授说这个方程不成立，可那时物理教授已经用他的方程预言出进一步的实验结果，而且效果颇佳，所以他请数学教授再审查一下这个方程．

又是一周过去，他们再次碰头．数学教授告诉物理教授这个方程的确成立，"但仅仅对于正实数的简单情形成立．"

第一章思考题

1. 数学的研究对象是什么？它与我们的自然与社会具有什么关系？你从中受到什么启发？
2. 数学中有哪些基本结构？它们分别对应我们生活中的哪些现象？
3. 数学关注本质、共性与规律，这些对人类有何意义？
4. 为什么数学中要有公理？它们在数学理论体系中具有什么地位？
5. 数学公理系统的独立性对该系统有何意义？
6. 分类思想在数学研究中具有什么价值？
7. 归纳、类比思想对数学理论的建立有何价值？
8. 哪些思维方法保证了数学理论与方法的可靠性？
9. 数学的抽象性特点有什么意义？
10. 如何理解数学结论的确定性？确定性是否意味着唯一性？确定性与随机现象的随机性是否矛盾？
11. 试分析结论的确定性与结论的可靠性有什么依赖关系．
12. 为什么说数学是超越一般自然科学和社会科学的科学？

第二章 数学之功

$$\oint \vec{E} \cdot d\vec{A} = \frac{Q_{enc}}{\epsilon_0}$$

$$\oint \vec{B} \cdot d\vec{A} = 0$$

$$\oint \vec{E} \cdot d\vec{s} = -\frac{d\phi_B}{dt}$$

$$\oint \vec{B} \cdot d\vec{s} = \mu_0\epsilon_0 \frac{d\phi_E}{dt} + \mu_0 I_{enc}$$

数学之功　探因析理

数学，作为人类最古老的智力成就，以万物之本为对象，以万象之理为内容，形式简洁而内涵丰富，在人类文明的进化中发挥着不可替代的根本作用．

数学功能多样．它不仅仅是一种"方法"或"工具"，还是一种思维模式，即"数学思维"；也不仅仅是一门科学，还是一种文化，即"数学文化"；更不仅仅是一些知识，还是人的一种素质，即"数学素质"．

作为一种工具，数学方法巧妙有效，是创造社会财富的得力助手；作为一门课程，数学知识准确可靠，是学习与理解其他知识的重要基础；作为一种思维，数学推理精细严谨，是人类理性思维的标志和典范；作为一种语言，数学公式简洁清晰，是描述自然与社会现象的通用语言；作为一门科学，数学既是科学之母，也是科学之仆，孕育并推动科学发展；作为一种文化，数学给人类带来智慧，为生产增加动力，促进科技发展，改良艺术创作，推动社会进步．

数学影响深远．数学思维使人类头脑更聪明，数学工具使人类生产更高效，数学方法使科技发展更迅速，数学文化使人类社会更文明．

法国著名作家雨果（Hugo，1802—1885）说："人的智慧掌握着三把钥匙：一把开启数学，一把开启字母，一把开启音符．知识、思想、幻想就在其中．"

第一节　数学的功能

数学是人类最高超的智力成就，也是人类心灵最独特的创作．音乐能激发或抚慰情怀，绘画使人赏心悦目，诗歌能动人心弦，哲学使人获得智慧，科学可改善物质生活，但数学能给予以上一切．

——克莱因

为什么要学数学

对绝大多数人来说，数学是一生中学得最多的一门课程：从小学到中学、从中学到大学，包括到了研究生的学习阶段，都在学习数学．为什么要花这么多时间来学习数学？又为什么一定要努力学好数学呢？

李大潜（1937—　）院士认为，这一是因为数学的影响和作用无处不在，二是因为数学教育本质上是一种关于素质的教育．下面这两段话是李大潜院士某次讲话的摘要．

数学的影响和作用无处不在．数学是一类常青的知识：古往今来数学的发展，不是后人摧毁前人的成果，而是每一代的数学家都在原有建筑的基础上，再添加一层新的建筑，数学的结论往往具有永恒的意义．数学是一种科学的语言：大自然这本书是用数学语言写成的，这种语言是精确的、通用的，也是方便掌握和使用的．数学是一个有力的工具：数学在人们的日常生活、生产、管理、科学技术中随时随地发挥着重要的、关键性的，甚至决定性的作用．数学是一个共同的基础：不仅在自然科学、技术科学中，而且在经济科学、管理科学，甚至人文、社会科学中，为了准确和定量地考虑问题，得到有充分根据的规律性认识，数学都是必备基础．数学是一门重要的科学：它和哲学类似，忽略了物质的具体形态和属性，纯粹从数量关系和空间形式的角度来研究现实世界，具有超越具体学科、普遍适用的特征，对所有的学科都有指导性的意义．数学是一门关键的技术：数学的思想和方法与计算技术的结合已经形成一种关键性的、可实现的"数学技术"，医疗诊断的CT就是一个突出的例子．数学是一种先进的文化：长期以来，在人们认识世界和改造世界的过程中，数学作为一种精确的语言和一个有力的工具，一直发挥着举足轻重的作用，对人类文化和文明发挥着重要影响．

数学教育本质上是一种关于素质的教育．它是一门重思考与理解、重严格的训练、充满创造性的科学，自觉的数量观念、严密的逻辑思维能力、高度的抽象概括能力，都是素质的体现．

一、数学的实用功能

数学的实用功能是数学最基础、也最显式的功能.

早在 17 世纪,法国数学家笛卡儿就指出,一切问题都可以归结为数学问题,一切数学问题都可以归结为代数问题,一切代数问题都可以归结为方程问题. 从哲学的观点看,任何事物都是量和质的统一体,都有自身量的规律性,通过量的规律才能对各种事物的质获得明确、清晰的认识,而数学作为一门研究量的科学,必然成为人们认识世界的有力工具.

数学之所以能够应用于人类社会的各个方面,其根本原因在于:第一,数学的研究对象数与形和世间万事、万物、万象密切相关;第二,数学是最可信赖的科学,什么东西一经数学证明,便板上钉钉,确凿无疑.

数学的实用功能表现为数学的知识、方法、思想在人类生活、生产和科学研究方面发挥的作用. 在现实生活中,数学不仅用来测量和计算,更可进行对比、判断、预测与决策. 在科学技术中,"量"贯穿于一切科学领域,数学也就必然应用于一切科学领域. 凡是涉及量、量的关系、量的变化、量的关系的变化、量的变化的关系的问题,均可用数学来描述与解释. 数学是科学之母:数学与其他科学的交叉形成了许多交叉学科群,如计算机科学、信息科学、系统科学、科学计算、数学物理、生物数学、金融数学等. 数学也是科学之仆:数学不仅作为工具解决科学技术的具体问题,也已成为开发高新技术的主要工具,如信息传输与信息安全、图像处理、医疗诊断、药物检验、数据处理、网络信息搜索、GPS 定位等.

二、数学的教育功能

数学作为一门基础学科,是学校教育中持续时间最长、分量最重的课程. 在本节开篇中,我们概述了李大潜院士对"为什么要学数学"的主要观点. 在这里,我们再对数学的教育功能做个总结. 概括地讲,数学教育实现三大功能:知识(工具)、能力(素质)、文化(观念).

(1) **知识**——掌握必要的数学知识和方法,为进一步学习其他知识打基础、做准备;掌握必要的数学工具,用以解决自然与社会中普遍存在的数量化问题及逻辑推理问题.

(2) **能力**——培养一种思维方式和方法,养成一种思维习惯,潜移默化地培养学生"数学方式的思维",包括归纳、类比、演绎等.

(3) **文化**——提供一种价值观,倡导一种精神,弘扬一种文化,集中表现为数学观念在人的观念及社会观念的形成和发展中的作用.

知识型数学教育看重数学的实用价值,着重传授数学知识、方法及其应用,重在数学技能. 能力型数学教育看重数学的能力培养,重视数学思维的训练、数学思想的渗透,重在如何观察、如何思考、如何表达等数学素质. 文化型数学教育则在注意数学教育的实用价值和思维价值的同时,特别看重数学的文化教育价值,强调实事求是的态度、锲而不舍的精神、严肃认真的作风,强调数学精神、数学意识、数学思想和数学思维方式等数学观念.

在数学教育中,数学知识与方法的传授是一条主线,但不是全部目的. 一个好的数学教师应当能够通过传授数学知识这个载体,对学生实施能动的心理和智慧引导,达到启迪智慧、开发悟性、挖掘潜能、培养能力、陶冶情操的素质教育目的. 这主要依靠教师在教学中抓住本质，突出数学思想的渗透. 这一点在实践上是很明白的：一个人如果只记住了一些数学概念、公式和定理，而没有真正理解，他就无法长久地记忆，更无法灵活地、变通地应用于实践；相反，如果他真正掌握了数学的精神实质，即便他不能完整地、一字不漏地叙述出定义、公式或定理，但却可以将其灵活地运用于实践，并可有所创新.

在当今科学技术突飞猛进的信息时代，计算技术和计算工具推陈出新、日渐发达，社会对具有"数学能力的"人的需求要远远高于仅仅掌握数学知识的人. 如果你用心观察一下，就会发现，拥有数学技能的人有两种不同层次：一种是，对给定的数学问题，能够找到它的数学解；另一种是，面临一个新问题（社会、工程、管理等）时，能够用数学的方法去识别和描述该问题的关键特征、关键因素，并用数学化的描述去精确地分析和解决这个问题. 在机械化工业时代，前一类人才需求较大，后一类人才需求较小；在信息时代，后一类人才，即具有数学素质的人，需求更大.

三、数学的语言功能

数学研究各种量、量的关系、量的变化、量的关系的变化、量的变化的关系等，都是通过数学自身的一套无法替代的数学语言（概念、公式、法则、定理、方程、模型等）来表述的. 数学语言是对自然语言的合理与科学的改进，具体体现在**简单化**（对自然语言进行简化）、**清晰化**（消除自然语言中含糊不清之处）、**扩展化**（扩充它的表达范围）三个方面.

伽利略（Galileo，1564—1642）说："展现在我们眼前的宇宙像一本用数学语言写成的大书，如不掌握数学符号语言，就像在黑暗的迷宫里游荡，什么也认识不清." 数学是科学的语言：数学几乎能对一切科学现象和社会现象进行简洁而准确的描述. 例如，时空的语言是几何，天文学的语言是微积分，量子力学要通过算子理论来描述，而波动理论则靠傅里叶分析来说明.

在科学研究中，运用数学语言的好处是明显的：数学语言具有单义性、确定性，能够避免发生歧义和引起混乱；数学语言具有表达简洁性，便于人们分析、比较、判断；运用数学语言将问题转化为数学模型进行推理、计算，可以节约人的思维劳动，缩短研究过程，提高研究效率.

四、数学的文化功能

文化，是指人类在社会历史发展过程中所创造的对社会有重要影响（有价值、有意义）的物质财富与精神财富的总和，包括人为制定的规范制度或历史传承下来的风俗习惯. 其要点有二：一是在深化人类对世界的认识或推动人类对世界的改造方面，在推动人类物质文明和精神文明的发展中，起过或（和）起着积极的作用，甚至具有某种里程碑意义；二是在历史进程中，通过长期的积累与沉淀，自觉不自觉地转化为人类的素质与教养，使人们在精神与品格上得到升华.

把数学看作一种文化，其理由是：首先，数学是人类创造并传承下来的知识、方法与思想；其次，数学深入到每个人和社会的每个角落；最后，数学影响着人类的思维，推动着科技发展和社会进步，与其他文化关系密切.

把数学上升到一种文化，其实是对数学的返璞归真——数学自古就是一种文化．美国柯朗数学科学研究所的克莱因教授说："数学一直是文明和文化的重要组成部分，一个时代总的特征在很大程度上与这个时代的数学活动密切相关．"

数学文化是由知识性成分（数学知识）和观念性成分（数学观念系统）组成的，它们都是数学思维活动的创造物，包括数学知识、思想、方法、语言、精神、观念，涉及数学思维、数学应用、数学史、数学美、数学教育、数学与人文的交叉、数学与各种文化的关系等．

站在教育的立场上谈数学文化，关注的更多是数学教育对人、社会、科技等的影响．事实上，数学科学在人的道德价值、心理价值和文化价值方面都具有重要作用：丰富的数学史料，具有焕发学生民族自尊心和自豪感的价值；数学的广泛应用，具有激发学生学好数学的热情的价值；数学深刻的思想、精细的思维、严密的推理，具有让学生更全面地看待事物、弘扬科学精神的价值；数学结论、方法的美丽与神奇，能够激发兴趣，陶冶情操．

测量地球

测量，是数学的实用功能之一．许多问题都可以通过直接测量来实现，如测量土地、身高、体重等．但是，更多的问题是无法通过直接手段来测量的，如曲线围成的不规则图形、宇宙星辰等事物．比如地球，由于其过于庞大，人类无法直接测量．如今，人类可以通过测绘卫星来进行地球测量，当然其中也要运用数学原理和方法．实际上，早在古希腊时期，数学家就利用柱子投射的太阳阴影以及三角知识来测量地球了．

古希腊地理学家埃拉托色尼（Eratosthenes，公元前275—前193）是第一个提出测量地球周长方法的人．他听说，在夏至那天，在埃及南部的西恩纳（今天的阿斯旺）太阳是位于头顶的，而在亚历山大，太阳则成一定角度投下阴影．他在亚历山大选择了一个很高的方尖塔做参照，并测量了夏至那天塔的阴影长度，这样他就可以量出垂直的方尖塔和太阳光射线之间的角度7°12′，而这一角度就等于从地心到这两城构成的半径之间的夹角．7°12′相当于圆周角360°的1/50．由此表明，这一角度对应的弧长，即从西恩纳到亚历山大的距离，应相当于地球周长的1/50．之后埃拉托色尼借助皇家测量员的测地资料，测量地球周长为252000希腊里（古希腊长度单位）．1希腊里约为157.5米，换算出地球周长约为39690千米，与地球实际周长惊人地相近（误差小于2%）．

第二节 数学的价值

> 宇宙之大，粒子之微，火箭之速，化工之巧，地球之变，生物之谜，日用之繁，无处不用数学．
>
> ——华罗庚

性命攸关的问题

讲个小故事．从前，有一个国王非常爱惜人才，即使对囚犯也不例外．国王规定，对于死囚，在押赴刑场时可以给他一次生还的机会．为此，在押赴囚犯到刑场途中，他们设计了一个丁字路口，在这个路口有两个前进方向可供选择，一个通向刑场，另一个则通向光明大道．但是两个方向入口处各有一个士兵把守，这两个士兵中的一个只讲真话不讲假话，而另一个则只讲假话不讲真话，除他们两人之外，其他人并不知道他们两人谁是讲真话者．国王给囚犯提供的逃生机会是：允许囚犯只向其中一个士兵询问唯一一个问题，然后根据士兵的回答决定朝哪个方向前进．如果走向刑场，就要执行死刑；如果走向光明大道，就可以自由逃生．

由于事先并不知道两个士兵中谁是讲真话者，又不能多问一个问题以求辨真假，许多囚犯面对这样的逃生机会不知所措，只好听天由命，有的难免一死，有的侥幸逃生．

有一天，一个精通数学和逻辑的囚犯，在这里依靠自己的聪明才智，使自己成功逃生．那么，他提了一个什么问题呢？

原来，他把真话视为 $+1$，而把假话视为 -1，虽然不知道谁讲的是 $+1$、谁讲的是 -1，但由于正负得负、负正得负的数学原理，他认为如果能通过一个问题把两个人的回答套起来，得到的必然是正负或负正相乘的唯一结果——-1，因此得到的是假话．于是他向其中一个士兵提出如下问题："假如我问那一个士兵哪一条路通向光明大道，他会如何回答？"被问的这个士兵只好用自己的真话（或假话）向囚犯转述另一个士兵的假话（或真话），从而囚犯得到的是一句假话，据此便可以判断光明大道的方向．

一、数学与个人成长

数学与个人成长——数学使人更聪明、更理性！

数学对人的影响主要体现在数学教育的价值上．在第一章我们讨论过这个问题，这里我们再做一些强调和补充．人们长时间地接受数学教育，除实用价值之外，它在提升人的品质、品格方面也有着独特的影响，主要体现在两个方面：数学是一种素质，数学影响人的思维.

第一，数学是一种素质，数学教育本质上是素质教育.

什么叫作素质？笼统地说，素质就是能力和素养. 人的素质可以划分为三个方面：科学素质、文化素质和艺术素质. 科学素质是人类认识世界、改造世界，发展生产力，创造物质财富的能力，追求的是真；文化素质是人类认识社会、了解历史，提高交流能力和道德水平的能力，体现的是善；艺术素质的目的是追求社会、人生与心灵的和谐，向往的是美.

科学素质的核心是数学素质. 数学素质包括数学意识、数学语言、数学技能、数学思维. 数学意识就是人的数量观念，时时处处"胸中有数"，注意事物的数量方面及其变化规律，是看待和认识世界的态度. 数学语言是简单、清晰、准确地表述事物的一种方式，是描述与传达事物的手段. 数学技能是数学知识和数学方法的综合应用，是把数学当作一种工具解决问题的能力. 数学思维是思考、探索与理解事物的手段，具有抽象性、逻辑性、创造性和模式化性，包括归纳、类比和演绎等. 一个人的数学素养首先体现在他的数学意识上，他每每看到一些事物、现象，会自觉不自觉地产生某种意识，通过模式化、符号化形成数学语言的表述，最后用数学技能去分析、解决问题，这整个过程都是数学思维的过程.

在学校教育的各个阶段，数学始终是必修科目，其表面原因是数学是计算的工具. 但是，数学教育更重要的价值和目的则是培养以思考力为核心的数学素质. 这些素质具有社会性、独特性和发展性，其个体功能与社会功能常常是潜在的，而不是急功近利的，即使所学的数学知识已经淡忘，这些素质依然不会消失，始终发挥作用. 数学教育的过程，也是一个启迪智慧、开发悟性的过程，在很大程度上是对人的潜能的持续挖掘.

由于数学的抽象性等原因，数学学习是困难的，那么，是否可以通过其他途径来实现这一目的呢？纵观目前开设的各种课程，还没有哪一门能够替代数学教育的价值.

第二，数学提供了一种思维方式.

人的思维能力是对人生有重要影响的能力之一，受各种因素影响，表现出多面性，但符合逻辑的、精密的、深刻的、聪慧的思维是每个人都希望拥有的. 数学教育的重要价值在于它对人的思维能力的培养. 人参与社会竞争所需要的基本能力有逻辑思维能力、词汇语言能力、推理运算能力、视觉观察能力、空间想象能力、创造力、沟通协调能力、应变能力等，其中有很多能力是可以通过数学教育培养的.

数学概念的形成、结论的发现与推导，都是通过数学思维活动实现的，数学应用于实践的过程，也在很大程度上是通过数学思维活动对事物进行分析、类比、提炼、建构，并最终实现模式化、最优化的过程. 数学为人类思考问题、解决问题提供了广泛而可靠的思维工具. 数学思维的重要特点在于：理性、严谨、精细、准确、可靠.

数学作为文化的一部分，提供了一种充满理性的思维方法与模式，它追求一种完全确定、完全可靠的知识. 数学所探讨的不是转瞬即逝的知识，而是某种永恒不变的东西；数学的结论具有较强的客观性. 例如，欧几里得平面上的三角形内角和为$180°$，这绝不是说"在某种条件下"，"绝大部分"三角形的内角和"在一定误差范围内"为$180°$，而是在命题的规定范围内，一切三角形的内角和正好为$180°$. 概括来讲，数学的理性表现在：数学的对象必须有明确清晰的概念，数学结论的推导必须由明确无误的命题开始，并服从严谨精细的推理规则．正是因为这样，数学方法成为人类认识方法的一个典范．

数学也充满着理性的创新和实事求是的科学精神，它不断为人们提供新概念、新方法，促进着人类的思想解放．数学家的一个特点就是敢于怀疑自己．数学越发展，取得的成就越大，数学家就越要问自己的基础是不是牢固．越是在表面上看来没有问题的地方，也就是数学的基础部分，越要找出问题来．例如，数的加法、乘法明明是可以交换的，但数学家偏偏要研究不可交换的乘法，而结果表明这并非在做数学游戏，现实生活、自然宇宙中确有一些不可交换的事物．又如，非欧几何的建立，也是数学家敢于怀疑自身公理而做出的成就，而且非欧几何在爱因斯坦创立广义相对论时发挥了根本的作用．在很多情况下，数学研究是超前的，但最终会发现它的用处．这种超前的研究就是完全的创新．其实，稍微注意一下就会发现，数学的结论都是建立在某种假设之上的，也许这种假设在当时并没有真正地被证实是存在的．在数学研究中，最有趣的研究工作往往是从不完整的假设、不完整的数据开始的．事实上，在解决一个问题，或者建立一套新理论的时候，如果要等到数据全了，所需的技巧都有了才开始，那么一定会落伍．数学家要创新，但要有原则，不胡来．这正是理性精神的体现．

数学思维的主要方式是推理．数学推理既有发散的归纳、类比推理，也有收敛的演绎推理，前者具有创新性，是人类创新、创造的源泉，是现代人文化素质的组成部分，对人类社会进步起到了极为重要的作用．因此，我国数学家齐民友（1930—2021）教授认为，数学作为一种文化，在过去和现在都大大地促进了人类的思想解放，人类无论在物质生活和精神生活上得益于数学的都实在太多．

二、数学与人类生活

数学与人类生活——数学使人类生活更精彩．

数学对人类生活的影响主要反映在数学知识、方法、思维的应用上．世界是物质的，物质是运动的，运动是相互联系的．这种相互联系的物质运动大都可以被数学家抽象为以数量之间的变化关系为基本特征的数学模型．数学模型是人类认识与改造世界的一个基本手段，一个模型可能来自某一个具体事物或现象，但可以应用于无穷多种其他相关事物或现象．人类生活直接或间接受益于数学．人类生活直接受益于数学至少表现在以下几个方面：优化、效率、释疑、理智、智胜等．

数学能帮助人类优化生活．在日常生活中，数学不仅可以帮助我们算账，避免吃亏上当，而且可以帮助我们节约财物、节省时间、改善生活质量．例如：

洗衣问题：给定水量和洗涤剂，如何使衣服洗得更干净？

假设给定 20 升水，适量洗涤剂，每次洗涤后残留水分 1 升．

如果一次用完 20 升水，则最后残留污垢 $\frac{1}{20}$；

如果分两次加水，分别用 15 升和 5 升，则最后残留污垢 $\frac{1}{15}\times\frac{1}{6}=\frac{1}{90}$；

同样是分两次加水，但分别用 10 升和 10 升，则最后残留污垢 $\frac{1}{10}\times\frac{1}{11}=\frac{1}{110}$；

如果分 19 次加水，第一次用 2 升，以后每次用 1 升，则最后残留污垢 $\left(\dfrac{1}{2}\right)^{19}=\dfrac{1}{524288}$.

可见，次数不同或者不同的加水组合会产生非常不同的效果.

数学能帮助人类提高效率. 例如：

做饭时你是否会手忙脚乱？运筹学可以帮助你合理规划，有效利用时间.

你放在电脑中的文件能够方便地找到吗？分类思想可以帮助你做到条理清晰、存取自如.

数学能帮助人类解释疑问. 数学关注普遍联系，强调因果关系，其思维特点是探讨在指定条件下会产生什么结果以及一种结果产生的原因是什么. 因此，通过数学思维、数学理论、数学方法，可以为人类解释很多疑问. 例如：

为什么井盖设计成圆形？

三条腿的椅子为什么总能在地上放稳？

四条腿的椅子能在不平整的光滑地板上放稳吗？

一般餐桌上的客人为何总能找到"同类"呢？

各种规格的复印纸的长宽比是多少？商店销售的一般纸张的长宽比是多少？为什么？

女孩子为什么喜欢穿高跟鞋？

足球表面的黑、白片各有多少个？不同的足球，其黑、白片个数有区别吗？为什么？

等等.

数学能帮助人们理智判断与决策. 数学严谨的理性思维、数学结论的确定性与可靠性、数学对事物的量化处理等可以帮助人们甄别谬误，避免上当. 例如，你相信算命吗？你相信属相、星座决定性格吗？你有没有接收并转发过连锁信？你相信连锁信可以为你带来滚滚财源吗？数学都可以帮你做出理性判断. 下面给出两个具体的例子.

抽奖问题：假设某种抽奖活动有 10% 的中奖率，下面两件事情，你认为哪个更容易发生？

A. 抽取一次就中奖 　　　　B. 连续抽取 20 次均不中奖

一般人会认为，A 会更容易一些，因为一次中奖的可能性为 10%，而连续 20 次都不中奖几乎是不可能的，甚至有人认为连续抽 10 次就应该有一次中奖. 其实，答案是：B 发生的可能性更大. 理由是，抽取一次中奖的可能性为 10%，从而抽取一次不中奖的可能性为 90%，因此连续抽取 20 次均不中奖的可能性为 $(90\%)^{20} \approx 12.16\% > 10\%$（抽取一次中奖的可能性）.

促销问题：某商场举办促销活动，服装类买满 100 元送 80 元，皮鞋类买满 100 元送 50 元，零头不送. 假如你想买一双 480 元的皮鞋和一件 320 元的衬衣，赠券可以随意使用，你会如何购买？

如果先买皮鞋（付现金 480 元，得赠券 200 元），再买衬衣（用赠券 200 元，再付现金 120 元，再得赠券 80 元），则将总共付出现金 600 元，最后余下赠券 80 元；

如果先买衬衣（付现金 320 元，得赠券 240 元），再买皮鞋（用赠券 240 元，再付现金 240 元，再得赠券 100 元），则将总共付出现金 560 元，最后余下赠券 100 元.

后者相当于付款 560－100＝460（元），而前者相当于付款 600－80＝520（元），比后者多付 13%．

更多的案例，将在第五章中给出．

三、数学与科技发展

著名数学家陈省身（1911—2004）说："科学需要实验，但实验不能绝对精确．若有数学理论，则全靠推论，就完全正确了，这是科学不能离开数学的原因．许多科学的基本观念，往往需要数学观念来表示．所以数学家有饭吃了，但不能得诺贝尔奖，是自然的．"法国数学家柯西（Cauchy，1789—1857）说："一个国家的科学水平可以用它消耗的数学来度量．"数学推动科技发展，使科技发展更有力．

科学通常分为自然科学、社会科学两大类，数学属于自然科学．但也有人认为，由于数学忽略了物质的具体形态和属性，具有普遍适用和超越具体科学的特征，具有公共基础的地位，不是自然科学的一种．所以，现在有些著名科学家把科学分为自然科学、哲学社会科学和数学科学三大类，把数学提高到一个前所未有的高度．数学对其他科学发展的影响主要体现在，数学作为科学之母孕育其他科学的产生，数学作为科学之仆推动其他科学的发展，数学作为科学语言描述其他科学的理论．

数学作为科学之母，许多自然科学和社会科学的产生与发展都需要其呵护．回顾科学发展史，一些划时代的科学理论成就的出现，无一不是借助于数学的力量，如物理学上电磁波的发现，牛顿力学原理、爱因斯坦相对论、宇宙大爆炸理论和黑洞学说的建立，天文学上哈雷彗星、海王星的发现，现代电子计算机的产生与发展，现代军事通信中的密码理论等．借助数学，牛顿（Newton，1643—1727）发现了万有引力，从而宇宙间日月星辰的运动初步地被解释了，力学规律也逐渐清楚了；利用数学，爱因斯坦创立了狭义与广义相对论，从而实现了时间与空间统一、物质与运动统一、质量与能量统一；依靠数学，卫星能够上天，宇宙飞船遨游太空；通过数学，冯•诺依曼（von Neumann，1903—1957）发明了计算机，从而使人类进入了飞速发展的信息时代……

数学作为科学之仆，是一切科学的得力助手和工具，许多自然科学和社会科学的发展与完善都是在数学的帮助下实现的．物理学、天文学、近代的化学、生物学、现代的计算机科学、信息技术、生命科学、能源科学、材料科学、环境科学、医学诊断，社会领域的经济学、金融学、人口学，甚至语言学、历史学等，无一不是在数学科学的滋润下发展壮大的．例如，在生命科学领域，意大利数学家沃尔泰拉（Volterra，1860—1940）1926 年提出著名的沃尔泰拉方程，成功解释了地中海发现的各种鱼类周期消长的现象．1952 年建立的神经脉冲传导模型和 1958 年建立的视觉系统侧抑制作用模型的科学家分别获得 1963 年和 1967 年诺贝尔生理学或医学奖．20 世纪 50 年代，代数拓扑中的扭结理论帮助生物学家发现了 DNA 的双螺旋结构，标志着分子生物学的诞生．如今，用来研究生命科学的数学理论已经形成了一门独立的学科分支——生物数学．在社会科学的经济学领域，1944 年，数学家冯•诺依曼和摩根斯坦（Morgenstern，1902—1977）合著《博弈论与经济行为》，成为现代数理经济学的开端，从此数学方法在经济学中占据了主要地位．自 1969 年开始设立诺贝尔经济学奖以来，60 多个获奖项目几乎每一项都与数学有关，其中强烈依赖数学的达 80% 以上，而获奖人中许多拥有数学学位，尤其是最初的几届以及最近的几届．

数学作为一种语言，担当了描述与解释万事万物本质规律的重任．17世纪德国天文学家开普勒（Kepler，1571—1630）说：“对于外部世界进行研究的主要目的，在于发现上帝赋予它的合理次序与和谐，而这些是上帝以数学语言透露给我们的．”诺贝尔奖得主、物理学家费曼（Feynman，1918—1988）曾说过：“若是没有数学语言，宇宙似乎是不可描述的．”英国物理学家麦克斯韦（Maxwell，1831—1879）运用偏微分方程建立了描述电磁规律的麦克斯韦方程组；爱因斯坦用黎曼几何和不变量理论描述了广义相对论；20世纪上半叶的物理学家利用群论统一描述了能量守恒定律、动量守恒定律、自旋守恒定律、电荷守恒定律等理论．如今进入信息时代，社会的数学化程度日益提高，数学语言已成为人类社会中交流与储存信息的重要手段，日渐发展成为现代科学的通用语言．近年来，由调和分析发展起来的小波分析理论十分热门，人们发现，利用小波可以压缩和储存任何种类的图像或声音，并大大提高效率，这成为通信技术的一个重要突破．

四、数学与社会进步

美国数学家克莱因说：“数学一直是文明和文化的重要组成部分，一个时代总的特征在很大程度上与这个时代的数学活动密切相关．”数学使社会进步更迅速！

笼统地讲，数学对社会进步的推动作用表现在以下三个方面：

第一，数学工具是推动物质文明的重要力量．数学作为一切科学的基础，极大地推动了科技发展，科技发展带动了生产力发展，生产力发展极大地丰富了各种生活物资，使人类生活水平不断提高．从大的方面来看，数学对人类生产的影响突出反映在它与历次工业革命的关系上．迄今为止，在人类历史上发生过三次工业革命：第一次工业革命开始于18世纪60年代，以机械化为特征，以蒸汽机和纺织机的发明和使用为标志，其设计涉及对运动的计算，这是依靠17世纪后期产生的微积分才得以实现的．第二次工业革命开始于19世纪60年代，以电气化为特征，以电力和电动机的发明和使用以及远距离传递信息手段的新发展为标志，其中由微分方程建立的电磁波理论起关键作用．第三次工业革命开始于20世纪40年代，以电子化为特征，以核能和电子计算机的发明和使用为主要标志，这次革命更是强烈地依赖于数学理论，这是众所周知、显而易见的．信息时代在某种意义上就是数学时代，信息技术就是数字技术．

第二，数学理性是建设精神文明的重要因素．数学作为理性思维的科学，其思想、观念与方法也极大地推动了人类精神文明和社会科学的发展．例如，数学的公理化思想不仅在数学内部和科学技术领域被采用，在政治、法律、社会科学等领域，也被广泛采用．

第三，数学美学是推动艺术发展的文化激素．数学美，就是数学问题的结论、解决过程或应用过程给人类带来的满足感，数学自身的美以及数学知识与方法是促进艺术发展的重要文化激素．数学的方法与成果被艺术家、建筑学家应用于绘画、音乐、建筑设计等领域．早在古希腊时期，毕达哥拉斯（Pythagoras，约公元前580—前500（490））等人就将音乐与数学联系在一起．文艺复兴时期的伟大画家达·芬奇（da Vinci，1452—1519）将数学应用于绘画，留下了《蒙娜丽莎》《神圣比例》等传世杰作．在《蒙娜丽莎》中，达·芬奇用透视法构成蒙娜丽莎身后的风景，造成一种纵深的感觉．用黄金分割比构建图形，栩栩如生．如今，进入信息时代，借助计算机，数学的分形技术又一次搭起了科学与艺术的桥梁，创造出前所未有的绚丽多彩、奇妙无比的景象．

纯理性思维可靠吗？

数学的判断、数学结论的确立都要通过计算或推理（证明）来实现，这是纯理性的思维，它撇开了主观，也没有直接依赖物质世界，甚至不相信眼睛的观察、仪器的测量．但由于数学推理的原则是绝对可靠的，因此只要其前提正确，结论就是可靠的．即使数学的理论结果无法在实际中看到，数学家也会坚信其结果的正确性．

耳听为虚，眼见为实？

数学中一类重要问题是研究各种数学对象的存在性问题．存在性问题的证明有两种方法：构造性证明和纯理性推理．前者具体构造出所述对象，自然令人信服；而后者只是从理论上推导出对象的存在性，虽看不到，但也不可否认．这样的例子有很多，如素数个数的无穷多性证明、用抽屉原理判断的各种存在性问题、用代数基本定理判断多项式根的个数问题、用儒歇（Rouche）定理判断解析函数根的分布问题、超越数的存在性证明等．

海王星的发现是数学理性思维的一大胜利．

海王星的发现，是科学史，乃至人类认识史上一个值得称颂的事件．它是先通过理论分析计算出运动轨道，然后用望远镜去观测而被发现的．

第二章思考题

1. 数学有哪些功能？
2. 为什么数学是普遍适用的科学？
3. 数学教育的价值在哪里？
4. 数学语言有什么特点？
5. 数学文化的内涵有哪些？
6. 数学对人的影响主要体现在哪里？
7. 数学对人类生活有什么样的帮助？
8. 谈谈数学与科技的关系．
9. 谈谈数学所崇尚的价值观的要点有哪些．从物质文明和精神文明的角度分析数学对人类文明的影响．

第三章 数学之旅

数学之旅　穿越时空

数学，作为人类最早建立的科学，如今枝繁叶茂，已经形成一个庞大的学科体系．

数学研究的领域不断扩大．从精确到随机、从离散到连续、从欧氏到非欧、从平直到弯曲、从常量到变量、从局部到整体、从规则到分形、从实域到复域……

数学研究的方法不断创新．从算术到代数、从测量到推理、从消元到矩阵、从演绎到解析、从具体到抽象、从坐标到向量……

数学研究的内容不断深入．从方程求解到抽象结构，从线性代数到抽象代数；从空间图形到拓扑结构，从推理几何到解析几何，再到向量几何、射影几何、微分几何、分形几何、拓扑学；从数学分析到抽象分析，从一元分析到多元分析，从实分析到复分析、流形分析；从古典概型到现代概率……

数学应用的领域不断拓宽．从测量计算到万事之理、万象之谜，从衣食住行到地质勘察、太空探秘，从肉眼可见的世界到浩瀚宇宙、微观粒子，从物质领域到精神领域……

回顾数学发展史可以看到，数学发展史是数学问题被提出、被探索、被解决的历史，是数学的新思想、新方法、新工具被创造的历史，也是抽象化程度不断提高、内涵日益丰富的历史．

了解数学发展史，可以开阔思维，启迪智慧．

第一节　数学的分类

如果我们想要预见数学的将来，适当的途径是研究这门学科的历史和现状.

——庞加莱（Poincaré，1854—1912）

数学，作为人类历史上最早形成、最具基础性的学科，由于其知识体系的积累性而非替代性特点，如今已经形成一个极为庞大的学科体系. 著名化学家傅鹰（1902—1979）说过，"科学给人知识，历史给人智慧"，了解数学发展的历史，有利于展望数学发展的未来. 现在让我们分别从数学历史的角度（纵向）和数学结构的角度（横向）来整体地认识一下数学.

一、从历史看数学

从纵向来看，数学可以划分为四个阶段：初等数学和古代数学阶段、变量数学阶段、近代数学阶段、现代数学阶段.

1. 初等数学和古代数学阶段

可以说，数学是从数和数的运算技术（算术）的发明开始的. 有证据表明，在史前时代，就有了原始的数学. 后来的古代中国、古巴比伦、古埃及，由于测量的目的引入了几何与三角，扩充了数学的内容. 古希腊时期的数学家把几何提到了很高的地位，他们用几何的方法处理数，并逐渐认识到要通过逻辑来确立数学结论，形成了推理几何学.

初等数学和古代数学是指 17 世纪以前的数学，主要包括古希腊建立的欧几里得几何学，古代中国、古印度和古巴比伦建立的算术、方程与几何，欧洲文艺复兴时期发展起来的代数方程等. 相对于以后时期的变量数学，初等数学又叫作常量数学.

2. 变量数学阶段

变量数学是指 17 世纪到 19 世纪初建立与发展起来的数学. 其突出特点是实现了数形结合，可以研究运动. 这一时期可以分为两个阶段：17 世纪的创建阶段（英雄时代）与 18 世纪的发展阶段（创造时代）. 创建阶段有两个决定性步骤：一是 1637 年法国数学家笛卡儿建立解析几何（起点），二是 1680 年前后英国数学家牛顿和德国数学家莱布尼茨（Leibniz，1646—1716）分别独立建立微积分学（标志）.

17 世纪数学创作丰富，解析几何、微积分、概率论、射影几何等新学科陆续建立，近代数论也由此开始. 18 世纪是数学分析蓬勃发展的世纪，在这一时期，作为微积分的继续发展所产生的微分方程、变分法、级数理论等相继建立，形成数学分析学科体系，同时微分几何、高等代数也都处于萌芽状态.

一般来说,初等数学的知识与方法只能解决静态的问题,而变量数学则可以解决动态的问题. 这是一次飞跃.

3. 近代数学阶段

近代数学是指 19 世纪的数学. 19 世纪是数学全面发展与成熟阶段,是对之前数学的一种理论提升与完善,更严谨、更科学、更系统、更全面. 数学的面貌在这一时期发生了深刻变化,目前数学的绝大部分分支在这一时期都已经形成,整个数学呈现出全面繁荣的景象.

概括地讲,这一时期的数学有三大特点:分析严密化、代数抽象化、几何非欧化.

在分析学方面,19 世纪以前,微积分虽然被广泛应用,但其中蕴含着说不清的"矛盾",产生了第二次数学危机. 进入 19 世纪,在法国数学家柯西、德国数学家魏尔斯特拉斯(Weierstrass,1815—1897)等的努力下,严格的极限理论建立了,实数完备性得以确立,第二次数学危机得以解决,微积分学以坚实可靠的基础得以完善,从而实现了分析的严密化. 由于复数几何意义的明确,复指数与三角函数关系的发现等,微积分理论向复变量发展,柯西、魏尔斯特拉斯、黎曼(Riemann,1826—1866)等建立了复变函数理论. 到 19 世纪后期,随着德国数学家康托尔集合论的建立与发展,人们在数学分析中陆续发现了各种"奇特"的函数,不仅在研究函数的可积性上,而且在积分理论的处理上都出现了许多困难,人们发现这些问题出现的根源在于积分的定义,于是产生了以勒贝格积分为核心的实变函数论.

在代数学方面,初等代数主要研究代数方程的解的存在性、解的个数和解的结构问题. 15 世纪以前,人们主要关注多项式方程的求根问题,而且圆满地解决了不超过四次的方程的公式解. 在此后的两百多年间,人们为了探讨五次方程的求解问题花费了无数精力,但始终没有成功. 1824 年,挪威青年数学家阿贝尔(Abel,1802—1829)证明了五次以上方程没有公式解,从而人们从研究具体次数的代数方程的解的问题转向研究一般的抽象结构问题. 1828 年,法国青年数学家伽罗瓦(Galois,1811—1832)进一步给出了方程有公式解的一般充要条件,他不仅完满回答了代数方程的核心问题——可解性问题,而且引进了群、环、域等概念. 这些概念具有广泛的应用价值和潜在的理论意义,成为抽象代数的基础.

在几何学方面,自从古希腊数学家欧几里得建立起欧几里得几何学,两千多年来人们一直认为欧几里得几何学是现实世界的唯一正确的几何. 但是,由于欧几里得几何学是建立在一套公理和公设基础上的,其中关于平行线的第五公设,人们虽然无法否认它的正确性,但总是感觉它不像其他公理和公设那样直观明了,因为它涉及平行线问题,平行线定义中所要求的"永远不相交"是人们在有限的视野中无法体会清楚的. 经过两千多年漫长、曲折的探索与研究,德国数学家高斯、俄罗斯数学家罗巴切夫斯基和德国数学家黎曼等发现第五公设与其他公理和公设是相互独立的,承认与否定它都不会与其他公设或公理产生矛盾. 于是,人们用第五公设的反面去代替它,就产生了完全不同于欧几里得几何的几何,这就是非欧几何(详见第七章第二节). 射影几何、拓扑学、微分几何等几何分支也都产生于这一时期.

4. 现代数学阶段

现代数学是指 20 世纪的数学. 1900 年，德国著名数学家希尔伯特（Hilbert，1862—1943）在国际数学家大会上发表了一个著名演讲，提出了 23 个未解决的数学问题，拉开了 20 世纪现代数学的序幕. 这一时期的数学有一大基础、三大趋势和六大特征.

一大基础：康托尔的集合论.

三大趋势：

(1) 交错发展、高度综合、逐步走向统一；

(2) 边缘、综合、交叉学科与日俱增；

(3) 数学表现形式、对象和方法日益抽象化.

六大特征：

(1) 从单变量到多变量、从低维到高维；

(2) 从线性到非线性；

(3) 从局部到整体、从简单到复杂；

(4) 从连续到间断、从稳定到分岔；

(5) 从精确到模糊；

(6) 计算机的应用.

同以前的数学相比，现代数学更强调数学基础，也更强调交叉、综合与拓展，内容更丰富、认识更深入. 在集合论的基础上，诞生了抽象代数、泛函分析与测度论；数理逻辑也蓬勃发展，成为数学有机整体的一部分；边缘、综合、交叉学科与日俱增，产生了代数拓扑、微分拓扑、代数几何等；早期的微分几何、复分析等已经推广到高维；代数数论的面貌也多次改变，变得越来越优美、完整；一系列经典问题完满地得到解决，同时又产生了更多的新问题，新成果层出不穷，从未间断，数学呈现出无比兴旺发达的景象.

二、从对象与方法看数学

从横向角度，也就是从数学学科的内部构成来讲，有不同的分类方法. 比如可以从数学所涉及的内容的特性将其划分为五大领域：基础数学、应用数学、计算数学、概率统计、运筹学与控制论.

1. 基础数学

基础数学（pure mathematics）又称为理论数学或纯粹数学，是数学的核心部分，包含代数、几何、分析三大分支，分别研究数、形和数形关系.

2. 应用数学

简单地说，应用数学（applied mathematics）是指能够直接应用于实际的数学. 从长远观点和广泛意义来看，数学都应当是有用的. 即便是纯粹研究整数内在规律性的数论，如今也发现了它在密码等领域有用武之地. 因此，应用数学与基础数学的界限并没有那么分明.

3. 计算数学

计算数学（computational mathematics）研究诸如计算方法（数值分析）、数理逻辑、符号数学、计算复杂性、程序设计等方面的问题. 该学科与计算机密切相关.

4. 概率统计

概率统计（probability and statistics）包括概率论与数理统计两大分支. 概率论是一门研究随机（不确定）现象的学科，起源于所谓的"赌金分配问题". 数理统计以概率论为基础，主要研究如何收集、整理和分析实际问题的数据，并对所研究的问题做出有效的预测或评价，包括抽样方法、统计推断、多元分析、统计决策等理论. 概率统计是一个在科学技术和社会经济领域有着广泛应用的学科体系.

5. 运筹学与控制论

运筹学（operational research）是利用数学方法，在建立模型的基础上，解决有关人力、物资、金钱等的复杂系统的运行、组织、管理等方面所出现的问题的一门学科. 控制论（cybernetics）则是关于动物和机器中控制和通信的学科，主要研究系统各构成部分之间的信息传递规律和控制规律.

应当说明的是，不同的角度可能有完全不同的分类结果. 匈牙利厄特沃什·罗兰大学教授洛瓦兹（Lovász，1948— ）在其文章《只有一个数学——不存在划分数学的自然方法》中，从数学的三个新趋势——规模的扩大、应用领域的扩大、计算机工具的介入，说明试图寻找对数学的科学分类是徒劳的. 例如，他指出，没有一个领域能够退回它的象牙塔里而对应用关上大门，也没有一个领域可以宣称自己是应用数学.

欣赏与思考

统计学是不是数学?

在国内传统的学科划分中，概率统计属于数学学科的五个领域之一. 但在当前的学科划分中，统计学与数学并列为一级学科，数学归理学门类，而统计学内又有数理统计和社会统计之分，前者属于理学门类，后者属于经济学门类. 这说明，笼统地去讲，统计学并不是数学的一个分支.

2013 年，斯坦福大学统计系教授埃夫隆（Efron，1938— ）在一篇名为 *A 250-Year Argument*：*Belief*，*Behavior*，*and the Bootstrap* 的论文中给出了如图 3.1 所示的统计学与数学的关系，代表了他本人和一些学者的看法.

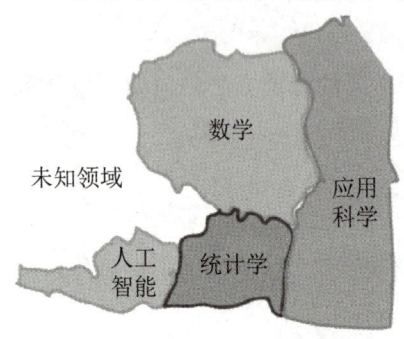

图 3.1　统计学与数学的关系

第二节　数学分支发展概观

> 几何看来有时候要领先于分析，但事实上，几何的先行于分析，只是像一个仆人走在主人的前面一样，是为主人开路的.
> ——西尔维斯特（Sylvester，1814—1897）

数学大体上分为三类：代数学、几何学和分析学. 这其实包含了经典数学的基本分支. 经典数学研究的是事物确定的数量关系和空间形式，康托尔的集合论是其理论基础. 然而，现实生活中的事物并非全都如此，它们既有确定性现象，也有随机现象，还有模糊现象，因此相应地就产生了研究随机现象的随机数学，研究模糊现象的模糊数学. 本节将简要介绍这些数学分支的产生、发展、研究对象、研究内容、研究方法、分支构成等，使读者对数学全貌有一个稍微清晰的了解.

一、几何学通论

在经典数学的三大分支——代数学、几何学和分析学中，代数学、几何学的历史已经有三千多年，而研究数形关系的分析学则只有三百多年的历史. 在数学的早期发展中，代数（算术）与几何是不分家的，古希腊时期，数学主要是几何学.

几何学是人类文明对空间本质的"认识论". 几何学的目的就是去研究、理解空间的本质，它是人类认识大自然、理解大自然的起点和基石，也是整个自然科学的启蒙者和奠基者，是种种科学思想和方法论的自然发祥地. 几何学还是一个随时随地都必用、好用的科学，例如，古希腊的天文学、近现代的物理学，它们都与几何学关系密切，相辅相成、交互发展. 因此，不论在自然科学的发展顺序上，还是在全局的基本重要性上，几何学都是当之无愧的先行者与奠基者.

几何学的研究对象是诸如"几何物体"和图形的几何量，是空间形式的抽象化. 几何学的研究内容是各种几何量的内在性质与相互关系. 几何学的研究方法随着历史的发展而发展，从实验方法到抽象的思辨方法，再到解析法、向量法等，这就分别形成了各种不同的几何学.

1. 几何学的发源——欧几里得几何学的建立

几何学的发展是一个长期、渐进的过程，最初是由人对圆圆的太阳、挺拔的树木、辽阔的水面、笔直的光线等自然现象的本能感受而形成的**无意识几何学**. 之后是由于发明车轮、建筑房屋、桥梁、粮仓，测量长度，确定距离，估计面积与体积等生活需要，以及对自然界的有意识改造与创新而产生的**实验几何学**.

在中国,几何学发源于殷商时期(约公元前17世纪—前10世纪),是由于天文、水利、建筑等实际需要而产生的.约公元前1世纪成书的数学著作《周髀算经》中就有关于勾股定理、测量术的记载.

在西方,古埃及是几何学的发源地.约四千年前,由于尼罗河水经常泛滥,导致土地被淹,洪水过后往往要重新测量、标记地界,由此产生了以测地为标志的几何学."几何"一词来源于古希腊,由"土地""测量"两个词构成.几何学的实践应用涉及测量技术,即用数学方法测量长度、面积、体积,但人们很快意识到,这些形状由一些形式和规则决定,最终形成一门学科.

公元前7世纪,古希腊七贤之一的"希腊科学之父"泰勒斯(Thales,约公元前624—前546)到埃及经商,掌握了埃及几何学并传回希腊,成立了爱奥尼亚学派,将几何学由实验几何学发展为**推理几何学**.此后三四百年间,经过毕达哥拉斯学派、诡辩学派、柏拉图学派等的艰苦努力,几何学陆续积累了异常丰富的材料.公元前3世纪,希腊数学家欧几里得(见图3.2)对当时丰富但繁杂和混乱的几何学知识开展了大胆的创造性工作:筛选定义、选择公理、合理编排内容、精心组织方法,以公理化的思想写出一部科学巨著——《几何原本》,这就是**欧几里得几何学**.他首先承认一些自明的公理,然后按照严密的演绎推理方法,一层一层建立起一套几何学知识体系.这标志着几何学作为一门学科正式形成(欧几里得几何的理论框架见第七章第二节).

图3.2 欧几里得

2. 几何学的划时代发展——解析几何的建立

欧几里得几何学的形成标志着几何学达到辉煌时期.从公元前3世纪直到16世纪,几何学基本上没有实质性进展,欧几里得和"几何学"几乎是同义词.

几何学研究的划时代进展出现在17世纪.1637年,法国数学家笛卡儿(见图3.3)引入了坐标的观念,创立了**解析几何**,使人们可以用代数方法研究几何问题,实现了数学的两大分支——代数与几何的联系.笛卡儿是17世纪以方法论见长的数学家、哲学家,他当时有一个大胆设想:一切问题都可以转化为数学问题,一切数学问题都可以转化为代数问题,一切代数问题都可以转化为方程问题.其中心思想是要建立起一种普遍的数学,使算术、代数、几何统一起来.基本思想是:

图3.3 笛卡儿

(1) 用代数解决几何问题,逐渐形成用方程表示曲线的思想;

(2) 解除齐次方程的束缚;

(3) 引入坐标与变量;

(4) 两个重要观念:点、数联系的坐标观念,曲线的方程表示观念.

笛卡儿解析几何的建立具有划时代的科学意义,为他用数学来刻画世界迈出了坚实可靠的一步,使得直观形象的几何可以通过代数语言进行描述,通过数学计算进行研究,从而冲破了古希腊人以几何主导数学的框架,使数学向符号代数转化.通过勾股定理可以建立平面上两点之间的距离公式，成为度量"形"（直线线段长度、直边平面图形面积、平面立体图形体积）的最基本的工具．进一步，曲线微分、向量内积、各种距离空间等的引入，各种曲线长度、曲面面积等的计算等均以此为基础．笛卡儿的数形结合思想也为研究数学和其他科学提供了有效工具．这种方法在解决历史遗留数学难题时发挥了重要作用，也直接促进了微积分的诞生．作为一种新工具，在与数学相关的一些领域，如物理学、天文学等中，这种思想都扮演着重要角色．

应当说明的是，在笛卡儿之前，另一位法国业余数学家费马（Fermat，1601—1665）就已经有了这种思想，只是他没有注意纵坐标与横坐标的关系，没有突破齐次方程的束缚，有其局限性．

3. 绘画、建筑与射影几何

几何学的另一个突破是由 17 世纪的画家们创立的，他们寻求如何正确描述眼睛所看到的事物．因为真实的景象是三维的，而图画是在二维平面上表现的，要想画得逼真就需要一些手段和技巧．人们发现，一个画家要把一个事物画在一块画布上就好比是用自己的眼睛当作投影中心，把实物的影子投射到画布上，然后再描绘出来．在这个过程中，被描绘下来的像中的各个元素的相对大小和位置关系，有的发生了变化，有的却保持不变（见图 3.4）．这样就促使数学家对图形在中心投影下的性质进行研究，因而就逐渐产生了许多过去没有的新概念和新理论，形成了**射影几何学**．

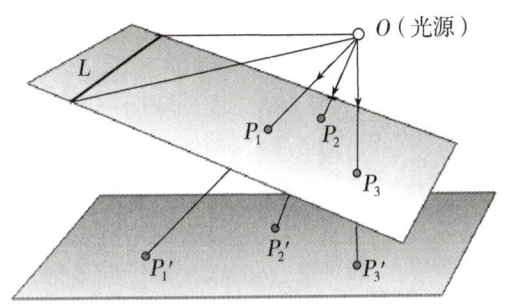

图 3.4 射影

射影几何真正成为几何学的一个重要分支，主要是在 17 世纪，为这门学科做出重要奠基工作的是两位法国数学家——笛沙格（Desargues，1591—1661）和帕斯卡（Pascal，1623—1662）．1639 年，笛沙格出版了著作《试论圆锥曲线和平面的相交所得结果的初稿》．他在该书中引入了几何学的许多新概念，把直线看作具有无穷大半径的圆，而曲线的切线被看作割线的极限，这些概念都是射影几何学的基础．用他的名字命名的笛沙格定理——"如果两个三角形对应顶点连线共点，那么对应边的交点共线，反之也成立"，就是射影几何的基本定理．同年，16 岁的法国数学家帕斯卡建立了关于圆内接六边形的射影定理——"内接于二次曲线的六边形的三组对边的交点共线."1640 年，他写了《圆锥曲线论》一书，书中很多定理都是射影几何方面的内容．17 世纪的这些工作只涉及关联性质而不涉及度量性质（长度、角度、面积），采用的是综合法，大体可以称为**综合射影几何**．

进入 19 世纪后，法国数学家彭赛列（Poncelet，1788—1867）的《论图形的射影性质》（1822 年出版，1813—1814 年在狱中研究），瑞士数学家施泰纳（Steiner，1796—1863）（工作在德国）的《几何形的相互依赖性的系统发展》（1832 年出版）等一系列论著的发表，以解析法代替了综合法．这种方法上的变革，就像从平面欧氏几何进展到解析几何一样，是方法上的一大进步，射影几何得以迅速发展．

在欧氏平面上，设想相互平行的直线在无穷远处相交于一点，这种假想的点称为**无穷远点**；又设想这些无穷远点都位于一条直线上，这种假想的直线称为**无穷远直线**．欧氏平面添加了无穷远点和无穷远直线便成为**射影平面**. 在射影平面上, 原来普通点和普通直线的结合关系依然成立, 而过去只有两条直线不平行的时候才能求交点的限制就消失了. 由于经过同一个无穷远点的直线都平行, 因此中心投影和平行投影两者就可以统一起来——平行投影可以看作经过无穷远点的中心投影. 把一个图形映射成另一个图形的中心投影或者平行投影（变换）叫作**射影变换**, 包括迭合变换、相似变换、仿射变换、直射变换等. **射影几何**就是研究在射影变换下不变性质的学科. 到 19 世纪后半叶, 射影几何成了几何学的核心.

4. 向量几何

向量几何也叫作向量代数, 产生于 19 世纪中叶, 是由爱尔兰数学家哈密顿（Hamilton, 1805—1865）（见图 3.5）和德国数学家格拉斯曼（Grassmann, 1809—1877）

图 3.5 哈密顿

等人创立的. 向量几何是不依赖于坐标系的解析几何, 是坐标几何的返璞归真和精益求精, 它使几何和代数结合得更加真切自然、直截了当. 几何学作为空间形式的科学, 其中蕴含着两个基本的量: 线段的长度和线段之间的夹角的角度. 解析几何用坐标表示点的位置, 从而可以精确地描述线段的长度和夹角的角度. 1843 年, 哈密顿建立了乘法不可交换的四元数理论. 随之在 1844 年, 格拉斯曼出版《线性扩张论》, 建立了所谓的"扩张量"（向量）的概念及其运算法则, 其中蕴含了非交换乘法和 n 维欧氏空间的重要思想. 1862 年, 格拉斯曼修订出版《线性扩张论》, 并更名为《扩张论》, 其中引入了向量的内积和外积的概念及其公式. 通过内积, 几何学的两个基本量——向量的长度和夹角, 都可以充分地表示出来. 后来, 这种思想经英国物理学家麦克斯韦等进一步发展, 并广泛应用于力学、电磁学等领域, 向量几何逐渐建立起来.

5. 非欧几何

19 世纪上半叶, 几何学的另一个重大突破是非欧几何的创立, 它的产生缘起于欧几里得几何的第五公设的非自明性. 欧氏几何的第五公设是关于平行线的, 与其他几条公理相比, 这条公理没有那么"自明", 许多数学家试图通过其他公理对其进行证明, 经过无数人漫长、曲折的努力之后, 人们认识到这个不太自明的公设与欧氏几何的其他各公设是相互独立、互不影响的, 因此, 对它进行否定并不会产生矛盾. 于是, 德国数学家高斯、匈牙利数学家鲍耶（Bolyai, 1802—1860）、俄罗斯数学家罗巴切夫斯基（见图 3.6）、德国数学家黎曼等改换第五公设, 建立了不同于欧几里得几何的新几何——**非欧几何**. 用不同的公理来代替第五公设, 会得出不同的非欧几何, 但是它们都是以演绎推理方法构建起来的几何学, 其内部都是和谐、无矛盾的, 可以用来解决一些不同现实背景下的几何问题（详见第七章第二节）.

图 3.6 罗巴切夫斯基

6. 微分几何

微分几何是以微积分为工具研究曲线和曲面性质及其推广应用的学科．它由瑞士数学家欧拉（Euler，1707—1783）（见图 3.7）奠基，经法国数学家蒙日（Monge，1746—1818）、德国数学家高斯等推广而发展起来．1809 年，蒙日的《分析在几何上的应用》是第一本微分几何著作．1827 年，高斯的《关于曲面的一般研究》是微分几何发展史上的又一个里程碑．目前，微分几何仍然是数学主流研究方向．

图 3.7 欧拉

7. 分形几何

传统的欧几里得几何学在改造自然、训练思维、推进人类文明等方面发挥了不可替代的作用．但是，当严格地去分析欧几里得几何与自然界的关系时，我们会发现，在自然界中要想找到真正的圆形、球形、正方形、正方体等几乎是不可能的，欧几里得几何图形其实只是人类对大自然的理想化产物．自然与社会是错综复杂的，其精确的形态远没有欧几里得几何的对象那样简单，如蜿蜒曲折的漫长海岸、起伏不平的叠嶂山脉、粗糙不堪的晶体裂痕、变幻无常的天空浮云、九曲回肠的江河小溪、千姿百态的花草树木、纵横交错的毛细血管、眼花缭乱的满天繁星、转瞬即逝的霹雳闪电，等等，都很难用欧氏几何来描述．于是，人类认识领域呼唤一种新的，能够更好地描述自然图形的几何学，这就是**分形几何**．

图 3.8 芒德布罗

分形几何的概念是数学家芒德布罗（Mandelbrot，1924—2010）（见图 3.8）在 1975 年首先提出的，被誉为大自然的几何学．这是现代数学的一个新分支，其本质是一种新的世界观和方法论．它与动力系统的混沌理论交叉结合，相辅相成；它承认在一定条件下，一定过程中，某一方面（形态、结构、信息、功能、时间、能量等），系统的局部可能表现出与整体的相似性；它承认空间维数的变化既可以是离散的，也可以是连续的．分形几何作为一种新的几何学，近年来发展迅速，并被广泛应用于诸多领域．

二、代数学大观

代数学是研究数的科学，起源于中国和古埃及．早期的代数学其实是研究数的运算技术的，因此叫作**算术**．"代数学"一词源自拉丁文 algebra（公元 12 世纪之后），但它又是从阿拉伯文"还原与对消"（公元 820 年左右）或"方程的科学"变化而来．

1. 代数学的符号化

在中文里，代数学是用符号来表示数字的科学．用符号代替数字与运算是一道难关，这经历了漫长的过程．代数学的符号化具有划时代的意义，其发展分为以下三个阶段：

第一阶段是文字代数学．其主要标志是代数书全部由文字表述．在古代中国与印度，很早就有方程的记录，也必然会涉及未知量问题，但那时的未知量和方程都是用文字叙述的．中文"方程"一词源于中国古代数学家刘徽（约 225—295）．我国公元 1 世纪出版的《九章算术》是文字代数学的代表．

第二阶段是简写代数学．其主要标志是采用以速记为目的的简写形式表示数量、关系与运算．古希腊数学家丢番图（Diophantus，生卒年不详）对代数学的重要贡献之一就是简写了希腊代数学．他的巨著《算术》是这一阶段的第一部著作．由于他在代数方面的杰出贡献，被尊称为"代数学鼻祖"．

图3.9 韦达

第三阶段是符号代数学．法国数学家韦达（Viète，1540—1603）（见图3.9）对代数学符号化的发展做出了重要贡献．韦达是一位律师，业余时间钻研数学．1591年，韦达出版的《分析方法入门》，用字母表示未知数与系数，创造了符号代数．因此，韦达在欧洲被尊称为"代数学之父"．韦达采用的是元音字母表示未知数，辅音字母表示已知数．1637年，法国数学家笛卡儿用字母表中的后几个字母表示未知数，前几个字母表示已知数，沿用至今．在中学数学课本中，"韦达定理"是指一元二次方程的根与系数的关系，实际上这只是韦达定理的一种特殊情况．一般情况下，对于一元n次方程

$$x^n + a_1 x^{n-1} + \cdots + a_{n-1} x + a_n = 0,$$

其n个根$x_1, x_2, \cdots, x_n$必然满足如下关系：

$$x_1 + x_2 + \cdots + x_n = -a_1,$$
$$x_1 x_2 + x_1 x_3 + \cdots + x_{n-1} x_n = a_2,$$
$$\cdots\cdots$$
$$x_1 x_2 \cdots x_n = (-1)^n a_n.$$

由此可以看出，二次方程根与系数的关系是上述结论的一个特例．

2．初等代数

代数学的发展分为三个阶段：初等代数、高等代数和抽象代数．

初等代数是代数学的古典部分，它是随着解方程与方程组而产生并发展起来的，是研究数字和文字的代数运算理论和方法的科学．更确切地说，**初等代数**是研究实数和复数以及以它们为系数的多项式的代数运算理论和方法的数学分支．初等代数的中心问题是研究方程或方程组的解的存在性、解的个数、解的结构问题，因而，长期以来人们都把代数学理解成方程的科学．二次方程的求根公式早在公元前4世纪就已经为古巴比伦人所认识．从公元8世纪到16世纪中叶，数学家都为他们能够解某一类方程而自豪，解方程的能力就代表了数学能力．在这一时期，经过众多数学家的艰苦努力，人们逐渐得到了二次、三次和四次方程的公式解．那么一般的五次或者五次以上的方程是否一定有解？有的话又该如何求解呢？在此后的两百多年时间里，无数数学家为此做出过不懈努力，但都没有成功．1742年12月15日，瑞士数学家欧拉在一封信中明确指出一个著名定理——**代数基本定理**：在复数范围内，n次方程有n个根（包括重数）．该定理是初等代数发展的顶峰，它解决了多项式方程的根的存在性问题和个数问题．1799年，德国数学家高斯对此给出了严格证明．

18世纪60年代，第一本完整的初等代数著作——欧拉的《代数学引论》出版，它是对初等代数的总结，也标志着初等代数的基本结束．

具体来说，初等代数的基本对象包括：三种数——有理数、无理数、复数；三种式——整式、分式、根式；中心对象是方程——整式方程、分式方程、根式方程和方程组．初等代数的基本内容是代数式的运算和方程的求解，其中代数运算的特点是只进行有限次全部初等代数总结起来有以下十条规则：

（1）**五条基本运算律**：加法交换律、加法结合律、乘法交换律、乘法结合律、乘法对加法的分配律.

（2）**两条等式基本性质**：等式两边同时加上一个数，等式不变；等式两边同时乘以一个非零数，等式不变.

（3）**三条指数律**：同底数幂相乘，底数不变指数相加；指数的乘方等于底数不变指数相乘；积的乘方等于乘方的积.

这是初等代数的基础，其地位相当于几何学的十条公理与公设（见第七章），是学习初等代数需要理解并掌握的要点.

初等代数的进一步发展指向两个方向：一是研究未知数更多但次数限定为1的线性方程组，这就是线性代数；二是研究次数更高而未知数为1个或多个的高次方程，这就是多项式代数. 线性代数与多项式代数均属于高等代数的内容.

3. 高等代数

1824年，年仅22岁的挪威青年数学家阿贝尔（见图3.10）发表了题为《论代数方程：证明一般五次方程的不可解性》的论文，证明了一般五次及五次以上方程不可能有根式求解公式，即这些方程的根不能用方程的系数通过加、减、乘、除、乘方、开方这些代数运算表示出来，困扰世界两百多年的难题被攻克. 从此人们开始摆脱对具体、特殊的方程的考察，而集中精力于方程的一般理论，这就构成了以方程论为核心，以行列式、矩阵、二次型、线性空间与线性变换以及多项式理论等为主要内容的高等代数. **高等代数**是代数学发展到高级阶段的总称，现在大学里开设的高等代数，一般包括两部分：线性代数与多项式代数.

图3.10　阿贝尔

线性代数的研究对象是线性方程组，研究内容是线性方程组解的存在性、解的个数、解的结构问题，研究工具包括矩阵、行列式等. 围绕线性方程组的这些核心问题，线性代数不仅要研究数、数的运算，还要研究矩阵、向量、向量空间的运算以及变换等. 在这里，虽然也有叫作加法或乘法的运算，但是相应于数的基本运算法则有时不再保持有效，例如，向量或矩阵的乘法不一定有意义，在能够相乘的时候也未必符合交换律. 引入矩阵和向量之后，一个线性方程组等同于一个矩阵方程，矩阵方程在解的存在性、解的结构方面与一元一次方程有类似之处，区别在于把数字换为向量或矩阵.

多项式是最简单也最基本的一类函数，复杂一些的函数在一定程度上可以由多项式来逼近，因此它的应用非常广泛. 多项式理论是以代数方程的根的计算和分布作为中心问题的，也叫作方程论. 研究多项式理论，主要在于探讨代数方程的性质，从而寻找简易的解方程的方法. **多项式代数**所研究的内容包括整除性理论、最大公因式、重因式等，这些大体上和中学代数里的内容相同.

4. 抽象代数

阿贝尔关于五次或五次以上方程不可能有公式解的论文，并没有能够回答每一个具体的方程是否可以用代数方法求解的问题.

后来，法国青年数学家伽罗瓦彻底解决了这一问题，他给出了方程可解的判别标准，成为后来抽象代数的奠基性工作．伽罗瓦 20 岁的时候，曾因积极参加法国资产阶级革命运动而两次被捕入狱．1832 年 4 月，他出狱不久，便在一次私人决斗中死去，年仅 21 岁．伽罗瓦在临死前预料自己难以摆脱死亡的命运，所以曾连夜给朋友舍瓦利叶写信，仓促地把自己平生的数学研究心得扼要写出，并附以论文手稿．伽罗瓦死后，按照他的遗愿，舍瓦利叶把他的信发表在《百科评论》中．过了 14 年，法国著名数学家刘维尔（Liouville，1809—1882）编辑出版了他的论文手稿的部分文章，并向数学界推荐．随着时间的推移，伽罗瓦的研究成果的重要意义越来越为人们所认识．伽罗瓦在数学史上做出的贡献，不仅在于解决了几个世纪以来一直没有解决的高次方程的代数解的问题，更重要的是，他在解决这个问题中提出了"群"的概念，并由此发展了一套以研究群、环、域为基本内容的抽象代数理论，开辟了代数学的一个崭新的天地，直接影响了代数学研究方法的变革．

19 世纪，随着四元数、向量、矩阵等更具一般性的研究对象的出现，代数学从研究"数"的运算性质转移到研究更一般的代数运算性质和规律，进一步促进了抽象代数的发展．

三、分析学大意

分析学是指以微积分学为基本内容的数学分支，包括微积分学、微分方程、复变函数、实变函数、泛函分析等．这里只介绍微积分学等几个基础分支．

1. 微积分学

17 世纪后期，工业革命引出了许多科学问题需要解决．归结起来，这些问题包括瞬时速度问题、曲线切线问题、极值问题和求积问题四类．为解决这些问题，在众多数学家、物理学家努力的基础上，英国科学家牛顿（见图 3.11）和德国数学家莱布尼茨（见图 3.12）分别独立地建立了微积分学的知识体系．

图 3.11　牛顿

简单地说，微积分学是微分学和积分学的总称，其研究对象是函数，研究工具是极限，研究内容包括函数的微分、积分，以及联系微分与积分的桥梁——微积分基本定理．依据其研究对象——函数的自变量与因变量的个数的不同，微积分学可以划分为单变量微积分、多变量微积分、向量值函数微积分等．其中单变量微积分是最基本的．

微积分学的研究对象——函数，是自然与人类社会现象的一个最重要的模型．由于客观世界的一切事物，小至粒子，大至宇宙，始终都在相互联系地运动和变化着，这种相互联系的物质运动大都可以被数学家抽象为以数量之间的变化关系为基本特征的函数模型，因此就可以用数学方法对运动现象进行准确的描述．

微积分学的研究工具——极限，是人类研究变化与运动的重要手段．人类原本只能从数量上把握有限的东西，从图形上把握直线结构的形状，如圆的面积、曲线长度等问题，只能够近似地去认识．极限思想为人类提供了一个通过有限认识无限、通过直线认识曲线、通过常量认识变量的

图 3.12　莱布尼茨

桥梁.

微积分学的研究内容——函数的微分、积分,以及联系微分与积分的桥梁——微积分基本定理,是对函数局部与整体性质的深刻把握. 微分解决的是函数的局部性质,它反映了函数的因变量相对于自变量的局部变化率,如瞬时速度(路程相对于时间的变化率)、曲线切线斜率(曲线纵坐标改变量相对于横坐标改变量的局部比率)等都符合这一特征. 积分解决的是函数的整体性质,反映的是函数在一定意义下在自变量指定区间上改变量的总和,如曲边梯形的面积就属于这一类问题. 函数的整体是各个局部的综合,局部是认识整体的样本,局部与整体是一个事物的两个方面,关系密切. 反映函数的整体和局部关系的就是**微积分基本定理**,也叫作**牛顿-莱布尼茨公式**,这是微积分发展的顶峰.

微积分学这门学科在数学发展,乃至在整个现代科学技术中的地位都是十分重要的,它也是继欧氏几何后,整个数学中一个最大的创造. 微积分学极大地推动了数学的发展,同时也极大地促进了天文学、力学、物理学、化学、生物学、工程学、经济学等自然科学和社会科学各个分支的发展,并在这些学科中有越来越广泛的应用.

2. 微分方程

对于学过中学数学的人来说,方程是比较熟悉的. 在初等数学中就有各种各样的方程,如线性方程、二次方程、高次方程、指数方程、对数方程、三角方程和方程组等. 这些方程都描述了所研究问题中的已知量和未知量之间的关系. 但是,现实世界的物质运动和它的变化规律在数学上是用函数关系来描述的,因此,这类问题就是要去寻求满足某些变化条件(包括变化率——函数导数)的一个或者几个未知函数. 含有未知函数的导数和自变量关系的方程,叫作**微分方程**. 如果一个微分方程中出现的未知函数只含一个自变量,这个方程叫作**常微分方程**;如果一个微分方程中出现多元函数的偏导数,或者说如果未知函数和几个变量有关,而且方程中出现未知函数对几个变量的导数,那么这种方程就是**偏微分方程**. 常微分方程与偏微分方程统称为微分方程.

作为一种数学对象,微分方程差不多是和微积分同时产生的. 苏格兰数学家纳皮尔(Napier,1550—1617)创立对数的时候,就讨论过微分方程的近似解. 牛顿在建立微积分的同时,对简单的微分方程用级数来求解. 后来,瑞士数学家伯努利(Bernoulli,1654—1705)、欧拉、法国数学家克莱罗(Clairaut,1713—1765)、达朗贝尔(d'Alembert,1717—1783)、拉格朗日(Lagrange,1736—1813)等又不断地研究和丰富了微分方程理论.

作为一门科学,微分方程主要研究微分方程和方程组的种类及解法、解的存在性和唯一性、奇解、定性理论等.

微分方程在很多学科领域有重要应用,如自动控制、电子学装置设计、弹道计算、飞机和导弹飞行的稳定性的研究、化学反应过程稳定性的研究等. 从数学自身的角度看,微分方程也促进了函数论、变分法、级数、代数、微分几何等各分支的发展.

3. 复变函数

复数的概念起源于求方程的根,在二次、三次代数方程的求根公式中就出现了负数开平方的情况. 在很长时间里,人们对这类数不能理解. 但随着数学的发展,这类数的重要性日益显现，它与其他数学对象的关系也逐步被揭示，从而其地位得以确立.

以复数作为自变量的函数叫作复变函数，而与之相关的理论就是复变函数论. **解析函数**是复变函数中一类具有解析性质的函数，从概念的引入方式上，它就是复变量的可导函数，但其性质要比实变量的可导函数深刻得多. **复变函数论**主要研究复数域上的解析函数，因此通常也称为解析函数论. 按照变量个数，复变函数论又分为**单复变函数论**和**多复变函数论**.

复变函数论是在19世纪初到19世纪中叶，随着人们对复数的普遍接受、高斯关于复数的平面表示以及复数与三角函数的关系的发现、微积分的严密化等，由法国数学家柯西（见图3.13）、德国数学家魏尔斯特拉斯（见图3.14）和黎曼（见图3.15）等分别从不同的角度和观点建立的.

图 3.13　柯西　　　　　　图 3.14　魏尔斯特拉斯　　　　　图 3.15　黎曼

作为大学数学课程的复变函数论主要包括三大理论：柯西创立的柯西积分理论；魏尔斯特拉斯创立的魏尔斯特拉斯级数理论；黎曼创立的黎曼几何（共形映射）理论. 这三大理论分别从三个不同角度——积分、级数、几何，研究同一个对象——解析函数. 它们各有其独到之处和优越性，并各具相应的应用价值.

复变函数在物理学的电场、磁场、流体力学、热力学、动力学等领域涉及既有大小又有方向的问题时均有重要应用. 复变函数的学习可以加深对中学三角和几何学的认识与理解，有助于解决一些初等数学问题. 复变函数的一些思想方法在数学中具有普遍性，其有关理论可以用来解决一些其他的数学问题，如数论、代数、方程、统计、拓扑等问题.

四、随机数学一瞥

在自然界和现实生活中，事物都是相互联系和不断发展的. 在它们彼此间的联系和发展中，根据它们是否有必然的因果联系，可以将其分成截然不同的两大类：一类是确定性现象，这类现象在一定条件下必定会导致某种确定结果，例如，在标准大气压下，水加热到100℃就必然会沸腾；另一类是不确定性现象，这类现象是在一定条件下其结果是不确定的，例如，同一个工人在同一台机床上加工同一种零件若干个，它们的尺寸总会有一点差异. 为什么在相同情况下，会出现这种不确定的结果呢？这是因为，我们说的"相同条件"是指一些主要条件，除这些主要条件外，还会有许多次要条件和偶然因素是人们无法事先掌握的，它们同样会影响事件发展的结果. 事物间的这种关系被认为是偶然的，这种现象叫作偶然现象，或者叫作**随机现象**.

从表面上看，随机现象似乎是杂乱无章，没有什么规律的. 但实践证明，如果同类的随机现象大量重复出现，它的总体就呈现出一定的规律性，而且这种规律性随着观察次数的增多而愈加明显. 例如掷硬币, 每一次投掷很难判断是哪一面朝上, 但是如果多次重复投掷这枚硬币, 就会越来越清楚地发现正反面朝上的次数大体相同.

这种由大量同类随机现象所呈现出来的集体规律性叫作**统计规律性**. 概率论与数理统计就是研究大量同类随机现象的统计规律性的学科, 统称为**随机数学**.

概率论有悠久的历史, 它的起源与博弈问题有关. 1494 年, 意大利数学家帕西奥利 (Pacioli, 约 1445—1517) 在其出版的一本计算技术的教科书中提道: 有甲、乙两个赌徒, 赌技相当, 双方约定以一定金额为赌本, 首先赢得 N 局者就得到全部赌本. 问题是, 如果一场赌局由于某些特殊原因中途中断, 如何根据已赢得的局数划分赌本才算公平?

帕西奥利觉得这个问题很简单, 他认为, 如果甲已经赢得 m ($m<N$) 局, 而乙已经赢得 n ($n<N$) 局, 则甲、乙应当分别分得全部赌本的 $\dfrac{m}{m+n}$ 与 $\dfrac{n}{m+n}$. 这样划分似乎很合理, 赢局多者多得, 赢局少者少得. 但是, 后来许多人对这一分配方法的公平性表示怀疑, 却也找不到辩驳的理由与合理的方法.

半个世纪以后, 意大利数学家卡尔达诺 (Cardano, 1501—1576) 指出这样分配是不公平的, 因为没有考虑到每个赌徒为获取全部赌本所必须再赢取的局数, 而这些局数与约定的分赌本的方法是有关的. 卡尔达诺指出了不公平的理由, 但并没有找到公平的办法.

1651 年夏天, 法国一个叫德梅莱 (de Méré) 的赌徒在一次旅途中偶然遇到当时饮誉欧洲的著名数学家帕斯卡 (见图 3.16). 他通过自己的亲身经历向帕斯卡提出了自己对此问题的看法. 德梅莱的方法是否科学, 当时帕斯卡也说不清楚. 但帕斯卡对此问题很感兴趣, 他为此苦苦思考了三年, 终于在 1654 年悟出了一些眉目. 于是他又写信与费马讨论, 在 1654 年到 1657 年间, 两位数学家之间展开了非同寻常的通信, 分别独立地解决了这个问题. 帕斯卡在《论算术三角形》中给出了这一问题的通解. 于是, 一门崭新的、具有广泛应用价值的科学——概率论随之诞生.

图 3.16　帕斯卡

帕斯卡与费马的通信讨论使得概率论的基本概念——概率逐渐明确. 后来, 荷兰数学家惠更斯 (Huygens, 1629—1695) 也加入了讨论的行列. 他在 1657 年发表的《论赌博中的计算》中明确提出了 "数学期望" 的概念. 伯努利的巨著《猜度术》是概率论的第一本专著, 书中获得了许多新结果, 发展了不少新方法. 进入 18 世纪, 法国数学家棣莫弗 (De Moivre, 1667—1754) (在 1718 年出版的《机遇论》中)、蒲丰 (Buffon, 1707—1788) (在 1777 年出版的《或然算术试验》中) 等对概率论做出了进一步的突出贡献. 19 世纪, 法国数学家拉普拉斯 (Laplace, 1749—1827) 的经典巨著《分析概率论》(1812 年出版) 将微积分应用于概率论, 使概率论逐渐成为一个数学分支. 20 世纪初, 法国数学家勒贝格 (Lebesgue, 1875—1941) 创立测度论, 冯·米塞斯 (von Mises, 1881—1973) 提出样本空间等, 奠定了现代概率论基础.

五、模糊数学概览

在较长时间里, 精确数学及随机数学在描述自然界多种事物的运动规律中, 获得了显著效果. 经典数学研究的是事物的确定数量关系和空间形式, 康托尔建立的经典集合是其理论基础．经典集合描述的是事物的确定性概念，"是""非"分明．然而，现实生活中的事物并非全都如此，有许多模糊现象不能简单地谈论其"是"与"非"．例如，"秃子"的概念，在"秃"与"非秃"之间就没有一个明确的界限．又如，日常生活中，年轻、高个子、胖子、干净、好、漂亮、善、热、远等概念都属于模糊现象．经典集合无法刻画这些现象．于是，1965 年，美国控制论专家、数学家扎德（Zadeh，1921—2017）（见图 3.17）发表了论文《模糊集合》，引入了模糊集合的概念．模糊集合描述事物"是"与"非"的程度，在此基础上人们建立了模糊数学．在模糊集合中，给定范围内元素对它的隶属关系不一定只有"是"或"否"两种情况，还存在中间过渡状态，这可以用介于 0 和 1 之间的实数来表示其隶属程度．例如，"老人"是个模糊概念，70 岁的肯定属于老人，它的隶属程度是 1；40 岁的人肯定不算老人，它的隶属程度为 0．按照扎德给出的公式，55 岁属于"老"的隶属程度为 0.5，即"半老"；60 岁属于"老"的隶属程度为 0.8．扎德认为，指明各个元素的隶属集合，

图 3.17 扎德

就等于指定了一个经典集合．当隶属于 0 和 1 之间的数值时，就是模糊集合．扎德提出用"模糊集合"作为表现模糊事物的数学模型，并在"模糊集合"上建立运算、变换法则，构造出研究现实世界中大量模糊现象的数学方法．

模糊集合的出现源于数学描述复杂事物的需要．扎德的功绩在于用模糊集合的理论找到了将模糊对象精确化的方法，使精确数学、随机数学的不足得到了弥补．在模糊数学中，目前已有模糊拓扑、模糊群论、模糊图论、模糊概率、模糊语言学、模糊逻辑学等分支．模糊数学作为一门新兴学科，已初步应用于模糊控制、模糊识别、模糊聚类分析、模糊决策、模糊评判、系统理论、信息检索、医学、生物学等各个方面，在气象学、结构力学、控制论、心理学等方面已有具体的研究成果．然而模糊数学最重要的应用领域是计算机智能，不少人认为它与新一代计算机的研制有密切联系．

模糊数学还远没有成熟，对它也还存在着不同的意见和看法，有待实践去检验．

第三节 数学形成与发展的因素及轨迹

数学家通常是先通过直觉来发现一个定理.这个结果对于他首先是似然的,然后他再着手去制造一个证明.

——哈代(Hardy,1877—1947)

一、数学形成与发展的因素

数学从其形成至今已有几千年的历史.尽管它内容抽象,而且就其大部分内容来讲,又不像其他学科那样可以直接转化为生产力和经济效益,但它确实一直表现出强大的生命力,发展迅速,并且已经形成了一个极为庞大的学科体系.是什么因素促成了这些呢?著名数学家陈省身说:"大致说来,数学和其他科学一样,它的发展基于两个原因:奇怪的现象;数学结果的应用.结果把奥妙变为常识,复杂变为简单,数学便成为科学的有力而不可缺少的工具."几千年的数学发展史告诉我们:实用的、科学的、哲学的和美学的因素,共同促进了数学的形成与发展.

研究数学的第一个动力,是解决因社会需要而直接提出的问题,在数学的初级阶段更是如此.从这种意义上来讲,数学为人类认识与改造自然提供了工具与方法,初等数学的欧几里得几何学、代数方程以及高等数学的概率论、运筹学等,都是为解决实际问题而产生与发展的.社会实践在数学发展中从三个方面起了决定性作用:一是为数学提出问题;二是刺激数学沿着科学的方向发展;三是提供验证数学真理性的标准.

激发人们研究数学的第二个动力是提供自然现象的合理结构.人类生存的自然界的事物是复杂多样的,然而当人们进一步分析其本质时,又会发现不同现象的背后有许多本质上的相同或相似之处,这些本质就被数学家抽象为简化的数学结构.数学家为他们能够用简单的结构描述复杂的自然而高兴.数学的许多概念、方法和结论都是物理学的基础.图论、拓扑学、微分几何、复变函数等都是为解释某些自然或社会现象而产生的.

智力方面的好奇心和对纯粹思维的强烈兴趣,是数学家研究数学的第三个动力.数论、组合数学、非欧几何、射影几何等都在很大程度上受这一动力的影响.

进行数学创造的第四个动力是对美的追求.数学美几乎体现在数学的每一个分支中.它既包括数学结论之美,也包括数学方法之美.在整个数学发展中,美学一直具有重要性.在一些数学家看来,一个定理是否有用并不十分要紧,关键在于它是否精美与优雅.

二、数学发展的轨迹

在几千年的发展过程中,数学是由无数次渐变和少数几次突变才形成如此庞大的科学体系的.

无疑，数学发展的历史是数学问题的提出、探索与解决的历史. 那么数学家又是如何发现问题、提出问题的呢？对此很难给出一个包罗万象的答案.

但是，有一个基本的模式是贯穿始终的，那就是"**具体—抽象—具体**"，即从具体事物、现象（具体）出发，提炼出能够反映其本质的结构（抽象）进行研究，研究的结果再返回（更多、更广泛的）具体事物、对象（具体）中.

在提炼与实现数学结构的过程中，猜想与证明是两大基本支柱：数学结论的孕育有赖于猜想，确立离不开证明.

新的数学成果形式各种各样，但总体上均为如下几种形式：改进、推广或全新（见第一章第二节）.

波利亚看数学

美国著名数学教育家波利亚（Polya，1887—1985）认为，在数学发展中，以下的基本思路是贯穿其中的：

(1) 特殊的东西，加以推广，以便适用更广；

(2) 一般的东西，给予特殊化，以求更好的结果；

(3) 复杂的东西，加以分解，以求各个击破；

(4) 零散的东西，加以组合，以求全貌；

(5) 陌生的东西，类比熟知，通过已知研究未知.

第三章思考题

1. 初等数学与之后的数学相比有什么突出特点？

2. 变量数学的突破表现在哪里？

3. 结合数学的不同分类及结果，谈谈你对"分类要基于一定的原则"这句话的认识与体会.

4. 初等代数与高等代数有什么共性和区别？

5. 微积分的对象、内容与方法是什么？与之前的数学相比，它能解决什么类型的问题？

6. 随机性不确定，这与数学的确定性是否矛盾？

7. 数学分支的产生、理论的建立是否一定基于某种实际应用？

$$x \in A, A \subseteq B \Rightarrow x \in B.$$

第四章 数学之理

数学之理　普适可靠

在自然科学中，真实性是通过经验方法来确立的，包括观察、测量与实验．而在数学中，结论的真实性是靠推理或证明来实现的，既包括逻辑推演，也包括数字或字母运算推导．

数学的思维方法包括如何观察、如何思考、如何表达．观察事物依靠分类、化归、抽象化、数形结合；思考问题依靠归纳猜想、类比猜想、构造验证、演绎推理；表达问题依靠符号化、模式化．

发现数学结论依靠归纳、类比等合情推理；确立数学结论则依靠演绎推理．

数学结论的推导是纯理性的，不受任何主观因素、环境、地域、时间、经验和技术的影响，具有很强的客观性和稳定性．

以数学的推理方法得到的结论具有可靠性．

数学结论可以广泛应用于自然、社会、精神、物质各个领域，具有普适性．

第一节　数学思维及其价值

思维的运动形式通常是这样的：有意识的研究—潜意识的活动—有意识的研究.

——庞加莱

重球轻球同时落地？

一只轻球和一只重球从同一高度下落，它们是否同时落地？大家都熟知的答案是：在没有空气阻力的情况下同时落地. 问题是，如何去证明这个答案是正确的？

按照实验科学的方法，那就是亲自拿两只钢球试一下. 确实有不少人做过多次实验，例如，一只重球10千克，一只轻球1千克，使两者同时从同一高度下落，两者确实同时落地. 问题来了：如何去鉴别时间的"同时性"，又如何去鉴别高度的"同高性"呢？更糟糕的是，怎么知道各种不同重量的球，在不同的环境下，会有同一结果呢？事实上，由于生理的局限，人类无法把握时间与空间的绝对精度，更无法去穷尽所有的可能性. 于是，从严谨的角度看，我们并不能依据十次八次甚至成千上万次实验结果得出如此结论：重球轻球同时落地.

如果数学家遇到这类问题，思考方式就完全不同. 他们不需购置不同的钢球，不需选择不同的环境，仅靠思维即可得到毋庸置疑的结论. 他们可以采用反证法：如果落地的时间与重量有关，如越重越快（重球A比轻球B下落速度快），那么将A球与B球绑在一起得到一个混合球AB. 一方面，混合球AB重于A也重于B，其速度应该比A，B都快；但另一方面，由于B球慢于A球，在两者绑在一起后，快速的A球会被慢速的B球拖累，使混合球AB的速度介于A，B球之间. 这是一个矛盾，说明重球不比轻球快. 同样，也可以说明轻球不比重球快. 因此，重球轻球同时落地.

一、从知识到思想

人类的智力成就按照其对人类的影响力和价值可以分为三个层次：知识、方法和思想. 在信息时代，知识本质上就是信息，其老化周期缩短、更新速度加快、获取渠道便捷，一个人掌握知识的多少已经不能作为实力的象征. 方法是技能，是解决实际问题的手段、工具、方式或程序，可以直接创造物质财富. 思想则是一种思考力或观念，它可以指导人类建立方法、创造知识、解决实际问题，是人类创新、创造的源泉，是社会进步与发展的原动力.

知识靠记忆、方法靠操练、思想靠领悟. 最简单、最原始的记忆是机械记忆，最简单、最原始的操练是机械模仿，但最简单、最原始的领悟也需要经历感知、体会、假设、检验、反问、反思到接受、升华的复杂过程. 思想创造方法，方法产生知识.

作为人类最重要的智力成就之一，基础教育最重要的学科之一，数学的体系亦包括知识、方法与思想. 简单地说，数学知识就是数学概念和数学结论；数学方法就是测量、计算、统计、比较等手段；数学思想则是一种观念和思维能力.

数学概念看似抽象，其实很基本、很自然，它就是人类为某些对象起的名字，记住这个名字所代表的内涵（内在本质）和外延（具体对象）就行了. 数学结论则为定理（含性质、引理、定理、推论、公式、法则等），它要表达的内容多种多样，但归纳起来无非只有两个方面：一个概念自身的内在性质；两个或多个概念之间的相互关系（共性、规律、联系）. 而数学方法则是为确立数学结论所进行的操作规则，是解决数学问题和实际问题的方式、方法和手段. 所有这些，只要知道它是什么、有何用、如何用就基本够了.

数学思想是数学的精髓，是创造数学知识与方法的源泉. 它不仅告诉我们什么东西是什么，更能告诉我们什么东西为什么是什么.

二、数学思维的类别及价值

数学思想决定着数学思维方式和方法，数学思维是一种能力和素质，有多个方面或层次.

从数学思维的功能来看，数学思维包括如何观察、如何思考、如何表达. 观察事物依靠分类、化归、抽象化、数形结合；思考问题依靠归纳猜想、类比猜想、构造验证、演绎推理；表达问题依靠符号化、模式化.

从数学思维的性质来看，数学思维包括基于感性、感情、感觉的发散性思维和基于理性的收敛性思维.

发散性思维是一类由感觉、感情等所引导的思维，包括归纳、类比、关联、辐射、迁移、空间想象等. 其中归纳和类比是两个最基本的发散性思维. 归纳是由个体认识群体的思维，它通过对群体中若干个体的某些共同点或相似之处，归纳推测出对这个群体的统一认识. 类比是由一个个体认识另外一个个体的思维，它通过两个个体中若干相同或相似之处，类比推测出这两个个体在其他方面的相同或相似性. 发散性思维基于经验、感觉与感情，属于合情推理，其推理结果未必正确，但它为人类获得正确结论提供了合情的方向.

收敛性思维是一种理性的逻辑思维，是演绎推理，其基本框架是三段论：大前提、小前提和结论. 本质上来讲，收敛性的演绎推理是确定数学结论正确性的唯一推理方式. 作为可靠的推理方法，常用的有限穷举法、数学归纳法、反证法等，本质上它们都是演绎推理.

在数学发展中，合情推理找方向，演绎推理定结论，两者相辅相成.

数学如何思维，取决于数学关注什么. 在第一章中我们谈到数学关注事物的本质、共性、规律与联系.

数学关注**本质**的一个重要思维方式是**抽象**概括. 抽象性是数学的一个重要特点，它使得数学的内涵丰富、应用广泛. 抽象的产物脱离了具体的物质属性，通过**符号**和**模式**加以表达，使得数学的概念、公式等具有简洁之美.

数学关注**共性**的基本方法是**类比**. 通过类比发现不同事物的本质共性；通过共性进行

分类，提出概念；通过共性进行问题的**化归**和方法的**迁移**；通过共性建立模式，建立统一解决问题的方法．共性体现出数学的和谐之美．

数学关注**规律**，通过归纳、类比等思维发现事物的规律，通过演绎推理加以论证．

数学关注**联系**，探索事物联系的基本手段是**类比**、**数形结合**、**映射**、**对应**等，确定事物联系的手段是**演绎推理**．

数学教育最重要的价值在于数学思维能力的培养．一个人走向社会，其最有效的数学素养也表现为数学思维能力．

数学思维能力的价值还在于处理日常生活、工作中的问题时，对事物发展方向的预测、判断及调控能力．在任何情况下，事物的发展总有因果关系，可能一因多果，也可能多因一果，在许多情况下具有可变性、可塑性与可控性．理性的数学思维能通过数据变化等因素对发展趋势进行预测与调控，对发展结果进行判断与决策．

鸡蛋和鸡哪个在先？

先有鸡还是先有鸡蛋，人们对这个问题争论了几千年，但不论如何回答，都会自我否定．在数学家看来，在回答一个问题之前，首先要明确问题中所涉及的概念．什么叫鸡？什么叫鸡蛋？如果定义鸡生的蛋才叫鸡蛋，那么就先有鸡后有鸡蛋；如果定义鸡蛋孵化出的动物才叫鸡，那就是先有鸡蛋后有鸡．如果同时定义鸡生的蛋才叫鸡蛋、鸡蛋孵化出的动物才叫鸡，这就是前提矛盾，也就没有非矛盾的答案．在数学中，公理系统要相容，基础定义也要相容．

第二节 故事话思维

一个没有几分诗人气息的数学家永远成不了一个完全的数学家.
——魏尔斯特拉斯

以其人之道，还治其人之身
——类比与反证

故事属于文学的范畴，形象中夹杂着虚构；思维属于数学的范畴，抽象中包含着真实. 用故事来解读数学思维，直观形象，会让人更容易理解，调侃中展示出数学思维的魅力.

话说某风水先生看风水，恰逢天降大雪，即兴作歪诗一首："天公下雪不下雨，雪到地上变成雨. 早知雪要变成雨，何不当初就下雨."

歪诗被一牧童听到，遂回诗道："先生吃饭不吃屎，饭到肚里变成屎. 早知饭要变成屎，何不当初就吃屎."

在这个故事里，小牧童通过数学中的类比法、反证法，巧妙地驳斥了风水先生否定事物普遍发展规律，只强调结果，不要变化过程的错误观点.

在小牧童的思维中，为了反驳风水先生，他不去直接驳斥，而是采用类比方法，用吃饭类比下雪，得出另一个结论. 同时，他不去直接评价结论的荒谬性，而是通过反证：假设风水先生说的是真理，只强调变化结果，不重视变化过程，那么根据他的逻辑，即可得出风水先生当初就应吃屎的荒唐结论.

本节有些故事，虽然有些夸张或调侃的成分，但都在一定程度上说明了数学关注什么、数学如何思考、数学如何表达.

一、数学关注什么

故事一：柏拉图学园

"柏拉图学园"是柏拉图（Plato，公元前 427—前 347）40 岁时创办的一所以讲授数学为主要内容的学校. 柏拉图认为：学习数学的主要目的是锻炼思维，启迪智慧；图形是神绘制的，所有现象的逻辑规律都体现在图形之中；智慧训练，从几何学开始.

在柏拉图学园的门口竖着一块牌子，上书"不懂几何者不得入内".

在这个学园里,有一个学生问柏拉图:"学几何能有啥用啊?"柏拉图给他一个钱币,然后把他赶出了柏拉图学园.

感悟:数学关注思维.

故事二:告诉他们在哪里

物理学家和工程师乘坐热气球,在大峡谷中迷失了方向.他们高声呼救:"喂——!我们在哪儿?"过了大约15分钟,他们听到回应在山谷中回荡:"喂——!你们在热气球里!"物理学家道:"那家伙一定是个数学家."工程师不解道:"为什么?"物理学家道:"因为给出一个完全正确的答案,但答案一点儿用也没有."

感悟:数学追求正确结论,并不计较这些结论有什么用处.

故事三:三角形内角和

陈省身教授在北京大学的一次讲学中语惊四座:"人们常说,三角形内角和等于180°.但是,这是不对的!"

当时现场一片哗然.怎么回事?三角形内角和是180°,这不是数学常识吗?

紧接着,陈省身教授对大家的疑问做了精辟的解答:"说三角形内角和为180°不对,不是说这个事实不对,而是说这种看问题的方法不对,应当说三角形外角和是360°……把眼光盯住内角,我们只能看到:三角形内角和是180°,四边形内角和是360°,五边形内角和是540°……n边形内角和是$(n-2)×180°$.这就找到了一个计算内角和的公式.公式里出现了边数n……如果看外角呢?三角形的外角和是360°,四边形、五边形、六边形的外角和都是360°,任意n边形的外角和都是360°.这就把多种情形用一个十分简单的结论概括起来.用一个与n无关的常数代替了与n有关的公式,找到了更一般的规律."

感悟:数学关注共性、不变性.数学不是罗列更多的现象,也不是追求更妙的技巧,而是要从更普遍、更一般的角度寻求规律和答案,用一般的公式来解决许多特殊的问题.

二、数学如何思考

故事四:推翻费马大定理

华中师范大学国家数字化学习工程技术研究中心彭禽成老师写过这么一个故事:

某君立志要推翻费马大定理:当$n>2$时,方程$x^n+y^n=z^n$没有正整数解(有关费马大定理的详细介绍见第十章).

一日,该君登台演讲,给出一解:$56^n+91^n=121^n$,并卖个关子:"大家知道n等于多少吗?"这时一个中学生听众站起来说:"n等于多少都不对,因为7能整除56和91,但不能整除121."

该君不服.大数据时代,一定要使用计算机.经过反复实验,终于找到一解:$1782^{12}+1841^{12}=1922^{12}$.再次登台,很快有听众用计算器进行验证:

$$\frac{1782^{12}+1841^{12}}{1922^{12}}=1.00000.$$

天哪,居然是真的!真的推翻了费马大定理?!兴奋中,又一同学站出来说:"2能整除1782^{12},1922^{12},却不能整除1841^{12},这个等式如何能够成立呢?"事实上,

$$\frac{1782^{12}+1841^{12}}{1922^{12}}=0.999999999724,$$

所以，$1782^{12}+1841^{12}\neq 1922^{12}$.

当然，已经通过逻辑证明的结论，是不可能被推翻的.

感悟：数学论证靠推理. 100 个正例也无法确认真理，但仅一个反例便能甄别谬误.

故事五：烧水的问题

有好事者提出这样一个问题："假如想烧些水，面前有煤气灶、水龙头、水壶和火柴，应当怎样去做？"

被提问者答道："在壶中装入水，点燃煤气，再把水壶放到煤气灶上."

提问者肯定了这一回答，接着追问："如其他条件不变，只是水壶中已经有了足够多的水，那又应当怎样去做？"

这时被提问者很有信心地答道："点燃煤气，再把水壶放到煤气灶上."

但是提问者说："物理学家通常都这么做，而数学家则会倒去壶中的水，并声称已把后一问题转化成先前的问题."

感悟：数学家重视化归思想. 数学家"倒去壶中的水"似乎是多此一举，故事的编创者不是要我们去"倒去壶中的水"，而是引导我们感悟数学家独特的思维方式——化归. 学习数学不是问题解决方案的累积记忆，而是要学会把未知的问题化归成已知的问题，把复杂的问题化归成简单的问题，把抽象的问题化归成具体的问题. 数学的化归思想简化了我们的思维状态，提升了我们的思维品质. 化归不是就事论事、一事一策，而是发掘出问题中最本质的内核和原型，再把新问题化归成已经能够解决的问题.

故事六：秃子世界

数学家："什么叫秃子？"

社会学家："头上的头发极其稀少的人."

数学家："某个秃子，突然长了一根头发，他是不是还是秃子？"

社会学家："当然还是秃子！"

数学家："这个世界上所有的人都是秃子."

感悟：数学家重视归纳与演绎. 在这个故事里，数学家根据社会学家对"秃子"概念的界定，有一根头发的人是秃子，秃子再长一根头发仍是秃子，通过归纳得出"这个世界上所有的人都是秃子"的荒唐结论. 但是问题不在数学家的思维方法，而是社会学家对"秃子"概念的模糊界定.

故事七：篱笆围面积

一位农夫请了工程师、物理学家和数学家，让他们用最少的篱笆围出最大的面积.

工程师用篱笆围出一个圆，宣称这是最优设计.

物理学家说："将篱笆分解拉开，形成一条足够长的直线，当围起半个地球时，面积最大."

数学家用很少的篱笆把自己围起来，然后说："我现在是在篱笆的外面."

感悟：数学家关注逆向思维. 工程师的设计是实用的、唯美的，不愧是"最优设计". 物理学家充分利用手中材料，将篱笆无限分解拉开，竭尽所能围成足够大的半球面，面积已经"最大". 工程师和物理学家都是力图围出最大的面积，而数学家反其道而行之，先围出最小的面积，然后说明这是篱笆的外面，在地球上，外面小了，里面就大了！"反其道"是一种逆向思维的品质，逆向思维是重要的创造思维.

故事八：帽子的颜色

一个班上有三个同学都极其聪明．数学老师想考一下他们，事先准备了 5 顶帽子：3 顶白色、2 顶黑色，然后请三人闭上眼睛，将其中的 3 顶白色帽子分别戴在三人的头上．然后请他们睁开眼，每人都只能看到别人的帽子颜色而不能看到自己的．老师问："谁知道自己帽子的颜色?"三人犹豫片刻，然后不约而同地回答白色．

感悟：数学家重视假设、排除和反证．在这个故事里，首先，由于三人都犹豫片刻不能立即回答，说明不可能同时有两人戴黑色帽子，否则第三人就会立刻知道自己戴的是白色帽子．既然如此，最多有一个人是黑色帽子．每个人都会想：如果自己戴的是黑色，那么另外两人就会立刻推断出自己的是白色，现在两人都犹豫，所以自己的一定是白色．

三、数学如何表达

故事九：苏格兰的羊

三位科学家由伦敦去苏格兰参加会议，越过边境不久，发现了一只黑羊．

"啊，"天文学家说，"原来苏格兰的羊是黑色的．"

"得了吧，仅凭一次观察你可不能这么说．"物理学家道，"你只能说那只黑色的羊是在苏格兰边境发现的．"

"也不对，"数学家道，"由这次观察你只能说：在这一时刻，这只羊，从我们观察的角度看过去，有一侧表面是黑色的．"

感悟：数学家表达简洁、准确、严密．故事中的数学家对苏格兰羊的描述充分体现出数学的严密性．

故事十：两只羊的描述

草地上有两只羊，不同的人会有不同的感受与理解，下面是艺术家、生物学家、物理学家、数学家对它们的描述．

艺术家："蓝天、碧水、绿草、白羊，美哉自然．"

生物学家："雄雌一对，生生不息．"

物理学家："大羊静卧，小羊漫步．"

数学家："1+1=2．"

感悟：数学用符号表达．从故事中我们感受到艺术家对自然美的关注，生物学家对生命的关注，物理学家对运动与静止的关注，而数学家从色彩、性别、状态中抽象出数量关系：1+1=2．这是数学高度抽象性的体现．

抓狐狸的策略

五个洞排成一排，其中有一个洞里藏有一只狐狸．每个夜晚，狐狸都会跳到一个相邻的洞里；每个白天，你都允许且只允许检查其中一个洞．请问：最少需要多少天可以保证抓到狐狸？说出你的策略．

第三节　游戏话思维

数学是透过在纸上的无意义的记号建立简单法则的游戏.

——希尔伯特

数学类似游戏，高于游戏

一般认为，游戏轻松愉快、趣味盎然，人人乐于参与，而数学则艰深困难、枯燥乏味，大多令人生畏. 其实游戏与数学关系非常密切，两者有类似的元素和结构，数学比游戏更高一筹.

数学有两个基本元素：给定的集合以及运算规则. 这里的集合可能是"数的集合""几何形体的集合""函数的集合"，甚至更为抽象的其他集合；而这里的运算规则则可能是加、减、乘、除、微分、积分等.

游戏也有两个基本元素：给定的集合——"道具"，以及游戏规则. 这里的集合或道具是游戏活动范围内某些物体的集合，如一堆棋子、一副扑克牌，甚至更为抽象的数字等；而这里的游戏规则则是对游戏活动所做的要求或限制.

数学比游戏更高一筹，游戏较具体，而数学则较抽象，许多看起来完全不同的游戏，在数学家眼里，本质上却是同一回事.

数学家与其他人一样喜欢玩游戏，但目的不尽相同. 一般人只注重单个游戏本身，对于两个不同的游戏，玩起来同样入迷；而数学家善于分析与归纳，善于通过给定的法则去解决问题，他们把几个本质相同的游戏看作一个去研究. 一般人玩游戏追求玩的过程的刺激，尽力使每一局都获胜；而数学家不满足于一次偶然的取胜，他们更关心如何找到取胜的秘诀，更热衷于探讨一般规律.

游戏是智慧的象征，数学游戏更能发展智慧. 数学之所以有强大的生命力，关键在于一旦深入其中，就发现其趣味无穷. 数学之所以趣味无穷，关键在于它对思维的启迪. 在某种程度上，游戏激发了数学思想的产生，促进了数学知识的传播.

一、一种民间游戏——"取石子"

有一种民间游戏是这样设计的：地面上摆着若干堆石子，每堆石子数目任意. 甲、乙两人轮流从中拿取石子，每人每次只能在其中一堆中取走1颗或2颗石子，以最后把石子取完者为胜. 请问: 有没有必胜的诀窍?

解析 当你面临的问题情况多样、抽象、复杂、不确定时, 思考的切入点一般有两种: 一是分类研究; 二是将问题特殊化或具体化, 从特例入手. 本问题中"若干堆石子""每堆石子数目任意""取走 1 颗或 2 颗石子"等, 都具有这些特点.

(1) 最简单的**极端情况**: 只有一堆石子.

问题的困难在于: 过程遥远而且过程局部(对方行为)不可控——每人每次取走 1 颗或 2 颗石子. 问题解决的关键也是针对这两点. 第一, 过程遥远看不清, 那就到近处看, 近处也就是接近尾声时; 第二, 过程局部不可控, 整体是否可控?

为解决前一问题, 采用逆向思维: 要想取到最后一颗石子, 按照规则, 上一次提取后留下的石子数不能是 1 或 2, 至少为 3. 如果留下 3 颗, 那么不论对方按照规则取 1 颗还是 2 颗, 自己都一定能将剩下的 2 颗或 1 颗石子取完. 我们把这种不论对方如何操作, 自己总能取胜的残局叫作"赢局". 因此, "留下 3 颗"就是你的赢局.

为解决后一问题, 可以采用同样的思路继续类推分析, 得出前面各次提取之后就应当分别留下 6 颗、9 颗、12 颗等, 以此可得:

结论 1 在一堆石子的情况下, 留下 3 的倍数颗石子就是赢局.

思想提炼 1:

① **分类研究**是指对所面临的问题, 通过科学合理的标准划分为若干类别, 对每一类别分别研究, 或者把不同类别转化为同一问题进行研究, 以达到最终解决问题的目的.

② **极端原理**是一种在情况复杂多样或极为一般时, 为了寻求可能的结论所采取的一种极端化处理. 在很多情况下, 极端化看似特殊, 却也一般, 因为很可能其他一般情况都可以最终归结为这种极端情况.

③ **逆向思维**是从问题目标出发, 寻求为达到目标所需要的条件, 并顺次类推, 直至找到最初的可行条件.

(2) 两堆石子的情况.

这是一个新情况. 面临新情况, 当然可以寻找新办法. 但是数学思维的首选方式是化归: 把陌生的化为熟悉的. 对本问题来讲, 就是看能否把这种两堆的情况化为刚解决的一堆的情况. 如何处理呢?

注意到, 对于两堆石子, 在游戏进行过程中, 必然会有这样一个时刻: 其中一堆全部取完了, 另外一堆还留有石子. 这就把两堆的情况化归到一堆的情况. 可以使用的结论是: 当其中一堆全部取完, 另一堆剩下 3 的倍数颗石子就是赢局.

但是如何保证当一堆取完后, 另一堆剩下的恰好有 3 的倍数颗石子呢? 其实, 只要使得两堆石子数除以 3 所得余数相同即可. 这是因为, 在这种情况下, 对方在其中一堆中取走几颗石子, 你就从另一堆中取走同样多颗, 这样就能始终保持剩下的两堆石子数除以 3 余数相同(**对称现象**), 从而, 当一堆取完(余数为 0)后, 另一堆石子数就是 3 的倍数. 所以有

结论 2 两堆石子的赢局特征是, 留下的两堆石子数除以 3, 所得余数相同.

思想提炼 2:

① **化归思想**是指当面临一个陌生的、复杂的或困难的问题时, 设法把它转化为一个熟

悉的、简单的或容易的问题去解决．化归是数学中重要的思想，对不同的对象和目的，也相应有许多不同的化归方法．

② **对称原理**是指在两人博弈问题或其他类似问题中，适时创设一种对称状态，使得进入这种状态后，由于博弈双方权利的对等性，经过双方操作，可以始终保持对称状态，最终达到解决问题的目的．

（3）一般情况：任意多堆石子．

结论 3 只要除以 3 所得余数（1 或 2）相同的石子堆是成对出现的，而被 3 整除的石子堆数量不论有多少个，都是赢局．

这个可以通过化归思想来处理：如果一堆石子数能被 3 整除，那么总是可以按照结论 1 的策略保证最后取完这一堆；而对于除以 3 所得余数相同的两堆，也总可以按照结论 2 的策略保证取到最后一颗．

二、改变一下游戏规则

现在保留上面的道具：地面上摆着若干堆石子，每堆的石子数目任意．

游戏规则改为：每人每次可以在其中一堆中取走任意多颗石子．

请问：有没有必胜的诀窍？

解析 与原游戏相比，这次"每人每次可以在其中一堆中取走任意多颗石子"．这个具有更大的不确定性，因此可控性更差．但是，有了前面那些解决问题的思想，我们可以类比处理这一更复杂的问题．

（1）一堆石子的情况．

结论是显然的，只要把它们一次取完就胜利了．

（2）两堆石子的情况．

如果两堆石子数相同，此时，对方取走几颗，你就从另一堆中取走同样多的石子，最后一颗石子必然属于你．

结论 4 留下的"两堆石子数相同"就是赢局．

如果面临的两堆石子数不同，那么只要从较多石子的一堆中取走若干颗，使剩下的两堆石子数相同即可．

（3）任意多堆石子的情况．

如果是偶数堆石子，按照刚才的分析，只要留下的具有相同数目石子的堆数是成对出现的，就是赢局（化归为两堆石子的情况）．

对奇数堆石子，问题则十分复杂．我们以 3 堆为例加以说明（特殊化）．

假设 3 堆石子数分别为 m,n,k，将其记为 (m,n,k)．

如果面临的 3 堆石子中至少有两堆石子数相同，如 $m=n$，那么可以将另外一堆 k 取完，留下的两堆石子数相同，这就是赢局（化归为两堆石子的情况）．

如果 3 堆石子数各不相同，怎样创造赢局呢？

这是个有趣的问题，让我们分析一下．由于 3 堆数目不等，不妨设 $m<n<k$，以其中最小的 m 为"主要线索"，分情况讨论（分类研究）．

① 当 $m=1$，即情况为 $(1,n,k)$ 时，对 n 分情况讨论．

由于 $m<n<k$，因此 n 最小为 2，起始情况是 $(1,2,3)$（特殊化）．

如果留给对方这种具体的局面 (1, 2, 3), 容易列举出对方取子后的各种情况, 只有 6 种 (穷举):

$$(0, 2, 3), \quad (1, 0, 3), \quad (1, 2, 0),$$
$$(1, 1, 3), \quad (1, 2, 2), \quad (1, 2, 1).$$

在这 6 种情况里, 前 3 种情况都只剩下两堆, 后 3 种情况中都有两堆石子数相同. 它们都被化归为前面处理过的特殊情况, 容易知道, 都是赢局 (化归思想).

结论 5　在 3 堆石子数目不等的情况下, 留给对方残局 (1, 2, 3) 就是赢局.

思想提炼 3:

穷举法也叫作**枚举法**, 是指当面临的问题状况只有少量几种情况时, 为了解决问题, 可以采取逐一列举的方式, 分别对每一种情况进行分析解决, 进而实现对全部问题的解决.

接下来, 一个进一步的简单情况是 $(1, 2, k), k > 3$. 此时先抓者必胜. 因为先抓者只要把第三堆抓剩 3 个, 就转化成 (1, 2, 3) 的情况, 从而必胜 (化归思想).

下一个情况是 $(1, 3, k), k > 3$. 此时先抓者必胜. 因为先抓者只要把第三堆抓剩 2 个, 就转化成 (1, 3, 2) 的情况, 自然必胜 (化归思想).

结论 6　在 3 堆石子数目不等的情况下, 对于残局 $(1, 2, k), k > 3$ 或 $(1, 3, k), k > 3$, 先抓者赢.

下一个情况是 $(1, 4, k), k > 4$. 起始情况是 (1, 4, 5), 经"穷举法"分析可知, 留给对方残局 (1, 4, 5) 就是赢局. 这样类似地分析下去, 可以逐渐得到如下结论:

结论 7　在 3 堆石子数目不等的情况下, 留给对方 (1, 2, 3), (1, 4, 5), (1, 6, 7), (1, 8, 9) 为赢局.

从结论 7 我们似乎看出某种端倪, 这些赢局具有某种共同的特征: 在 3 堆石子中, 有一堆数量为 1, 另两堆数量为相邻的整数, 小的为偶数, 大的为奇数. 由此, 我们可以做如下推测:

猜想 1　在 3 堆石子数目不等的情况下, 留给对方 $(1, 2k, 2k+1)$ 为赢局.

猜想 1 的提出, 是基于数学中的归纳思想, 这种思想属于发散性思维. 猜想 1 是合情猜想, 而且可以对 k 利用数学归纳法 (演绎推理) 证明它是正确的.

思想提炼 4:

归纳猜想是由个体认识群体的思维, 它通过对群体中若干个体的某些共同点或相似之处, 归纳推测出对这个群体的统一认识.

一般的归纳猜想属于合情推理, 结论未必可靠, 但"数学归纳法"是演绎推理.

② 当 $m = 2$, 即情况为 $(2, n, k)$ 时, 对 n 分情况讨论.

由于 $m < n < k$, 因此 n 最小为 3, 起始情况是 $(2, 3, k), k > 3$.

根据①的讨论, 这种情况很简单, 此时先抓者必胜. 因为先抓者只要把第三堆抓剩 1 个, 就转化成 (2, 3, 1) 的情况, 从而必胜 (化归思想).

下一个情况是 $(2, 4, k), k > 4$, 起始情况是 (2, 4, 5). 根据①的结论, 这种情况先抓者必胜. 因为先抓者只要把第一堆抓剩 1 个, 就转化成 (1, 4, 5) 的情况, 从而必胜 (化归思想).

下一个情况是 (2, 4, 6). 经用"穷举法"分析, 留下 (2, 4, 6) 为赢局.

猜想 2 $(2,4m,4m+2)$ 或 $(2,4m+1,4m+3)$ 都是赢局.

类似地讨论，经过类比、归纳、猜想，可以提出：

猜想 3 $(3,4m,4m+3)$ 或 $(3,4m+1,4m+2)$ 都是赢局.

猜想 4 $(4,8m,8m+4)$ 或 $(4,8m+1,8m+5)$ 或 $(4,8m+2,8m+6)$ 或 $(4,8m+3,8m+7)$ 都是赢局.

猜想 2、猜想 3 和猜想 4 都可以用数学归纳法给出证明.

类比猜想是指面临两个个体，其中一个性质清楚，另一个有待认识. 于是对这两个对象进行比较，通过两个个体中若干相同或相似之处，类比猜想出这两个个体在其他方面的相同或相似性.

类比猜想是合情推理，结论未必可靠.

这种解决问题的方法显然是复杂的，而且无法给出统一的判断. 数学家思考问题，不限于一些个别的结论，需要得到一般的规律. 于是要问，能否找到一种新手段、新方法来解决这一问题？历史上有过多次类似的情形：笛卡儿引进坐标系，描述了过去难以描述的曲线；牛顿引进微分法和积分法，解决了变速运动的速度、路程问题；伽罗瓦引进"群"的概念，解决了五次方程公式解的问题；等等.

从前面对具体问题的分析中看到，一个残局是否是赢局与两堆石子数是否相同或两堆石子数除以 3 所得余数是否相同有关. 这里余数的"相同"与"不同"两种判别状态，使我们想到要应用二进制来解决问题.

三、用二进制来解决

为方便考虑，仍以 3 堆石子为例来说明，其原理适用于一般情况. 把各堆的石子数用二进制表示，如残局 $(1,2,3)$ 表示为 $(01,10,11)$. 为了说明赢局的特征，把各堆石子数用二进制表示后放在一起，做不进位竖式加法，例如：

$$
\begin{array}{cccc}
0\,1 & 1\,1\,0 & 0\,1\,0 & 1\,0\,1\,0 \\
1\,0 & 0\,1\,1 & 1\,1\,1 & 1\,1\,0\,0 \\
1\,1 & 1\,0\,1 & 1\,1\,0 & 1\,1\,1\,1 \\
\hline
2\,2 & 2\,2\,2 & 2\,3\,1 & 3\,2\,2\,1
\end{array}
$$

上述前两式的和中每一个数字都是偶数，称相应的残局为**偶型**，而后两式的和中至少有一个数字是奇数，称相应的残局为**奇型**. 例如，第一式对应的残局 $(1,2,3)$ 是偶型.

断言："留下偶型残局"一定是赢局.

要证明这一断言，只需要证明以下两点：

① 从偶型残局中取子后一定变为奇型残局；

② 对于一个奇型残局，则一定存在一种取法，使取子后变为偶型残局.

于是，一旦留给对方一个偶型残局，就一定有办法永远保持留给对方偶型残局，这样随着石子一颗颗被取走，最后必然留下最小的偶型残局 $(0,0,0)$，这时便取胜.

事实上，对于一个偶型残局 (m,n,k)，随便从其中哪一堆（如第三堆）取子后，残局变为 (m,n,k_1). 此时 k 的二进制表示中至少有一位数字由 1 变为 0（否则石子不会减少），而 m,n 的各位数不变，故其和式中至少有一位由偶数变成奇数，从而 (m,n,k_1) 是一个奇型残局. 因此，不论对方如何取子，偶型残局一定变为奇型残局.

而对于一个奇型残局，其二进制数不进位竖式加法的和式中，至少有一个数是奇数．将和式中从左到右的第一个奇数所对应的某一行的 1 变成 0，再把该行后面对应和为奇数的各位 1 变为 0，0 变为 1，其他各位保持不变，就能使和式中偶数保持不变，而奇数变为偶数，从而对应一个偶型残局．在 2^n 位处 1 变为 0，意味着从中取走 2^n 颗石子，0 变为 1，意味着放回 2^n 颗石子，由于第一个 1 变 0 的位对应的 n 是最大的，所以取走的数量一定超过放回的数量，总体取走的数量大于 0．例如，奇型残局 (3，9，12)，其二进制不进位竖式加法为

$$
\begin{array}{r}
0\ 0\ 1\ 1\\
1\ 0\ 0\ 1\\
1\ 1\ 0\ 0\\
\hline
2\ 1\ 1\ 2
\end{array}
$$

要把它变成偶型残局，将和式中从左到右第一个奇数 1 所对应的最后一行的 1 变成 0（相当于取走 4 颗），而把该行后面另一个奇数和 1 所对应的数 0 变为 1（相当于放回 2 颗），其他各位保持不变，此时 1100 变为 1010，即为十进制的 10（相当于总体取走 4−2=2（颗））．也就是说，从 12 颗这堆中取出 2 颗，留下 10 颗，残局则变为偶型残局 (3，9，10)．

下面各式分别是残局 (1，6，7)，(2，5，7)，(3，5，6)，(4，9，13)，(5，9，12) 的二进制不进位竖式加法：

$$
\begin{array}{ccccc}
\begin{array}{r}0\ 0\ 1\\1\ 1\ 0\\1\ 1\ 1\\\hline 2\ 2\ 2\end{array} &
\begin{array}{r}0\ 1\ 0\\1\ 0\ 1\\1\ 1\ 1\\\hline 2\ 2\ 2\end{array} &
\begin{array}{r}0\ 1\ 1\\1\ 0\ 1\\1\ 1\ 0\\\hline 2\ 2\ 2\end{array} &
\begin{array}{r}0\ 1\ 0\ 0\\1\ 0\ 0\ 1\\1\ 1\ 0\ 1\\\hline 2\ 2\ 0\ 2\end{array} &
\begin{array}{r}0\ 1\ 0\ 1\\1\ 0\ 0\ 1\\1\ 1\ 0\ 0\\\hline 2\ 2\ 0\ 2\end{array}
\end{array}
$$

它们都是偶型残局，因此都是赢局．

四、结语

本节的讨论表明，数学与游戏有类似的结构，数学比游戏更高一筹．对本游戏取胜诀窍的研究过程依次采用了数学的极端原理（特殊化）、穷举（分类）、化归、归纳、演绎等方法，而游戏的变种则采用了数学的类比思想．

本游戏包含了太多的任意性：堆数、每堆石子数、每次提取数都是任意的，因此具有太大的不确定性，太过一般．对太一般的问题，往往难以下手，数学家解决它们的手段通常是首先进行特殊化，研究其特例，通过特例寻找可能的结论以及证明结论的方法．而特殊化的选取方式首选**极端状态**，也就是最特殊、最边界的状态，如 "一堆石子" 就是一个极端，3 堆石子的 "(1，2，3)" 状态也是一个极端．其次是**转化（化归）**的方法，对一般问题进行适当的操作，转化为已经熟悉的特殊情形，如对 "(1，2，k)，$k>3$" 等状态的转化．再次是**穷举**的方法，当一个问题所包含的状态为数不多时，可以采用穷举的方法，但也许并不容易，本游戏对 "(1，2，3)" 状态的解决就是穷举．然后是**观察、归纳、猜想**，本游戏通过对特例 (1，2，3)，(1，4，5)，(1，6，7)，(1，8，9) 等为赢局的观察，归纳提出猜想 "(1，$2m$，$2m+1$) 为赢局"．最后是**演绎**的方法，本游戏用二进制解决一般情况，这是数学家解决一般问题的通用思想——演绎推理，当然，其中仍然基于观察、类比等手段提出结论（猜想），然后演绎推理加以证明．

本游戏的解决过程，在很大程度上反映了数学家在解决数学问题时的一般思维过程．

"取石子"的变种——"躲30"游戏

"躲30"游戏由两人进行．从1开始，双方轮流报数，每人每轮至少数一个数，最多数两个数，以最终数到30的人为输．如果让你先数，你是否能保证取胜呢？

（1）请思考这个游戏与前面的取石子游戏有何相似之处？如何保证取胜？

（2）按照这种思想，改变游戏规则，例如，限定每人每轮至少数一个数，最多数三个数，或者最后数到30者为胜，或者改为其他数字等，是否都有取胜的策略？

第四章思考题

1. 相比于数学知识与方法，为什么说数学思维对人的影响更大？
2. 归纳、类比等方法得到的结果并不可靠，为什么数学家还要使用它们？
3. 试分析实验方法与演绎推理方法的区别，为什么实验结论不一定可靠？

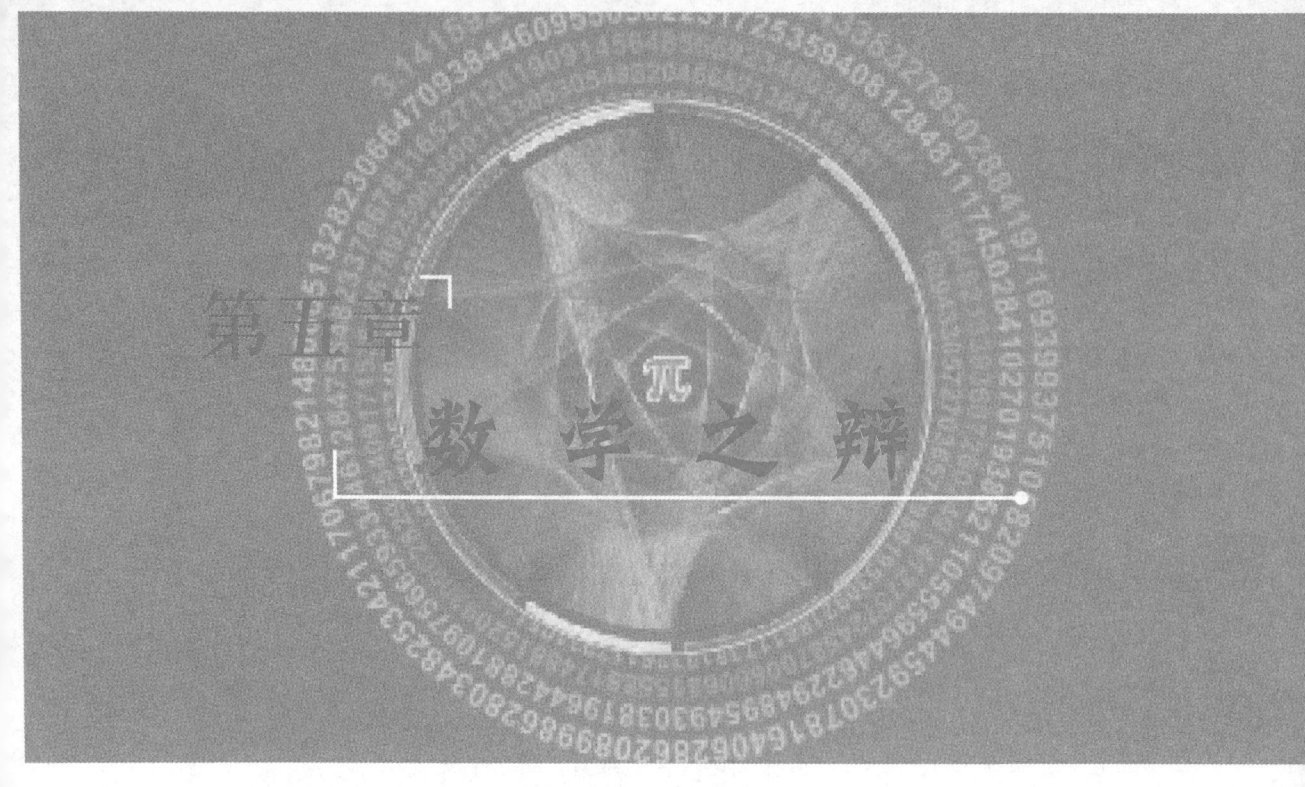

第五章 数学之辩

数学之辩 阴阳虚实

数学来自现实世界却又超越现实世界. 它的研究对象——数与形是万物之本；它的研究内容——结构与模式是客观世界的共同属性与普遍规律；它的理性精神追求的是客观性、精确性和确定性，反映的是真理；它的思想方法讲究逻辑性、辩证性，不受事物表象、主观感情所左右. 数学要透过现象看本质，通过个性看共性，在混沌中寻找秩序，在变化中追求永恒.

由于数学对象的抽象性特征，使得数学理论不能通过实验手段确立，因此数学家坚信的是理性思维. 数学家把眼睛看到的，经过理性思维加以确立；数学家心中想到的，即使不能在实践中检验，只要经演绎推理推证，他也坚持是真理.

由于数学理论本质上反映的是现实世界的客观规律，而现实世界是辩证统一的，因此数学的观点、方法与结论必然体现为辩证性. 辩证唯物主义讲联系、讲统一，而数学的一个重要研究手段是建立对应关系（联系），通过对应关系去发现共性（本质）. 在数学中，动与静、变与恒、乱与序、异与同、情与理、理与用、加与减、乘与除、实与虚、正与负、直与曲、凹与凸、微分与积分、指数与对数、偶然与必然、精确与模糊、有理与无理、有限与无限、稳定与分岔、连续与间断、正定与负定、相关与无关、秩序与混沌、收敛与发散……处处体现出辩证性！

第一节　动与静　变与恒

　　数学中的转折点是笛卡儿的变数. 有了变数, 运动进入了数学, 有了变数, 辩证法进入了数学, 有了变数, 微分和积分也就立刻成为必要的了.

——恩格斯

一、动中有静

　　世界是物质的，物质是运动的，运动是相互联系的．由此数学的对象、对象的关系会发生各种变化，呈现不同形式．在数学中，经常会实施各种各样的变换，如几何学中的旋转、缩放、反射等，代数学中的变量替换、线性变换、恒等变换等．但是变化（变换）中总有某种不变性，如旋转或缩放时中心不变、反射时反射轴不变等．变化的通常是表面现象，不变的往往是本质．

　　数学的目标之一是发现事物本质，变中求不变，不变性是其重要特征．"变"体现在"形"上，就是形的变换，而代表形的本质的部分正是这种变换中的不变性，也就是动中之静．

1. 对称性

什么叫对称？通常所看到的对称包括轴对称、中心对称、旋转对称等（见图 5.1）．

图 5.1　对称图形

为什么称它们是对称的？

轴对称：有一个轴线，图形关于该轴线左右反射不变.

中心对称：有一个中心，图形围绕该中心旋转 180° 或者反射不变.

旋转对称：有一个中心，图形围绕该中心旋转一定角度不变.

这说明，所谓对称，就是图形在某种运动或变换下保持不变的性质．对称性是美感的一种重要表现，其本质在于均衡、稳定．

2. 不动点

很明显，一根橡皮筋，固定一个端点，拉住另一端使其伸长，橡皮筋上点的位置基本都要移动，但是其端点（起点）始终不动。一个圆盘，围绕中心旋转，内部点的位置基本上都要运动，但是中心始终未动，而且整个图形未动。事实上，在许多运动中，总会有些不动的部分存在。数学中关于连续函数（映射）的不动点定理可以告诉我们其中的道理。

不动点定理 若函数 f 是有界闭区间 $[a,b]$ 到其内部（可含边界）的连续函数，则在 $[a,b]$ 内至少存在一点 c，使得 $f(c)=c$。c 叫作函数 f 的**不动点**。

证明 如果 $f(a)=a$ 或 $f(b)=b$，结论自明。否则，考虑函数 $g(x)=f(x)-x$，则 $g(a)>0$ 且 $g(b)<0$，从而在 (a,b) 内至少存在一点 c，使得 $g(c)=0$，即 $f(c)=c$。

不动点定理可以推广到高维**单连通闭区域**上，可以帮助我们解释很多现象。例如：

（1）任何一个时刻，地球上一定有一个点处是无风的。

（2）任何一张准确绘制的地图，把它放在地面上，一定有一个点正好与该点所代表的位置一致。

（3）一杯咖啡，对其进行任意搅拌，只要没有咖啡溢出，搅拌后平静下来与搅拌前相比，必然有一点的位置是没有变化的。

（4）头发的发旋，手指的指纹，都是不动点的现实例子。

观点：动与静是相对的。一种静态在更大的范围内可能是动态。不同的人对同一件事物的观察，可能会得到不同的结论，这里未必就有对错之分，只是立场、观点、方法不同而已。

二、变中有恒

现实世界千差万别，但是许多差别仅仅在于其表面现象，其共性和本质往往是不变的，这也是数学家最关心的。

变化中的恒定，有时表现为性质的恒定，称为**不变性**；有时表现为量的恒定，称为**不变量**。

不变性是指同一类数学对象，其中可能有些部分在变，但某些特征始终不变。例如，三角形边长及内角会有各种各样的变化，但其面积与底和高的关系始终不变，其两边之和大于第三边的性质不变，正弦定理、余弦定理永远不变。对于直角三角形，不管其边长各自如何改变，但三边关系始终符合勾股定理。

不变量是不变性的特殊情况，它用常数来刻画不变性。例如，圆形由其圆心和半径确定其大小和位置，圆的周长、面积等会随着圆的半径的变化而改变，但不论半径与圆心如何变，周长与直径之比永远不变（圆周率）。又如，正方形的周长、面积会随着正方形边长的变化而改变，但是，其周长与对角线之比永远不变。三角形边长及内角会有各种各样的变化，但其内角和永远不变。

1. 变化中的常数

1）多边形内角和与外角和。

任何三角形，不管其边长、三内角如何变化，三内角之和都是 180°（弧度为 π）。

三角形内角和公式的一个自然推广是：一般 n 边形的内角和等于 $(n-2)\pi$。

比三角形内角和更一般且更本质的结果是：任何凸 n 边形的外角和都是 $360°$. 这是一个不依赖于边数 n 的不变量，体现了数学的常数美和统一美.

$$n\text{平角} = n\pi = (n-2)\pi(\text{内角和}) + 2\pi(\text{外角和}).$$

2）欧拉公式.

显然（见图 5.2），平面上任意多边形，其边界上的线段数 e 与顶点数 v 相同，其围出的区域数 $f=1$，因此有公式 $f-e+v=1$.

稍微复杂一些，观察图 5.3，在这个网络图形中，围出的区域数 $f=30$，而其顶点数 $v=42$，连接顶点的线段数 $e=35(\text{竖})+36(\text{横})=71$，因此仍然有公式 $f-e+v=1$.

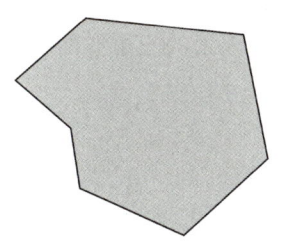 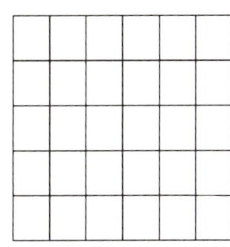 

图 5.2　多边形　　　　图 5.3　网络图形　　　　图 5.4　空间多面体

容易知道，在图 5.3 中，边的曲直、长短是没有影响的，而且如果在其中多加一条边，就多一个区域；多加一个顶点，就多一条边. 如此可以知道，平面网络图形中，线段数 e、顶点数 v 与区域数 f，始终符合公式 $f-e+v=1$.

现在把类似的问题在空间多面体（见图 5.4）上进行考察. 可以想象，把一个多面体的一个面去掉后，可以把它展开为一个平面网络图形，其线段数 e、顶点数 v 与区域数 f（扣除一个区域）理应符合公式 $f-e+v=1$. 于是再把去掉的那个面补上，就得到著名的欧拉定理.

欧拉定理　空间上任意多面体，其顶点数 v、连接顶点的线段数 e 与其围出的区域数 f 满足 $f-e+v=2$.

3）相似形.

如图 5.5 所示，在一段长度为 1 的线段上，依次相接放入若干个小半圆弧（半径不一，个数不限），问它们的总长度是多少？

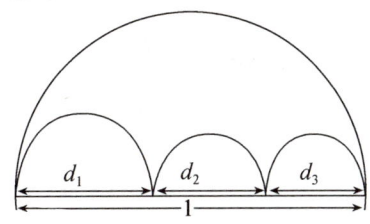

图 5.5　线形相似图形

简单分析发现，不论小半圆弧半径如何，个数多少，它们的总长度永远等于大圆弧的长度. 相同的结论对其他线形相似图形依然成立.

4）确定几何图形的元数.

在几何学中，要确定一个几何对象，往往会涉及多个因素，例如长方形，它涉及长、宽、对边平行、有一个直角四个因素．确定一个几何对象选取元素的方式可以多种多样，但是其各自独立的基本因素个数总是不变的，例如，长方形也可以由两邻边长、两个（对角）直角四个因素确定．

直线：几何学有一条重要的公理——两点定一线．在解析几何中，平面上的直线方程的一般形式为 $ax+by+c=0$，其中有三个常数 a,b,c，相当于三个因素，但由于方程可以相差一个常数倍，本质上直线方程为 $x+by+c=0$ 或 $ax+y+c=0$，其中只有两个常数，也就是两个基本因素．事实上，不论是截距式还是点斜式，都需要两个因素：两个点，或者一点一角．

三角形：三点定一个三角形，确定三角形的基本因素个数也就是 3．例如，边边边 a, b, c，边角边 a, θ, b，角边角 θ, a, φ，相应地也就有涉及各因素的三角形面积公式：

边边边 a, b, c：$S=\sqrt{p(p-a)(p-b)(p-c)}$，其中 $p=\dfrac{a+b+c}{2}$；

边角边 a, θ, b：$S=\dfrac{1}{2}ab\sin\theta$；

角边角 θ, a, φ：$S=\dfrac{1}{2}\dfrac{a^2}{\cot\theta+\cot\varphi}$．

2. 变化中的关系

1) 数列的幻术．

（1）几何数列的片段之和．

几何数列

$$1, 2, 4, 8, 16, 32, 64, 128, 256, 512, 1024, 2048, \cdots, 2^n, 2^{n+1}, \cdots. \quad (5.1)$$

在此数列中，随意画两条分界线，两线截取数列的一部分，这一部分各数之和一定等于后线后的第一个数减去前线后的第一个数．例如，如果 16 前及 512 后各画一线，则两线之间的各数之和为 $16+32+64+128+256+512=1024-16=1008$．

（2）斐波那契数列的片段之和．

数列

$$1, 1, 2, 3, 5, 8, 13, 21, 34, 55, 89, 144, 233, 377, \cdots \quad (5.2)$$

称为斐波那契数列，其特点是从第三项开始，每一项等于其前两项之和，即 $a_{n+2}=a_n+a_{n+1}$．

在此数列中，随意画两条分界线，两线截取数列的一部分，这一部分各数之和一定等于后线后第二个数减去前线后第二个数．例如，如果 5 前及 144 后各画一线，则两线之间的各数之和为

$$5+8+13+21+34+55+89+144=377-8=369. \quad (5.3)$$

2) 抛物线的顶点．

抛物线 $y=ax^2-2px+1$，其顶点坐标为

$$\left(\dfrac{p}{a}, 1-\dfrac{p^2}{a}\right)=(x_0, 1-px_0)=(x_0, 1-ax_0^2). \quad (5.4)$$

当 p 固定时，不论 a 如何变，其顶点始终在直线 $y=1-px$ 上；

当 a 固定时，不论 p 如何变，其顶点始终在抛物线 $y=1-ax^2$ 上．

3) 度量关系、边长关系、边角关系.

圆、三角形等的面积公式，长方体、柱体、锥体、球体等的体积公式，三角形三边长关系，正（余）弦定理等都表现为变化中的不变关系.

3. 变化中的恒等

在代数学中，为了某种目的，常常要做所谓的"恒等变换"．"恒等"与"变换（变化）"这一对矛盾的词语并列在一起，似乎对严谨的数学是一种"讽刺"，但它恰恰反映了形式与本质的关系：变换是形式，恒等是本质．代数方程的同解变换、行列式的初等变换等都具有同样性质．

4. 规律性、周期性与不变性

从形式上看，规律性、周期性，都是变化的某种特征，其过程在变，但是本质上却是某种不变性或确定性．例如，考虑以下几个数列：

(1) $1, 1, 1, 1, \cdots, 1, \cdots$；

(2) $1, 4, 9, 16, \cdots, n^2, \cdots$；

(3) $2, 10, 30, 68, \cdots, n(n^2+1), \cdots$．

对于第一个数列，我们自然认为它是不变的，因为它的各项都相等．一般来说，反映一个数列变化的"速度"可以由前后相邻两项之差或商来评判，差为 0 或者商为 1 就是不变．而相邻两项的商的情况本质上也可以转化为差的情况，这只需要对数列取对数变换即可．对一个给定的数列，其前后两项之差构成一个新的数列，叫作原数列的（**一阶**）**差分**，差分数列继续差分得到原数列的**二阶差分**，以此类推．数列差分代表了数列的变化规律．利用差分，我们可以看到，在某种程度上，规律性意味着不变性．我们来看看上面第二个数列和第三个数列的差分情况：

数列（2）的一阶差分：$3, 5, 7, 9, \cdots, 2n+1, \cdots$；

数列（2）的二阶差分：$2, 2, 2, 2, \cdots, 2, \cdots$；

数列（2）的三阶差分：$0, 0, 0, 0, \cdots, 0, \cdots$；

数列（3）的一阶差分：$8, 20, 38, 62, 92, \cdots, 2+3n(n+1), \cdots$；

数列（3）的二阶差分：$12, 18, 24, 30, \cdots, 6(n+1), \cdots$；

数列（3）的三阶差分：$6, 6, 6, 6, \cdots, 6, \cdots$；

数列（3）的四阶差分：$0, 0, 0, 0, \cdots, 0, \cdots$．

事实上，凡是以 n 的多项式为通项的数列，它的差分到一定程度就会变为常数数列，也就是不变的．这些说明，一个数列可能是变的，它的规律也可能是变的，但是它的规律的规律可能是不变的．

再看周期性．周期性就是在变化过程中周而复始构成循环，这其实在一定程度上表明这种变化过程的某种不变性．例如，任何两个自然数之比（有理数）都必然是循环小数（有限小数是特殊的循环小数），$\frac{1}{7}=0.\overline{142857}\overline{142857}\cdots\overline{142857}\cdots$，如果把其中的一个循环节看作一个整体 $A=142857$，则 $\frac{1}{7}=0.AAA\cdots$，全是 A，这也就是不变性．又如函数的周期点．如果对函数 f，有 $f(a_1)=a_2$，$f(a_2)=a_3$，$\cdots$，$f(a_{n-1})=a_n$，$f(a_n)=a_1$，则称

$a_1, a_2, \cdots, a_n$ 为函数 f 的周期为 n 的周期点. 对此,我们定义一个新函数 g,如果 f 的 n 次复合 $g(x) = \underbrace{f \circ f \circ \cdots \circ f}_{n 次}(x)$,那么 $a_1, a_2, \cdots, a_n$ 为函数 g 的不动点. 这说明周期性也是不变性.

扑克牌读心术

有一个关于扑克牌的魔术是这样表演的:

魔术师随机叫上两名观众甲和乙,把一副扑克牌的一部分,如其中的全部 13 张黑桃,记为 A 叠,自己留下一张牌,剩余部分记为 B 叠. 将 A 叠交于甲,B 叠交于乙.

甲从自己的 A 叠牌中随意取出若干张牌,算出其点数之和(A,J,Q,K 分别算 1,11,12,13 点),将这些牌交给乙,乙返还给甲一张牌,其点数为这些牌的点数之和的个位数(若个位为 0,则不返还),这算一次操作. 甲对手中剩下的牌(包括返还的牌)重复刚才的操作,直至甲把手中的牌全部交给乙,乙返还最后一张牌为止.

令人惊奇的是:乙返还给甲的最后那张牌的点数与魔术师手中留下的牌点数完全相同. 问:

(1) 这个点数是几? 为什么会有这么奇妙的结果? 要点在哪里?

(2) 你能否把这个魔术改编得更神奇、更有趣一些?

第二节　乱与序　异与同

事类相推，各有攸归，故枝条虽分而同本干知，发其一端而已．
——刘徽

一、乱中有序

在这个世界上，不论是自然还是社会，不论是物质还是精神，不论是事物还是生命，都多姿多彩、千奇百怪．在很多时候，人们会觉得混乱无序、混沌繁杂，但有些时候人们又看到井然有序、泾渭分明．本质上讲，万事万物万象的存在及其存在方式总有其机理，这种机理具有某种稳定的秩序和规律．数学也一样，它的许多现象都在混沌中隐藏着某种秩序．

1. 任何一组数据都在某种意义上具有某种联系（规律）

北京冬季奥运会开幕的日子是 2022 年 2 月 4 日，如果把其年份、月份、日期 2022，2，4 看作一个数列的前三项，那么其下一项是几？这个看似荒唐的问题，并非没有答案．例如，我们可以认为它是如下数列通项的前三项：

$$a_n = 1011(n-1)^2 - 3031(n-1) + 2022, \quad (5.5)$$

则下一项就是 2028．其实，随便给出一组数据，总有某种关系（想一想：为什么？）．

2. 不同的人从不同的角度去观察，会发现不同的规律

各种现象的背后会隐藏着各种不同的本质和规律，有些从表面直接显现，但更多的本质则隐藏得很深．不同的人从不同的角度、站在不同的高度、采用不同的方法可能会发现完全不同的规律．例如数列问题，理论上讲，不论给出多少项，都不能确定一个数列的通项．请看下面的例子：一列数，其前三项为 1，3，15，第四项应该是什么？

可能思路：

(1) 前后项相比：$\dfrac{1}{3}$，$\dfrac{1}{5}$，$?=\dfrac{1}{7}$；

(2) 各项分解：1×1，1×3，3×5，$?=5\times7$；

(3) 各项分解：1，1×3，$1\times3\times5$，$?=1\times3\times5\times7$；

(4) 各项分拆：1，$1+2$，$1+2+12$，$?=1+2+12+22$；

(5) 与首项之和：$3+1=4=2^2$，$15+1=16=2^4$，$?+1=2^6=64$，或 $?+1=2^8=256$；

(6) 设想为二次关系 $a_n = an^2+bn+c$，将 $n=0,1,2$ 代入确定系数 a,b,c；

(7) 设想为三次关系 $a_n = an^3 + bn + c$，将 $n=0,1,2$ 代入确定系数 a,b,c；

(8) 设想为三次关系 $a_n = an^3 + bn^2 + c$，将 $n=0,1,2$ 代入确定系数 a,b,c；

(9) 设想为三次关系 $a_n = an^3 + bn^2 + cn + d$，假想前面添加一项 0 或者其他数（相当于确定了常数项 d），将 $n=0,1,2,3$ 代入确定系数 a,b,c；

……

可能答案：

(1) $1, 3=1\times 3, 15=3\times 5,$ $\qquad$ $a_4 = 15\times 7 = 105.$

(2) $1, 3=1\times 3, 15=3\times 5,$ $\qquad$ $a_4 = 5\times 7 = 35.$

(3) $1, 3=1\times 3, 15=1\times 3\times 5,$ $\qquad$ $a_4 = 1\times 3\times 5\times 7 = 105.$

(4) $1, 3=1+2, 15=1+2+12,$ $\qquad$ $a_4 = 1+2+12+22 = 37.$

(5) $1, 3=2^2-1, 15=2^4-1,$ $\qquad$ $a_4 = 2^6-1 = 63$；

$\quad\;\, 1, 3=2^2-1, 15=2^4-1,$ $\qquad$ $a_4 = 2^8-1 = 255.$

(6) $a_{n+1} = 5n^2 - 3n + 1,$ $\qquad$ $a_4 = 45 - 9 + 1 = 37.$

(7) $a_{n+1} = \frac{5}{3}n^3 + \frac{1}{3}n + 1,$ $\qquad$ $a_4 = \frac{5}{3}\times 27 + \frac{1}{3}\times 3 + 1 = 47.$

(8) $a_{n+1} = \frac{3}{2}n^3 + \frac{1}{2}n^2 + 1,$ $\qquad$ $a_4 = \frac{3}{2}\times 27 + \frac{1}{2}\times 9 + 1 = 46.$

(9) $a_n = \frac{3}{2}n^3 - 4n^2 + \frac{7}{2}n,$ $\qquad$ $a_4 = \frac{3}{2}\times 64 - 4\times 16 + \frac{7}{2}\times 4 = 46.$

……

其实，即使是表面看来规律非常明显的几个数，也不能简单地认定其规律. 例如：

(1) $0, 0, 0, 0, \cdots.$

其第五项一定是 0? 其实通项 $a_n = (n-1)(n-2)(n-3)(n-4)$ 便符合要求，由此得到 $a_5 = 24.$

(2) $1, 2, 3, 4, \cdots.$

其第五项也未必是 5，通项可以是 $a_n = (n-1)(n-2)(n-3)(n-4) + n$，由此得到 $a_5 = 29.$

3. 随机现象的统计规律性

随机现象的单个出现无规律可言，但一类随机现象的大量出现就呈现稳定的规律性.

观点： 大道至简，大美天成，万事万物都有其秩序性和规律性. 如果觉得某些事物混沌无序，杂乱无章，烦琐不解，这往往是还没有抓住问题的本质，一旦抓住了这些"混沌"状态的某种规律性、秩序性，问题就会迎刃而解.

二、异中有同

万事万物多姿多彩、千差万别. 往往，眼观之处仅是表象，许多事物看似不同，却本质相同. 许多数学对象貌似彼此独立，但其背后都隐藏着千丝万缕的联系，而对这些联系的了解与发现则会令人兴奋. 例如，杨辉三角、牛顿二项式展开、组合数、斐波那契数列、黄金分割、黄金矩形、黄金三角形、五角星等，都是由不同的人在不同的时间、地点，为着不同的目的而发现或构造的，但这些对象之间总有一条纽带将其贯穿起来.

1. 法则之同

1) 加法与乘法.

(1) $7+2=2+7$，$3+5=5+3$，$8+0=8-0=8$.

这些现象归结为加法交换律 $a+b=b+a$，并且存在一个"哑元"0 满足
$$a+0=a-0=a.$$

(2) $7\times 2=2\times 7$，$3\times 5=5\times 3$，$8\times 1=8\div 1=8$.

这些现象归结为乘法交换律 $a\times b=b\times a$，并且存在一个"哑元"1 满足
$$a\times 1=a\div 1=a.$$

2) 矩阵乘积与函数复合.

代数学中矩阵乘积求逆与转置、分析学中复合函数求反函数等许多数学运算，虽然对象不同，运算不同，但其共同遵守一种法则——"脱衣规则"：
$$[f\circ g]^{-1}(x)=g^{-1}[f^{-1}(x)],\quad [\boldsymbol{AB}]^{\mathrm{T}}=\boldsymbol{B}^{\mathrm{T}}\boldsymbol{A}^{\mathrm{T}},\quad [\boldsymbol{AB}]^{-1}=\boldsymbol{B}^{-1}\boldsymbol{A}^{-1}.$$

2. 数字与图形

1) 等差数列与梯形.

代数中的等差数列与几何中的梯形是完全不同的数学对象，但等差数列前 n 项和公式与梯形面积公式具有相同的形式.

等差数列 $a_1, a_2, \cdots, a_n, \cdots$ 的前 n 项和为 $S_n=\dfrac{1}{2}(a_1+a_n)n$；

上、下底分别为 a, b，高为 h 的梯形面积为 $S=\dfrac{1}{2}(a+b)h$.

2) 形数与面积.

古希腊数学家毕达哥拉斯非常重视数与形的关系，他专门研究了与几何形状相关的所谓"形数"，如三角形数（见图 5.6）、长方形数、正方形数（见图 5.7），它们分别代表摆放成相应形状的点的数量. 这些数都与相应形的面积有相同的结构.

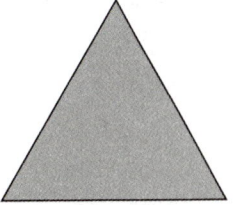

图 5.6 三角形数与三角形

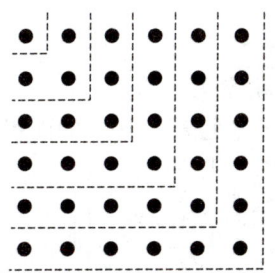

图 5.7 正方形数与正方形

(1) 三角形数与三角形（n 为行数）.

三角形数：$S_n = \frac{1}{2}n(n+1)$；三角形面积：$S = \frac{1}{2}ab$.

(2) 正方形数与正方形.

正方形数：$S_n = n^2$；正方形面积：$S = a^2$.

注意，（n 阶）正方形数由前 n 个奇数 1，3，5，$\cdots$，$2n-1$ 组合而成，因此，我们得到公式 $1+3+5+\cdots+(2n-1)=n^2$.

(3) 黄金矩形、黄金三角形与斐波那契数列.

黄金矩形、黄金三角形与斐波那契数列是三种不同的数学对象，但它们蕴含着同一个数——**黄金分割**.

如果一个矩形从中截去一个以其宽度为边长的正方形后，余下的矩形与原矩形相似，则这样的矩形称为**黄金矩形**. **黄金三角形**则是一种等腰三角形，其两个底角为 72°，顶角为 36°（见图 5.8）.

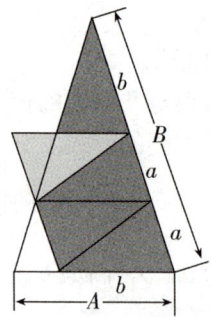

图 5.8　黄金矩形与黄金三角形

黄金矩形宽、长之比，黄金三角形底、腰之比，都等于黄金分割数 $\frac{\sqrt{5}-1}{2}$，而斐波那契数列的前、后项之比也以该数为极限（详见第六章第三节）.

3. 几何体度量与代数表示

直线（数轴）上两点 x_1，x_2（反向）之间的距离（见图 5.9）

$$d = \begin{vmatrix} x_1 & 1 \\ x_2 & 1 \end{vmatrix} = x_1 - x_2. \tag{5.6}$$

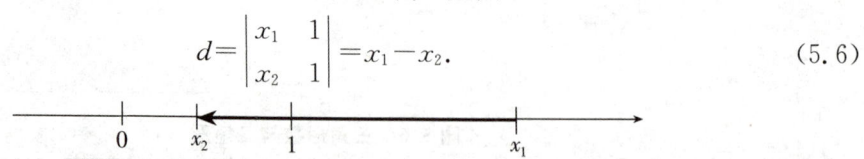

图 5.9　直线段的长度

平面上以三点 (x_0, y_0)，(x_1, y_1)，(x_2, y_2) 为顶点（逆时针方向）的三角形（见图 5.10）的面积

$$S = \frac{1}{2!} \begin{vmatrix} x_0 & y_0 & 1 \\ x_1 & y_1 & 1 \\ x_2 & y_2 & 1 \end{vmatrix}. \tag{5.7}$$

类似地，空间中以四点 (x_0, y_0, z_0)（顶），(x_1, y_1, z_1)，

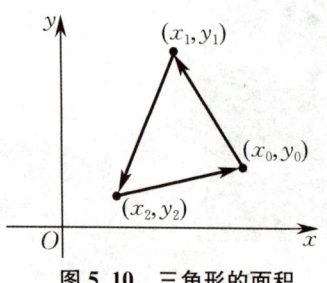

图 5.10　三角形的面积

(x_2, y_2, z_2)，(x_3, y_3, z_3) 为顶点（逆时针方向）的四面体的体积

$$V = \frac{1}{3!} \begin{vmatrix} x_0 & y_0 & z_0 & 1 \\ x_1 & y_1 & z_1 & 1 \\ x_2 & y_2 & z_2 & 1 \\ x_3 & y_3 & z_3 & 1 \end{vmatrix}. \tag{5.8}$$

这三种处于各种不同维数空间中的最简单的直边封闭图形的长度、面积、体积，可以通过代数行列式以同一种形式表达出来．

4. 平直与线性

曲线的曲率由曲线方程的二阶导数决定，平直等价于曲率为 0，等价于二阶导数为 0，等价于线性．

平面上过两点 (x_1, y_1)，(x_2, y_2) 的直线方程可以用行列式表示为

$$\begin{vmatrix} x & y & 1 \\ x_1 & y_1 & 1 \\ x_2 & y_2 & 1 \end{vmatrix} = 0. \tag{5.9}$$

空间中过三点 (x_1, y_1, z_1)，(x_2, y_2, z_2)，(x_3, y_3, z_3) 的平面方程可以用行列式表示为

$$\begin{vmatrix} x & y & z & 1 \\ x_1 & y_1 & z_1 & 1 \\ x_2 & y_2 & z_2 & 1 \\ x_3 & y_3 & z_3 & 1 \end{vmatrix} = 0. \tag{5.10}$$

这表明，各种处于不同维数空间中的低一维的平直空间图形，都可以通过代数行列式以同一种形式表达出来．

5. 圆形与三角形

三角形的内角和定理表明，在欧氏几何中，任何三角形的内角之和都是 180°，即相当于两直角．180°用弧度来描述就是 π，它也是半径为 1 的圆面积或半圆弧长．π 来自曲边的圆形，是圆形的本质，却又揭示了直边的任意三角形的内在本质，表明了数学对象的统一性与和谐性．

6. 杨辉三角与数列

杨辉三角，又称贾宪三角、帕斯卡三角，是二项式系数在三角形中的一种几何排列．其形为等腰三角形，顶点及两侧各数为 1，内部每个数是它左上方和右上方两数之和（见图 5.11），其第 n 行的 n 个数字恰好依次为 $(a+b)^{n-1}$ 展开式中（二项式定理）的系数 C_{n-1}^k，$k = 0, 1, 2, \cdots, n-1$．

用斜线在杨辉三角中依次连接 1，1，2，2，3，3，…个数字，对各连线数字分别求和所得到的和数数列正好是斐波那契数列（见图 5.11）．而杨辉三角的每一行各数字之和则构成等比数列 1，2，4，8，…（见图 5.12）．

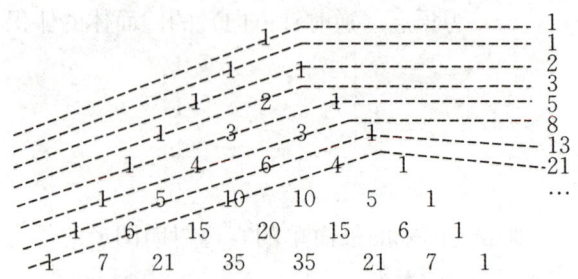

图 5.11 杨辉三角与斐波那契数列

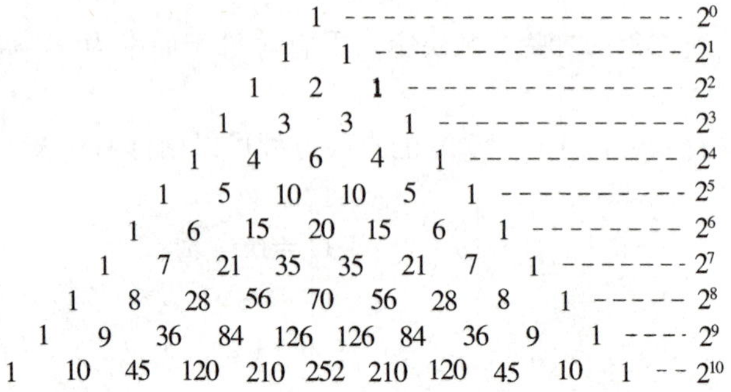

```
           1  ------------------- 2⁰
          1 1 ------------------- 2¹
         1 2 1 ------------------ 2²
        1 3 3 1 ----------------- 2³
       1 4 6 4 1 ---------------- 2⁴
      1 5 10 10 5 1 -------------- 2⁵
     1 6 15 20 15 6 1 ------------ 2⁶
    1 7 21 35 35 21 7 1 ---------- 2⁷
   1 8 28 56 70 56 28 8 1 -------- 2⁸
  1 9 36 84 126 126 84 36 9 1 ---- 2⁹
 1 10 45 120 210 252 210 120 45 10 1 - 2¹⁰
```

图 5.12 杨辉三角与等比数列

另外，从左上往右下各斜线所成数列的通项分别是 n 的零次、一次、二次、三次等多项式，它们分别为

第 1 斜列：$a_n \equiv 1 = C_n^0$；

第 2 斜列：$b_n = n = \sum_{k=1}^{n} a_k = C_n^1$；

第 3 斜列：$c_n = \frac{1}{2!} n(n+1) = \sum_{k=1}^{n} b_k = C_n^2$ 或 C_2^n，$n \leqslant 2$ 时；

第 4 斜列：$d_n = \frac{1}{3!} n(n+1)(n+2) = \sum_{k=1}^{n} c_k = C_n^3$ 或 C_3^n，$n \leqslant 3$ 时；

第 5 斜列：$e_n = \frac{1}{4!} n(n+1)(n+2)(n+3) = \sum_{k=1}^{n} d_k = C_n^4$ 或 C_4^n，$n \leqslant 4$ 时；

……

由此可以依次导出前 n 个自然数的二次方、三次方、四次方等和的公式（请尝试）.

7. 斐波那契数列与等比数列

斐波那契数列 1，1，2，3，5，8，… 前 n 项和

$$a_0 + a_1 + \cdots + a_{n-1} = a_{n+1} - 1, \tag{5.11}$$

与等比数列 1，2，4，8，… 前 n 项和

$$2^0 + 2^1 + \cdots + 2^{n-1} = 2^n - 1 \tag{5.12}$$

有惊人的相似之处.

8. 各种积分

在微积分中，牛顿-莱布尼茨公式揭示了微分与积分的联系，它将一个函数在有界闭区间内的积分值转化为原函数在区间端点处的函数值之差. 到了高维的时候，积分区域与积

分元素都有显著区别，但相应的积分公式却有着本质相同的意义.

一元定积分：牛顿-莱布尼茨公式

$$f(x)\Big|_a^b = \int_a^b \mathrm{d}f(x). \tag{5.13}$$

二元曲线积分：格林公式

$$\oint_{\partial D} P(x,y)\mathrm{d}x + Q(x,y)\mathrm{d}y = \iint_D \left(\frac{\partial Q}{\partial x} - \frac{\partial P}{\partial y}\right)\mathrm{d}x\mathrm{d}y. \tag{5.14}$$

三元曲线积分：斯托克斯公式

$$\oint_{\partial S} P\mathrm{d}x + Q\mathrm{d}y + R\mathrm{d}z = \iint_S \left(\frac{\partial R}{\partial y} - \frac{\partial Q}{\partial z}\right)\mathrm{d}y\mathrm{d}z + \left(\frac{\partial P}{\partial z} - \frac{\partial R}{\partial x}\right)\mathrm{d}z\mathrm{d}x + \left(\frac{\partial Q}{\partial x} - \frac{\partial P}{\partial y}\right)\mathrm{d}x\mathrm{d}y. \tag{5.15}$$

三元曲面积分：高斯公式

$$\oiint_{\partial V} P\mathrm{d}y\mathrm{d}z + Q\mathrm{d}z\mathrm{d}x + R\mathrm{d}x\mathrm{d}y = \iiint_V \left(\frac{\partial P}{\partial x} + \frac{\partial Q}{\partial y} + \frac{\partial R}{\partial z}\right)\mathrm{d}x\mathrm{d}y\mathrm{d}z. \tag{5.16}$$

注意到，外微分运算中，$\mathrm{d}x\mathrm{d}y = -\mathrm{d}y\mathrm{d}x$，因此有

$$\mathrm{d}[P(x,y)\mathrm{d}x + Q(x,y)\mathrm{d}y] = \left(\frac{\partial Q}{\partial x} - \frac{\partial P}{\partial y}\right)\mathrm{d}x\mathrm{d}y \tag{5.17}$$

等关系. 于是，这些公式表明，**各种微分形式在其相应闭几何体上的积分等于其微分在该几何体所围区域（高一维）上的积分**.

观点：麻雀虽小五脏俱全. 万事万物各有区别，但许多不同的事物也具有某种相同的部分，而正是这些相同的部分为我们提供了解决问题的宏观思想方法.

欣赏与思考

天意，还是巧合？

当 2010 年 2 月 27 日智利发生大地震后，有心人注意到汶川、海地、智利的地震发生日期（5 月 12 日、1 月 12 日、2 月 27 日）是那么的令人惊奇（如下表）：

汶川	5	1	2
海地	1	1	2
智利	2	2	7

表中数字横看、竖看都是 512，112，227. 这是天意，还是巧合？你如何看待？

无独有偶，2011 年 3 月 11 日日本福岛发生了特大地震与海啸，2014 年 3 月 8 日马航客机失联，于是有人又把其与汶川地震联系起来：

汶川：2008＋5＋12＝2025；

福岛：2011＋3＋11＝2025；

马航：2014＋3＋8＝2025.

这令人们很惊奇，其实没什么！如果愿意，我们还可以找到"更可怕"的结果，例如：

汶川：5×1－2＝3，福岛地震月份；

福岛：3＋1＋1＝5，汶川地震月份.

你还能找出更多的例子吗？你对此有何想法？

第三节　情与理　理与用

虽然不允许我们看透自然界本质的秘密，从而认识现象的真实原因，但仍可能发生这样的情形：一定的虚构假设足以解释许多现象．

——欧拉

一、情中有理

世间万物万象是相互联系的对立统一体，任何事物和现象的背后都有其内在原因或道理．数学关注普遍联系，强调因果关系，其思维特点是探讨在指定条件下会产生什么结果以及一种结果产生的原因．因此，通过数学思维、数学理论、数学方法，可以为人类解释很多疑问，如为什么井盖设计成圆形？三条腿的椅子为什么总能在地上放稳？四条腿的椅子能在不平整的光滑地板上放稳吗？一般餐桌上的客人为何总能找到"同类"呢？各种规格的复印纸的长宽之比是多少？商店销售的一般纸张的长宽之比是多少？为什么？女孩子为什么喜欢穿高跟鞋？足球表面的黑、白片各有多少个？不同的足球，其黑、白片个数有区别吗？为什么？等等．这些现象的背后都蕴含着数学原理．

1. 几何之理——蜂窝中的数学

蜜蜂建造的蜂巢（见图 5.13）是正六棱柱形，这是为什么呢？

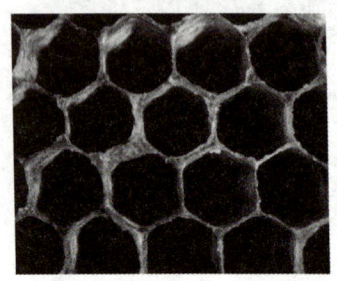

图 5.13　蜂巢

可以证明：要用同一种正多边形去不重不漏地填充平面，只有三种可能：正三角形、正方形和正六边形．对于给定面积，在这三种正多边形中，正六边形周长最小．蜜蜂把蜂巢建造成正六棱柱形，可以用最少材料、付出最小的劳动围出相同的空间．

2. 生日问题

1）现象 1　肯定判断之理——鸽笼原理．

在任何 367 个人中，一定有两个人，他们生日相同．

在任何 105 个人中，一定有两个人，他们性别相同，而且生日在同一个星期内．

诸如此类的确定性判断很多，它们都可以通过数学中一个简单却很常用的原理——**鸽笼原理**来确定．该原理说：有一批鸽子要飞进一批笼子，当鸽子数多于笼子数时，一定至少有一只笼子内进入两只或两只以上的鸽子．鸽笼原理也称为**抽屉原理**，是组合数学的一个基本原理，可以用来解决许多涉及存在性的组合问题，也可以帮助我们解释很多社会现象．

例如，我们可能经常会遇到这样的情况：在一桌酒席上，本不相识的人坐在一起，经过短暂交流，会有人找到自己的"知音"：他们可能是校友、同行、同乡、同姓、同年龄、同属相或者是朋友的朋友、朋友的同乡、同乡的朋友等．这种情况几乎在每次酒席中都会发生，以至让人感觉到这世界真是太小．难道这都是巧合吗？其实，这些发现可以通过鸽笼原理加以解释．在这里，"校友""同行""同乡""同姓""同年龄""同属相""朋友的朋友"等都是笼子，如果单有一种笼子去装这些人，倒不一定保证两人位于同一笼子．例如，"同乡"这个笼子，全国有三十多个省区市，相当于三十多个"同乡"笼子，在场找到同乡的可能性并不是很大．但是，这里有太多种笼子，而且参加这种酒席的人本身就隐含某种关系，所以某个笼子内进入两个或两个以上的人几乎成为必然，找到知音也就不足为奇．

又如，利用鸽笼原理可以证明：在任何聚会中，一定有两个人，他们在场的朋友数一样多．事实上，假设参加聚会的人数为 n，不妨假定每个人至少有一个朋友在场（想一想为什么？）．在这种情况下，每一个人在场的朋友数只能是 $1, 2, 3, \cdots, n-1$ 这 $n-1$ 个数之一，把这些数字看作"笼子"．把 n 个人放入这 $n-1$ 个笼子中，至少有一个笼子内放入的人数多于1．也就是说，至少有两个人，他们在场的朋友数相同．更多的例子见第九章第二节．

2) 现象2　生日巧合——概率问题．

手机通讯录可以记载好友的生日，手机会及时提醒．有一天你发现，你的好友中竟然有3个人在同一天生日，巧合、缘分，还是其他？

在一个50人的班上，老师说：你们班上有两位同学的生日是相同的．对此，你是该相信呢？还是觉得不大可能？

对于第一种现象，你可以凭经验感受到．对于第二种现象，你的直觉可能告诉你这不大可能，但现实表明，这也几乎成为必然．这里产生不可思议的错觉的原因是，这两种现象都是"存在一天""存在两人"，而不是指定的一天或者指定的两人．"存在两人生日相同"与"有人与我生日相同"，其可能性差距很大．在一个50人的班上，与一个指定人生日相同的概率只有大概 $\frac{1}{7}$ 不到，而存在两人生日相同的概率则超过97%．

3. 动力系统与蝴蝶效应

蝴蝶效应是指在一个动力系统中，初始条件下微小的变化能带动整个系统的长期的巨大的连锁反应．这是一种混沌现象．在实际应用中可以形象地叙述为"蝴蝶在热带轻轻扇动一下翅膀，就可能造成遥远的国家里的一场飓风"．

其实，自然与社会系统在数学上可以用一个迭代系统描述．迭代系统是一个函数相继复合的系统，例如一个简单的函数 $f(z)=z^2$，当其进行 n 次迭代后变为 $f^{(n)}(z)=z^{2^n}$，当 z 在单位圆周上做哪怕极微小的改变，也会在 n 次迭代后出现异常惊人的变化．

4. 折纸问题

给你一张纸，长度为1000米，厚度为0.1毫米，你能否把它对折30次？

乍一听，长达1000米的一张薄纸，对折30次似乎没有问题．但事实上，当你实际操作时就会发现，此事根本不可能．为什么呢？数学计算告诉我们，如果对折30次，折叠后的层数大约为1000000000，厚度大约为100000米，约100千米，显然这是无法实现的．

观点：观察有局限，思维解谜团．在日常生活中，你可能会遇到许多司空见惯的现象，但对其背后的道理却无法了解．其实万象背后，皆有数理．

二、理中有用

数学大体上有三个来源：现实问题的需要；数学内部发展的需要；人类的好奇心．后两者本质上是纯思维的东西，不追求应用，但不乏应用．

数学结论的根基是公理，相当主观；其推理纯理性，并不直接依赖于物质世界；数学家甚至不相信眼睛的观察、仪器的测量．但由于数学推理的原则是绝对可靠的，因此只要其前提正确，数学结论就是可靠的，也就必然是有用的．

1. 平均问题

平行公理告诉我们，在平面上过直线外一点，能且只能作一条直线与之平行．这说明，在无穷多种各式各样的状态中，平行只有一种，极其难得．但是平行公理是否一定是真理呢？几何学建立两千多年后，人们发现，该公理虽然与其他公理相容，但否定它时并不会与其他公理产生矛盾．于是有人认为，平面上过直线外一点可以作多条直线与之平行，也有人认为不存在任何平行线．这些不同的观点就形成了不同的几何——**罗巴切夫斯基几何**与**黎曼几何**（见第七章第二节）．令人高兴的是，这样的几何依然有其适用的空间，爱因斯坦的相对论就是在这些理论支撑下建立起来的．

几何学的平行涉及无穷远的问题，遥远得完全可以让一般人去忽略它．但是，代数中的离散量平均问题倒是我们在生活和科学计算中难以回避的．

给定一组正实数 $a_1, a_2, \cdots, a_n$，至少有三种不同的平均方式：

$$\frac{a_1+a_2+\cdots+a_n}{n} \quad \text{（算术平均）}, \tag{5.18}$$

$$\sqrt[n]{a_1 a_2 \cdots a_n} \quad \text{（几何平均）}, \tag{5.19}$$

$$\frac{n}{\frac{1}{a_1}+\frac{1}{a_2}+\cdots+\frac{1}{a_n}} \quad \text{（调和平均）}. \tag{5.20}$$

它们的定义方式不同，数值也不同，满足如下**均值不等式**：

$$\frac{n}{\frac{1}{a_1}+\frac{1}{a_2}+\cdots+\frac{1}{a_n}} \leqslant \sqrt[n]{a_1 a_2 \cdots a_n} \leqslant \frac{a_1+a_2+\cdots+a_n}{n}, \tag{5.21}$$

其中等号仅当各数据完全相同时成立．这些平均分别来自分配、几何和音乐，但是各自又有许多不同的应用范畴．

1) 平均速度问题．

关于平均速度问题，我们来看以下两种情况：在指定的一段行程中，如果前一半时间平均速度为 a_1，后一半时间平均速度为 a_2，全程平均速度是多少？如果前一半路程平均速度为 a_1，后一半路程平均速度为 a_2，全程平均速度又是多少呢？

听起来都是平均问题，但结果完全不同，前者得到平均速度为 $\frac{a_1+a_2}{2}$，后者得到平均速度为 $\frac{2}{\frac{1}{a_1}+\frac{1}{a_2}}$．

2）天平测重问题.

若一物置于天平左侧时测得重量为 a_1，置于天平右侧时测得重量为 a_2，如何确定该物的实际重量？根据力学原理，该物的实际重量是 $\sqrt{a_1 a_2}$，此为几何平均.

2. 调查的艺术——让秘密可以讲出来

做调查时经常会遇到个人隐私问题，被调查者往往会因为担心隐私泄露而选择撒谎. 例如，作为老师，要了解同学们在论文写作中抄袭行为的严重程度，会怎么做呢？一个很简单的办法就是要求每一个同学诚实地回答是否抄袭，老师保证坚守秘密. 不过，这个"保证"似乎不太可靠. 那么，有没有什么绝对安全的保密措施呢？利用随机事件的条件概率公式可以巧妙地保护这种秘密而得到比较真实的调查结果.

记 $P(AB)$ 为事件 A 和 B 同时发生的概率，$P(A|B)$ 为在事件 B 发生的条件下事件 A 发生的条件概率，则有条件概率公式

$$P(A|B) = \frac{P(AB)}{P(B)}.$$

假定要在 100 位同学中做调查，老师事先在一个暗箱内放入红、白球各一只，让每位同学从中取球，记下球的颜色并把球放回箱内. 然后老师要求取到红、白球的同学以在纸上画"√"和"×"的方式分别回答"你的生日是在 7 月 1 日之前吗"和"你抄袭了吗"两个不同的问题. 若分别记 A，B 为抽到红球、白球的事件，C 表示画"√"的事件，如果画"√"的人数为 30 人，则容易知道

$$P(A) = P(B) = 0.5, \quad P(C) = 0.3, \quad P(C|A) = 0.5.$$

根据条件概率公式就有

$$P(CA) = P(A)P(C|A) = 0.25,$$
$$P(CB) = P(C) - P(CA) = 0.3 - 0.25 = 0.05,$$

于是

$$P(C|B) = \frac{P(CB)}{P(B)} = \frac{0.05}{0.5} = 0.1.$$

这说明抄袭的同学比例大概为 10%.

3. 统计+理性，偶然变必然

概率、统计在许多情况下只是一个大体的方向，并不能做出切实可靠的决策. 但是，概率统计与理性思维结合，有时候可以把偶然现象转化为必然结果.

案例 1 可以操纵的选举——谁能当班长？

在一个 40 位同学组成的班上，要选出一位班长. 现在有三位候选人 A，B，C，每位同学投 1 票，班主任统计民意测评结果，得出对三位候选人的民意结果排序如下（A 好于 B 记作 A>B）：

12 人认为 A>B>C；7 人认为 A>C>B；7 人认为 B>C>A；14 人认为 C>B>A.

现在让我们看看，不同的选举方式会有什么样的结果.

如果采用每人投 1 票，获绝对多数者获胜，则结果为 A(19)>C(14)>B(7)，A 当选.

如果采用每人投 1 票，最高票数不过半时对前两名进行第二轮投票（或者末位淘汰，多轮投票），则要对 A 和 C 进行二次投票，结果为 C(21)>A(19)，C 当选.

由于 B 候选人在第一轮投票中只得 7 票，似乎不可能当选班长．但是，考虑到 40 位选举人中有三位候选人，每人投 1 票，票数过半的可能性不大．为了公平和效率，班主任提出每人投 2 票（投出你心目中的前两名），获绝对多数者获胜，结果为 B(33)＞C(28)＞A(19)，B 当选．

从中我们可以看到，在同样的条件下，不同的选举方式可以得出完全不同的结果．

在选举或评比中，有时候为了避免候选人差距不大而投票时难以取舍的局面，也经常采取打分的方式进行．但是打分时又可能因不同的选举人或评委打分标准不同而造成不公，所以要进行某种限定，如限定给你心目中的第一名、第二名各打多少分．那么这样是否就能保证公平？我们再回到刚才的场景看一看：

如果规定给第一、二、三名分别打 3，2，1 分，则结果为 C(82)＞B(80)＞A(78)，C 当选；

如果规定给第一、二、三名分别打 3，1，0 分，则结果为 A(57)＞C(56)＞B(47)，A 当选；

如果规定给第一、二、三名分别打 10，8，5 分，则结果为 B(313)＞C(312)＞A(295)，B 当选．

可见，每一种分数的设定都是合理的，但结果完全不同．

观点：有些方面不存在绝对的公平．

案例 2 100% 与她相遇．

假如几天前甲、乙两人相约今晚在某时刻、某地点约会，双方约定：先到场者若未遇对方，等待 10 分钟，10 分钟后仍未遇对方，则可以离开．可惜两人忘记了具体的约会时间，只记得在 6：00—7：00 之间．请问他们能够相遇的概率有多大？

容易知道，如果两人随机到达，当然不能保证会面.

但如果两人都是理性思维派，双方也都知道对方是理性的，则结果大不一样．甲、乙都会想：为了减少等待时间，提高相遇概率，不应在 6：10 之前和 6：50 之后到达，而应该选择在 6：10—6：50 之间到达；同样，不应在 6：20 之前和 6：40 之后到达，而应该选择在 6：20—6：40 之间到达；不应在 6：30 之前和 6：30 之后到达，而应该选择在 6：30 到达．于是，双方不约而同地选择 6：30 到达，成功会面，无须等待．

观点：随机非随意，乱中藏玄机；偶然蕴必然，无序隐有序；时运当可控，理性破迷局．

在日常生活中，大量事件是随机的、偶然的，或者是混乱无序的，但理性思维可以帮助我们实现偶然中的必然、混乱中的秩序．

10 元钱去哪儿了？

一批水果，其中有 30 千克苹果，30 千克梨．甲按照如下方案销售：苹果 10 元 2 千克，梨 10 元 3 千克，总收入 250 元；乙认为，有些人喜欢吃苹果，有些人喜欢吃梨，还有些人两样水果都喜欢．既然苹果与梨数量一样多，何不把它们混在一起按照 10 元 2.5 千克一起卖？奇怪的是，乙按照这种方法，销售总收入 240 元．乙比甲少收入 10 元．钱哪去了？

街头奇遇

许多人都有这样的经历：一座城市，上百万人，一天，你偶然上街，却与你多年不见的朋友奇遇．请问这是为什么呢？

第五章思考题

1. 请用杨辉三角中各斜列的数字关系导出前 n 个自然数的二次方、三次方、四次方和．

2. 除本章提到的六个辩证性外，你还能举出其他辩证性吗？请举出几例．

3. 在欧几里得几何学中，两点可以定一线．试用解析几何中的直线方程的确立条件来解释这一结论．

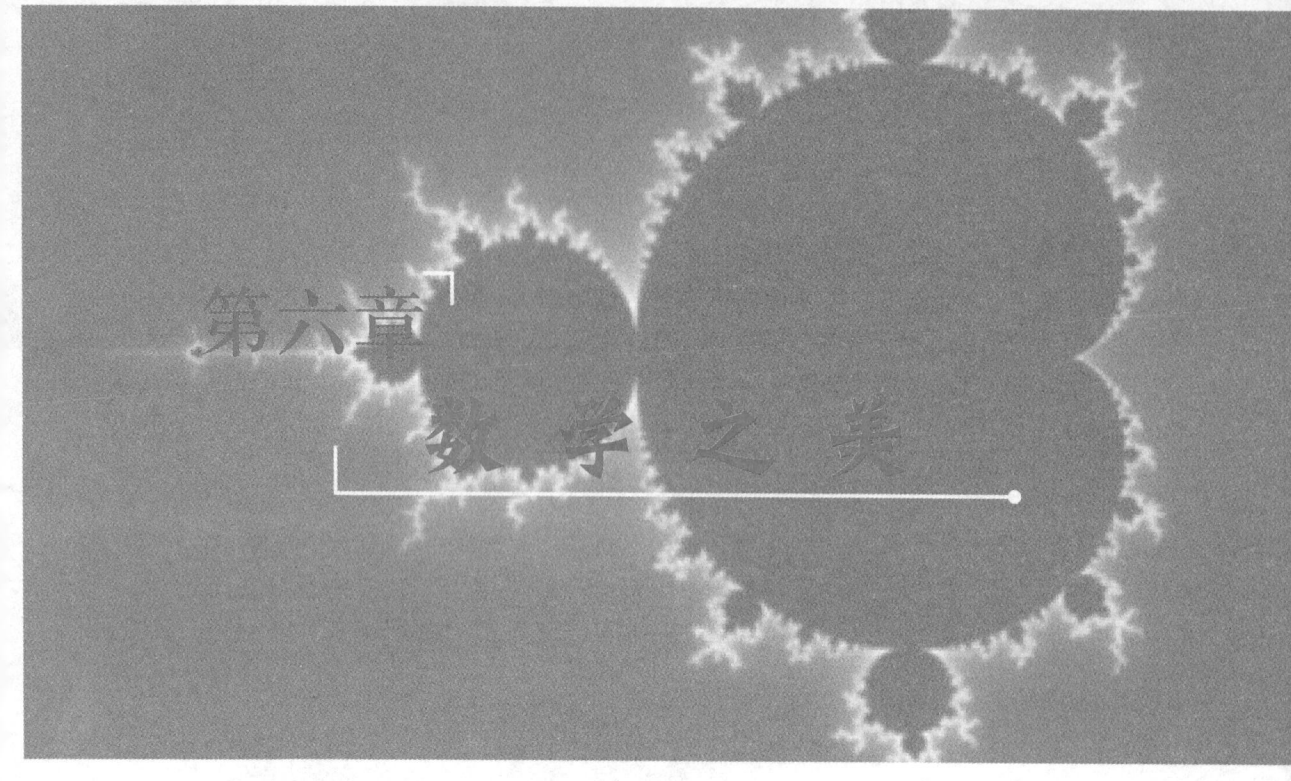

第六章 数学之美

数学之美　简洁和谐

数学美，就是数学问题的结论或解决过程适应人类的心理需要而产生的一种满足感．既有结论之美，也有方法之美，还有结构之美．

由于数学的对象（数与形及其关系）反映万物共性、本质、联系与规律，因此数学结论表现出万物万象的和谐之美；由于数学的内容（模式与秩序）是现实的抽象表现，因此数学结构显现出纯洁与简明之美；由于数学是用简洁的方式（符号、公式等）去描述复杂的对象，用简单的道理（公理、定理等）去解释深奥的问题，因此数学方法具有简洁与神奇之美．

数学方法以静识动、以直表曲、以反论正，尽显神奇之威；数学结论万变有常、万异存同、万象同根，皆表和谐之美．

在某种意义上，数学美的简洁性是数学抽象性的体现，数学美的和谐性是现实世界的统一性与多样性的反映．

数学美是数学生命力的重要支柱．评价数学思想、方法与结论，审美标准重于逻辑标准与实用标准．这是因为，结论之美，在一定程度上反映的是真理性，方法之美，在一定程度上代表的是科学性．

第一节　数学美的根源与特征

数学，如果正确地看她，不但拥有真理，而且还具有至高的美．正像雕刻的美，是一种严肃而冷的美．这种美没有绘画或音乐那些华丽的装饰，她可以纯净到崇高的地步，能够达到最伟大的艺术所能显示的完满境地．

——罗素（Russell，1872—1970）

什么样的人脸是美的？

人类渴望自己美，希望欣赏别人美．那么，美到底是什么呢？法国数学家笛卡儿说过："一般地说，所谓美和愉快，所指的不过是我们的判断和对象之间的一种关系．凡是能使多数人感到愉快的东西就可以说是最美的．"因此，美应当是客观适应和满足主观感受与体验的一种特征．那么，美的特征或客观标准是什么呢？

美国得克萨斯州大学心理学教授郎洛伊丝，通过实验研究了什么样的人脸是美的问题．她随机选择该大学96位男生和96位女生的照片，将它们各分成3组，每组32张．在各组中分别对其中的2，4，8，16，32张照片用特殊的计算机程序合成一张人像，然后让人们去评判这些照片的美丽程度，得到的结果如下：

(1) 美丽程度随着照片合成张数的增多而增高，32张照片的合成人像得分最高；

(2) 婴儿与成人对人像的美丑（亲疏欲）判断是一致的．

这表明：人们视觉上普遍认为的人脸的美，实际上是一种常规状态或常模，它集中了人的诸多特征而具有某种普遍性或共性．

一、美的基本特征

什么叫作美？美有没有客观标准？如何判断美？现实中的美是内在于所考察的对象之中，还是外在于欣赏者的感觉之中呢？

根据笛卡儿的说法，美是客观适应和满足主观感受与体验的一种特征．中国也有句俗话：情人眼里出西施．由此可以肯定：美不仅关系到审美客体（审美对象），也关系到审美主体（审美者）；既具有自然属性，也具有社会属性．美好的事物一定要具备某些客观上美的特征，才能让人主观上感受其美，欣赏其美．那么，什么是客观上的"美的标准"（美的特征）和主观上的"审美准则"呢？

一般来说，标准与准则大体上应该是一致的．下面通过例子来说明"美的标准"和"审美准则"的意义．

一般人常常会惊叹一个困难或复杂问题的简易解答,并把它称为"漂亮的解法或优美的结论". 这说明,"简单性"与"简洁性"是人类的一条审美准则.

作为人的一种自然本性,人们喜爱和谐的、有序的、有规律性的事物,往往对对称性的图案或物品感觉赏心悦目. 这说明,"对称性""秩序性""规律性"等一些具有"和谐性"与"均衡性"的特征也符合人类的审美准则.

人们去野外游览,偶尔发现一株奇花异草,或者去海边散步捡到几块别具特色的贝壳或石头,都会爱不释手. 这说明,"奇异性"也是人类的一条审美准则.

所以,**简洁性**、**和谐性**、**奇异性**是美的三个特征,也是三条审美准则.

二、数学美的根源

数学美,就是数学问题的结论或解决过程适应人类的心理需要而产生的一种满足感.

数学为何美?前面提到的关于人脸美丽程度的实验结果表明,美的本质就是共性、规律、常态,能感受到美的原因是适应、满足,这为我们分析数学美提供了切入点.

从数学的研究对象来看,由于数学研究的是现实世界的数与形,反映的是自然的本质,自然是美丽的、和谐的,数学反映了自然之美;由于数学所处理的抽象的数量关系与空间形式,正是世界万物的共同性的、规律性的、本质性的东西,数学包含着和谐之美;由于数学所研究的模式与秩序是现实的抽象表现,数学显现出高雅与纯洁之美;自然与社会现象千差万别、千奇百怪,有反差、有跳跃、有突变,因此刻画自然与社会现象的数学结论以及数学思维方式也常常会有一些反常的奇异和奇特表现,数学呈现出奇异之美.

从数学的思考方式来看,数学是用简洁的方式(符号、公式)去描述复杂的对象,用简单的道理(公理、定理)去解释深奥的现象,数学具有简洁之美.

三、数学美的基本特征

由于数学反映的是自然的本质,因此,数学美本质上是自然美的抽象化,既有结论之美,也有方法之美,还有结构之美. 与普通的自然美一样,数学美也有类似的标准:调和中存在某些奇异、整体与部分以及部分与部分之间的和谐等,体现为前面所说的简洁性、和谐性、奇异性.

1. 数学美的简洁性(符号美、抽象美、统一美、常数美)

数学美的简洁性是数学美的重要标志,它是指数学的证明方法、表达形式和理论体系结构的简单性,主要包括符号美、抽象美、统一美和常数美等. 有人说,文学家将一句话展成一本书,数学家则把一句话缩为一个符号,其简洁性无与伦比,体现为符号美;数学家关注万事万物的共同特质(数与形),忽略其具体物质属性,高度的抽象性使数学内涵丰富、寓意深刻、应用广泛,展示着抽象美;数学家建立不同事物之间的联系,发现其相同点,表现为统一美;数学家寻求变化中的永恒,动态中的静止,用常数或不变量描述事物本质,带给人们常数美. 数学理论用简洁的方式揭示复杂的现象.

由著名的欧拉公式导出的等式 $e^{i\pi}+1=0$ 把自然界中五个最重要的常数 $0,1,i,e,\pi$,通过数学的三个最基本的运算(加、乘、指数运算)有机地联系起来,体现了数学的符号美、抽象美、统一美和常数美. 反映多面体的(顶)点数 v、棱数 e、面数 f 关系的欧拉公式 $f-e+v=2$ 体现了数学的统一美和常数美. 全部二次曲线(椭圆、抛物线、双曲线)可以统一为圆锥曲线；笛卡儿通过坐标方法，用方程表示图形，用计算代替推理，实现几何、代数、逻辑的统一；高斯从曲率的观点把欧几里得几何、罗巴切夫斯基几何和黎曼几何统一；克莱因（Klein，1849—1925）用变换群的观点统一了19世纪发展起来的各种几何学. 该理论认为，不同的几何只不过是在相应的变换群下不变性质的科学：欧氏几何是探讨在刚体变换下不变性质的科学，射影几何是探讨在射影（透视）变换（迭合变换、相似变换、仿射变换、直射变换）下不变性质的科学，拓扑学是探讨在拓扑变换下不变性质的科学. 这些都反映了数学的统一美.

在数学美的简洁性的各种表现中，统一性是值得特别强调的，它是数学结构美的重要标志，是数学发现与创造的重要标准，是共性的具体体现，是数学家永远追求的目标之一. 统一性与多样性是科学理论研究中无法回避的矛盾. 世界统一于物质，凡是能够揭示宇宙统一性的理论，就是美的理论. 但是，在具体研究过程中，无法回避多样性，因为自然界是由无数简单因素叠加、组合而构成的.

另一个值得强调的是常数美中的不变量问题. 数学所关注的本质、共性、联系、规律等，归根结底都是某种不变性，而不变性的一个重要表现就是不变量，这种不变量是数学简洁美的一个重要体现.

2. 数学美的和谐性（对称美、序列美、节奏美、协调美）

和谐即雅致、严谨或形式结构的无矛盾性. 数学美的和谐性是数学结构美的重要标志，指数学的整体与部分、部分与部分之间的和谐协调性，具体体现为对称美、序列美、节奏美、协调美等，属于形式美. 其中对称美反映的是万事万物变化中的某种不变性，它包含着匀称、平衡与稳定；序列美、节奏美和协调美反映的是万事万物变化中的某种秩序、联系和规律，它包含着有序（单调）、递归、循环（周期）、整齐与层次. 和谐性是自然的本质反映——自然界本身是和谐的统一体；和谐性也是真理的客观表现——真的东西是美丽的，正如爱因斯坦所说："形式上的美丽，意味着理论上的正确."

数学中的和谐美俯拾即是.

1）关于数字的和谐美、对称美、序列美和节奏美.

关于数字的和谐美、对称美、序列美和节奏美举例如下：

$$1 \times 9 + 2 = 11$$
$$12 \times 9 + 3 = 111$$
$$123 \times 9 + 4 = 1111$$
$$1234 \times 9 + 5 = 11111$$
$$12345 \times 9 + 6 = 111111$$
$$123456 \times 9 + 7 = 1111111$$
$$1234567 \times 9 + 8 = 11111111$$
$$12345678 \times 9 + 9 = 111111111$$
$$123456789 \times 9 + 10 = 1111111111$$

$$9 \times 9 + 7 = 88$$
$$98 \times 9 + 6 = 888$$
$$987 \times 9 + 5 = 8888$$
$$9876 \times 9 + 4 = 88888$$
$$98765 \times 9 + 3 = 888888$$
$$987654 \times 9 + 2 = 8888888$$
$$9876543 \times 9 + 1 = 88888888$$
$$98765432 \times 9 + 0 = 888888888$$

$$1\times1=1$$
$$11\times11=121 \qquad\qquad 9\times9=81$$
$$111\times111=12321 \qquad\qquad 99\times99=9801$$
$$1111\times1111=1234321 \qquad\qquad 999\times999=998001$$
$$11111\times11111=123454321 \qquad\qquad 9999\times9999=99980001$$
$$111111\times111111=12345654321 \qquad\qquad 99999\times99999=9999800001$$
$$1111111\times1111111=1234567654321 \qquad\qquad 999999\times999999=999998000001$$
$$11111111\times11111111=123456787654321 \qquad\qquad 9999999\times9999999=99999980000001$$
$$111111111\times111111111=12345678987654321$$

2) 关于几何与三角的和谐美.

几何学上反映线段分割比例的黄金分割比,反映圆与有关线段的比例性质的相交弦定理、割线定理、切割线定理;三角学中反映直角三角形三边关系的勾股定理、正(余)弦定理,反映三角形内部线段关系的三垂线定理、中位线定理,反映角度函数值关系的各种三角恒等式等.

3) 关于代数与分析的和谐美.

代数学上反映一些动物繁殖规律与植物生长规律的斐波那契数列、反映方程根与系数关系的韦达定理、反映二项式 n 次方展开式系数的二项式定理、反映复数性质的棣莫弗公式,分析学中指数函数、三角函数等的导数、积分形式,反映微分、积分关系的牛顿-莱布尼茨公式,代数学中矩阵乘积求逆与转置、分析学中复合函数求反函数等许多数学运算所表现的统一的"脱衣规则"等.

4) 代数表示几何对象.

用行列式表示平面上过两点 (x_1,y_1),(x_2,y_2) 的直线方程 (5.9) 与平面上过三点 (x_1,y_1),(x_2,y_2),(x_3,y_3) 的圆方程

$$\begin{vmatrix} x^2+y^2 & x & y & 1 \\ x_1^2+y_1^2 & x_1 & y_1 & 1 \\ x_2^2+y_2^2 & x_2 & y_2 & 1 \\ x_3^2+y_3^2 & x_3 & y_3 & 1 \end{vmatrix}=0 \tag{6.1}$$

分别展示了两种几何对象在代数上的对称性.

3. 数学美的奇异性(**有限美、神秘美、对比美、滑稽美**)

奇异即稀有、奇特、出人意料. 数学美的奇异性是指研究对象不能用任何现成的理论解释的特殊性质. 奇异是一种美,奇异到极致更是一种美. 数学的奇异美包括有限美、神秘美、对比美和滑稽美. 有限美是指以有限认识、表达与研究无限,具有神奇之功;神秘美是指某些结论不可思议,甚至无法验证,但绝对正确无疑;对比美主要指数学中的突变现象形成巨大的反差,令人惊叹;滑稽美是由数学思想或思维产生的,反常于现实生活的滑稽现象.

例如,二进制中 0 与 1 的丰富含义、正多面体的个数有限性、数学归纳法的两步证明等都体现了有限美;抽屉原理证明的各种存在性、超越数、幻方等都体现了神秘美;在复

解析动力系统中,由奇异点所构成的茹利亚集(见图 6.1),关于二次多项式的芒德布罗集(见图 6.2),所有分形图形的复杂与美丽,勾股定理产生的勾股方程与费马大定理的反差等都反映了对比美;默比乌斯带(见图 6.3)、克莱因瓶(见图 6.4)等单侧曲面都表现为滑稽美.

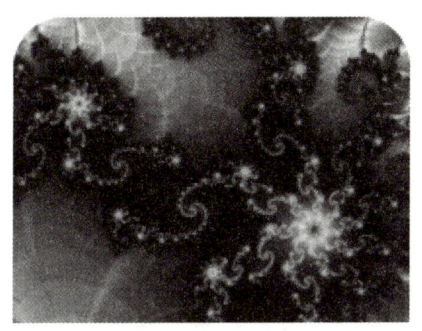

图 6.1　茹利亚集

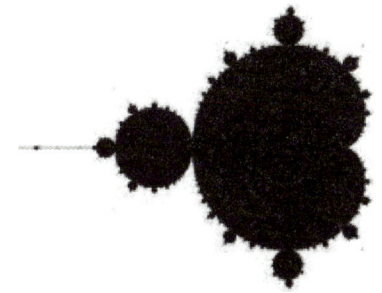

图 6.2　芒德布罗集

图 6.3　默比乌斯带

图 6.4　克莱因瓶

在某种意义上,数学美的简洁性是数学抽象性的体现,数学美的和谐性与奇异性是现实世界的统一性与多样性在数学中的反映.

四、如何欣赏数学美

从浅层来看,自然之美、艺术之美,是靠人的感官感受到的. 例如,风景、绘画之美,是由眼睛看到的,需要空间和视觉,是三维的美;音乐之美是靠耳朵听到的,需要时间和听觉,是一维的美. 从深层分析,评价艺术之美的一个重要标准,就是看它有没有丰富的意境. 所谓"意",就是情和理的统一;所谓"境",就是形和神的统一. 情、理、形、神的完美统一就是艺术之美. 欣赏艺术之美需要人的沉思、感动和激情. 数学不是一幅图画,无法让人看到它的绚丽多姿;数学也不是一首音乐,难以使人听到它的优美旋律. 数学之美要靠人的思维去感受,需要大脑全方位思考,它简洁的形式、丰富的内涵,恰似高贵的艺术作品,是多维的美. 因此,在欣赏数学之美时,决不应该停留在感官刺激上,更要用思维去品味.

分形为何美?

被誉为大自然的几何学的分形几何,主要研究各种分形图形的构造、性质及应用. 几乎没有例外，分形图形都是非常美丽的（见图6.1、图6.2）．为什么呢？这依赖于分形的以下特征：

（1）具有无限精细的结构，即在任意小的尺度之下，它总有复杂的细节；

（2）具有不规则性，以至无论它的局部或整体都不能用传统的几何语言乃至微积分的语言来描述；

（3）具有某种自相似性，其任意小的局部都可能在统计或者近似意义上与其整体具有相似性；

（4）它的分数维数（用某种方式定义的）通常严格大于它的拓扑维数；

（5）在许多令人感兴趣的情形下，可以由非常简单的方法定义，并由递归、迭代等产生．

其中特征（1），（2），（4）说明了分形的复杂性，特征（3），（5）说明了分形的规律性和生成机制．这种自相似和生产机制，决定了分形在某种程度上的对称性和秩序性，这是分形之美的重要因素．

第二节 数学方法之美

数学的优美感，不过是问题的解答适应我们心灵需要而产生的满足感．

——庞加莱

法国著名数学家庞加莱认为："数学的优美感，不过是问题的解答适应我们心灵需要而产生的满足感."这说明数学方法给人带来的美感取决于数学方法与人心灵的适应性，这是由数学独特的思考方式所决定的，体现为数学方法的简洁性、精确性、严密性、巧妙性、普适性、新颖性和奇特性．

具体来说，数学证明方法的"优美"依据其内容可能是指：用了少量的额外假设或之前的结论，极简明，方式出人意料（例如蒲丰投针问题，用概率方法求圆周率近似值），证明思想是新的或原创的，证明方法可以轻易地加以推广以解决一系列类似的问题．

一、认识论的飞跃——以有限认识无限

人类在认识领域遇到的最大障碍是如何认识**无限事物**的问题．人类虽然生活在一个有限的世界中，拥有有限的生命，但不可避免地要去思考无穷的问题，如整数的数量、函数的数量、各种图形的数量．从现实中看，人类是无法触及无穷的，但数学家从理论上给出了许多认识无穷的可靠方法，如**数学归纳法**、**反证法**等．

1. 由近及远——归纳法之美

数学上的许多命题都涉及自然数，对待这种问题，如果要否定它，只需举一个反例即可，但如果要肯定它，就出现了困难：自然数有无限多个，若是一个接一个地验证下去，那永远也做不完．怎么办呢？数学家想出了一种非常重要的数学方法来解决这类问题，那就是数学归纳法．数学归纳法是沟通有限和无限的桥梁，是确立与自然数相关的命题的一种推理术．归纳法简洁而可靠，虽然要解决的是无穷的问题，但该方法只关注两点：一个是起点，一个是传递关系．详细的讨论请参见第九章第一节．

2. 由反看正——反证法之美

反证法是通过证明"否定结论"的虚假性来确认结论真实性的一种间接证明方法．其理论依据是排中律：两个互相矛盾的论断不同时为假，其中必有一真．在数学推理中，反证法为人类解决复杂、无限、无头绪问题提供了一个简洁有效的手段，它把一个无限或复杂的对象通过它的对立面——有限或简单的对象来处理，具有简洁和神奇之美．例如，要

证明一个结论对所有自然数（无穷多个）成立，考虑其反面就是假设结论对某一个自然数（仅一个）不成立，问题由无限转化为有限.

早在古希腊时期，欧几里得就用反证法巧妙地证明了素数个数的无限性. 要说明素数有无限多个，人类无法一个个地列举出来，谁都没有办法确认一个已知素数之后还一定有另外一个素数存在. 欧几里得在他的证明中巧妙地避开了人类这种正向思维的局限性，改用反证法，证明如下：假如只有有限多个素数，把它们一一列出，如 p_1，p_2，p_3，$\cdots$，p_n. 考虑新的自然数

$$m = p_1 p_2 p_3 \cdots p_n + 1, \tag{6.2}$$

则 m 是一个不能被 p_1，p_2，p_3，$\cdots$，p_n 整除的自然数，m 要么是一个异于 p_1，p_2，p_3，$\cdots$，p_n 的新素数，要么包含一个异于 p_1，p_2，p_3，$\cdots$，p_n 的真素数因子 q，这都与 p_1，p_2，p_3，$\cdots$，p_n 是所有素数相矛盾. 因此，素数有无限多个.

在数学中，当我们面临无穷的头绪而束手无策时，反证法往往可以帮我们解围. 例如：

问题：有语文、数学、英语课本共 10 本，证明其中至少有一门有 4 本或 4 本以上.

笨方法：穷举（麻烦至极）.

反证法：如果每门都少于 4 本，则三门至多有 $3 \times 3 = 9$（本），与总共 10 本相矛盾. 非常简洁.

3. 由点识线——函数相等的判别

有时候一个看似无穷的问题，数学家却可以通过有限的手段来解决. 例如判断两个函数是否相等的问题. 从理论上讲，两个函数相等要求它们在定义域上每点的函数值都相等，而定义域往往是一条线段或者是一个平面区域，其中有无穷多个点，无法一一验证. 但如果知道函数的某些基本特征，则只根据极少点处的函数值就可以确定两个函数的相等性. 例如，对于两个不超过 n 次的多项式，根据代数基本定理，只需要验证 $n+1$ 个点处的函数值即可. 而根据泰勒定理，这一问题也可以通过验证它们在一个点处的函数值及其直到 n 阶的导数值来解决.

对于稍复杂的解析函数，根据唯一性定理，只需要验证其在某一串有聚点的点上的函数值即可.

需要说明的是，用验证 $n+1$ 个点处的函数值来确立一个 n 次多项式，是用举例证明，表面来看是不可靠的，但这本质上是一种演绎推理，其前提是一个不超过 n 次的多项式可以由它在 $n+1$ 个不同点处的函数值唯一确定.

二、演绎法之美——以简单论证复杂

自然与社会问题往往是错综复杂的，但数学家总有办法将其分解、转化，把复杂问题变为简单问题. 笛卡儿以方法论见长，他认为，研究问题要从最简单明了、不容置疑的事实出发，逐步上升到对复杂事物的认识. 这也是公理化思想的基本理念. 公理化思想首先承认一些毫无疑问的基本事实，然后采用演绎推理的方法，建立整个理论体系.

演绎推理是通过对事物的某些已知属性，按照严密的逻辑思维，推出事物的未知属性的科学方法，具有严谨、可靠、收敛的特点. 演绎推理是数学推理的主要方法，其一般形式是第一章第二节所讲的三段论.

这个简单明了、不容置疑的三段论，是数学演绎推理所遵循的基本规则，不论多么复杂的数学证明，仔细分析一下，无非是由一系列三段论所构成，只要其每一个环节都使用了正确的前提，结论就无疑是正确的．这是数学永远立于不败之地的保证．

演绎法之美，美在其结构的简洁性、过程的严密性和结果的正确性，展示了数学方法的简洁、神奇之美．

三、类比法之美——他山之石，可以攻玉

一个 n 次多项式有两种写法：一种按照幂次从高到低逐项写出，另一种按照其一次因子相乘写出．由此可以容易地给出 n 次多项式 n 个根与系数的关系——韦达定理．瑞士数学家欧拉由此运用巧妙的类比思想证明了 $1+\frac{1}{4}+\frac{1}{9}+\frac{1}{16}+\cdots=\frac{\pi^2}{6}$．其具体做法如下：

设 $2n$ 次方程

$$b_0 - b_1 x^2 + b_2 x^4 + \cdots + (-1)^n b_n x^{2n} = 0 \tag{6.3}$$

有 $2n$ 个不同的根 $\pm\beta_1$，$\pm\beta_2$，$\cdots$，$\pm\beta_n$，则式（6.3）的左边可写为

$$b_0\left(1-\frac{x^2}{\beta_1^2}\right)\left(1-\frac{x^2}{\beta_2^2}\right)\cdots\left(1-\frac{x^2}{\beta_n^2}\right).$$

比较两式 x^2 的系数得到其二次项系数的相反数与各根具有如下关系：

$$b_1 = b_0\left(\frac{1}{\beta_1^2}+\frac{1}{\beta_2^2}+\cdots+\frac{1}{\beta_n^2}\right). \tag{6.4}$$

受这种多项式方程根与系数关系的启发，欧拉考察了三角方程 $\sin x = 0$．由微积分知识可知，$\sin x$ 可以写成级数形式：

$$\sin x = \frac{x}{1} - \frac{x^3}{3!} + \frac{x^5}{5!} - \cdots = x\left(1 - \frac{x^2}{3!} + \frac{x^4}{5!} - \cdots\right). \tag{6.5}$$

它可以视为 x 乘以一个无穷多次多项式，而且已经知道 $\sin x = 0$ 的根分别是 $\pm n\pi$（$n=0$，1，2，$\cdots$），其中 $\pm n\pi$（$n=1$，2，$\cdots$）是该相应无穷多次多项式 $1-\frac{x^2}{3!}+\frac{x^4}{5!}-\cdots=0$ 的所有根，因此类比式（6.4）可断言其二次项系数的相反数为

$$\frac{1}{3!} = \frac{1}{\pi^2} + \frac{1}{4\pi^2} + \frac{1}{9\pi^2} + \cdots,$$

即

$$1 + \frac{1}{4} + \frac{1}{9} + \frac{1}{16} + \cdots = \frac{\pi^2}{6}. \tag{6.6}$$

这种做法虽然不太严格，但思路奇特，富于创造，具有奇异之美．

四、数形结合之美——以形解数，以数论形

许多复杂数学定理的证明，需要一系列的数学推导过程．但也有一些代数问题，可以通过简单的几何图形使其一目了然．数学中有大量这样的例子．

（1）勾股定理的出入相补（见图 6.5）．

直角三角形两直角边长的平方和等于斜边长的平方：$a^2 + b^2 = c^2$．

（2）反正切公式（见图 6.6）．

$$\arctan\frac{1}{2} + \arctan\frac{1}{3} = \frac{\pi}{4}. \tag{6.7}$$

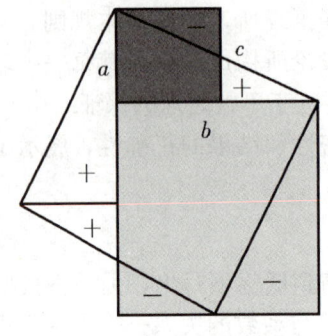
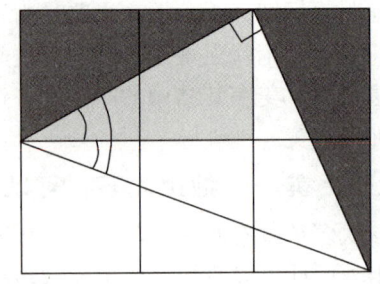

图6.5 出入相补图　　　　　图6.6 反正切公式

（3）基本不等式（见图6.7，图6.8）.

$$\sqrt{ab} \leqslant \frac{a+b}{2}. \tag{6.8}$$

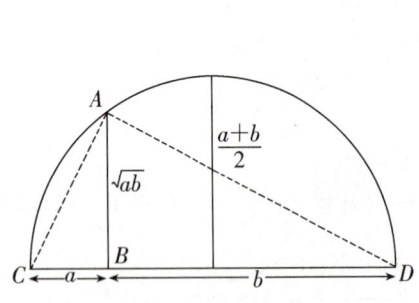
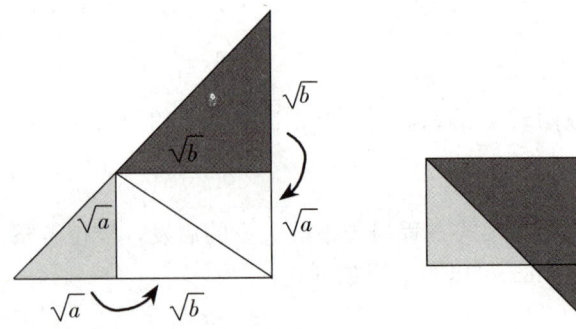

图6.7 基本不等式证明——线段长度　　　图6.8 基本不等式证明——面积

（4）前 n 个自然数的立方和（见图6.9）.

$$1^3 + 2^3 + \cdots + n^3 = (1 + 2 + \cdots + n)^2. \tag{6.9}$$

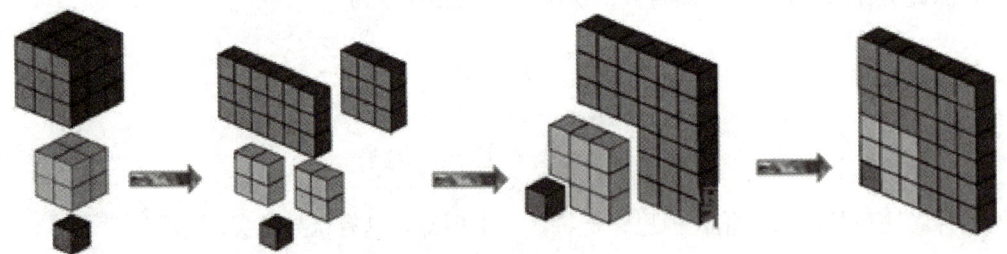

图6.9 前 n 个自然数的立方和

五、此处无形胜有形——存在性问题的证明

各种对象的**存在性问题**是数学家经常要面临的问题. 在很多情况下，数学方法可以明确告诉我们某种对象的存在性，而不能告诉我们它是什么样的或者它精确地存在在什么地方. 例如，欧拉指出并经高斯证明的著名的**代数基本定理**表明：任何 n 次方程在复数范围内有且恰有 n 个根（包括重数）. 它解决了方程解的存在性问题，但它并不能告诉我们如何

求解. 事实上，一般的五次或者五次以上的方程没有公式解.

一般来讲，存在性问题的证明有两种方法：**构造性证明**和**纯理性推理**. 前者具体构造出所述对象，自然令人信服；而后者只是从理论上证明其存在性，虽看不到，却也不可否认.

1. 排中律之美

排中律是数学证明中经常使用的规则，它是传统逻辑的一种基本规律，意为任一事物在同一时间里具有某属性或不具有某属性，两者必居其一. 在解决一些存在性问题时，有时候可以直接通过**构造性证明**来解决问题，但有时候就像前面欧几里得证明素数个数无限性时构造的自然数 $m = p_1 p_2 p_3 \cdots p_n + 1$ 一样，人们仍然可能无法对构造的对象做出判断，这时候利用排中律往往可以收到鬼斧神工之效.

问题：是否存在两个无理数 a, b，使得 a^b 是有理数？

解答：构造 $a = b = \sqrt{2}$，问 $\sqrt{2}^{\sqrt{2}}$ 是有理数吗？当然不易判断.

但是，如果 $\sqrt{2}^{\sqrt{2}}$ 是有理数，则得到肯定答案；相反，如果 $\sqrt{2}^{\sqrt{2}}$ 不是有理数，再构造 $c = \sqrt{2}^{\sqrt{2}}$，$b = \sqrt{2}$，则对这两个无理数 c 和 b 来说，有 $c^b = (\sqrt{2}^{\sqrt{2}})^{\sqrt{2}} = \sqrt{2}^2 = 2$ 是有理数，同样得到肯定答案.

2. 抽屉原理之美

抽屉原理可以为我们解释很多存在性问题. 例如，任何 13 个人中，必然有两个人，他们星座是相同的. 但是这个原理并不能告诉我们到底哪两个人具有相同的星座.

关于抽屉原理的详细讨论放在第九章第二节.

六、从低级数学到高级数学——一览众山小

中国当代数学家龚升（1930—2011）教授在他的《微积分五讲》中强调，数学发展史表明：数学中每一步真正的进展都与更有力的工具和更简单的方法的发现密切联系着. 这些工具和方法有助于理解已有的理论，并把陈旧的、复杂的东西抛到一边. 因此，数学发展是一个新陈代谢、吐故纳新的过程，是高级的数学替代低级的数学的过程.

1. 从算术到代数，从初等代数到高等代数

从低级的"算术"到高级的"代数"，是由于"数字符号化"这个工具与方法的发现；从"初等代数"的解方程理论到"线性代数"乃至"抽象代数"的代数结构理论，是由于引进了"矩阵""行列式"乃至"群""环""域"的工具和方法.

一般说来，由新工具、新方法而产生的高级数学，一方面可以解决许多低级数学不能解决的新问题，另一方面对低级数学的理解更容易、更透彻. 例如鸡兔同笼问题，用代数去解要比用算术去解来得简单；又如多元线性方程组的求解问题，用线性代数的矩阵方法去解要比用初等代数的消元法去解来得容易、简洁.

2. 从欧几里得几何到解析几何，从向量到复数

作为例子，我们以平面上的点的变迁来进行说明.

欧几里得几何学建立于公元前 3 世纪，那时平面上的点就是点而已，不能进行运算，几何问题只能依靠演绎推理进行研究.

17 世纪，笛卡儿建立了解析几何，此时平面上的点可以用"数对"来表示，平面图形

可以通过方程或不等式来描述，几何问题可以转化为代数问题，通过数字和字母运算来研究．解析几何的建立具有划时代的意义，一些传统的几何难题因此迎刃而解．

平面上的点用"数对"表示后，每一个点都代表了一个从原点出发指向该点的有向线段——**平面向量**，于是"**点**"＝"**数对**"＝"**向量**"．这又是一次进步，因为向量之间可以进行加、减运算，向量与数可以进行数乘运算，向量之间可以进行内积运算．向量的这些运算，又为几何问题的研究插上了一双翅膀，人们可以运用向量的运算性质对几何问题进行推理研究．但遗憾的是，向量内积运算的结果已经不再是向量，而是数，因此向量本质上未能建立乘法运算，更没有除法运算．

19 世纪，高斯认识到复数是一种既有大小，又有方向的量，进而建立了复数与平面点的对应：$(a, b) = a + bi$，其中 $i = \sqrt{-1}$ 是虚数单位．在这种观点下，**平面点与复数一一对应**，由于复数具有加、减、乘、除四则运算，从而建立了点（向量）与点之间的加、减、乘、除运算关系，这为解决许多平面向量问题、平面几何问题提供了极大的方便．

在复数平面上单位圆与坐标轴所交的四个点中，从 x 轴正向起，按逆时针方向依次为 $1, i, -1, -i$．注意到从 1 到 i，到 -1，到 $-i$，再到 1，从代数上看是分别进行了连续乘以 i 的运算，而从几何上则分别相当于逆时针方向连续旋转 $\dfrac{\pi}{2}$，这种数 i 的连乘与角度的连加，使人容易联想到指数运算．事实上，欧拉早在 1748 年就发现了沟通指数函数与三角函数关系的欧拉公式：$e^{ix} = \cos x + i \sin x$，由此发现了复数的指数表示，正、余弦函数的 n 次幂问题也就转化为 n 倍角的问题．复数的地位因此得到巩固，威力进一步增强．

观点：复数是平面的灵魂．

美丽的三次方和

观察如下各式，你发现了什么？你能说出并证明你发现的规律吗？

$$1^3 + 5^3 + 3^3 = 153,$$
$$16^3 + 50^3 + 33^3 = 165033,$$
$$166^3 + 500^3 + 333^3 = 166500333,$$
$$1666^3 + 5000^3 + 3333^3 = 166650003333.$$
(6.10)

也许，你不难发现其中的规律：

$$\underbrace{166\cdots6}_{n-1}{}^3 + \underbrace{500\cdots0}_{n-1}{}^3 + \underbrace{333\cdots3}_{n-1}{}^3 = \underbrace{166\cdots6}_{n-1}\underbrace{500\cdots0}_{n-1}\underbrace{333\cdots3}_{n-1}.$$
(6.11)

问题是，你如何证明它的正确性呢？看来这是一个费脑筋的工作．不过，如果你能看到 $\dfrac{1}{6} = 0.166\cdots$，$\dfrac{1}{2} = 0.500\cdots$，$\dfrac{1}{3} = 0.333\cdots$，$\dfrac{2}{3} = 0.666\cdots$，也许问题就不会那么复杂了．试试看！

第三节　数学结论之美

数学家的造型与画家或诗人的造型一样，必须是美的．概念也像色彩或语言一样，必须和谐一致．美是首要标准，不美的数学在世界上是找不到永久的容身之地的．

——哈代

方圆之理　为人之道

方与圆，是两个最基本的几何图形．圆是自然，方乃人为．在自然界中，圆形随处可见，方形无处可寻．方代表直，圆代表曲，直为刚，曲为柔，刚柔相济．圆虽曲，但随手可画；方虽直，但做起来很难．

自古以来，人类一直把方与圆看作天地之理．天圆地方，是人类对天地形态的最原始假想；没有规矩，不成方圆，方与圆是人类和谐与规则的标志．方圆之道，孕育着丰富的人生哲理．

为人处世以正直为道德之本．正则"品"端，直则"人"立．正直者，具有道德感并坚守自己做人的良心，善恶分明，心怀坦荡；正直者，具有责任感并坚守自己独立的人格，遇风不倒，逆光也明；正直者，具有正义感并坚持自己不屈的信念，不畏权威，不欺弱小；正直者，坚持真理，捍卫正义，能够赢得友谊、信任、钦佩和尊重．

但是，社会现实表明，过于正直者，往往因讲话语言尖锐、直白，不留情面而得罪他人，给自己带来困扰，甚至灾难．这说明，一个人内心要坚持正直，但是，与人交往、表达、沟通，要讲策略，这种策略就是"圆"的哲学．圆形没有棱角，滚动自如．"圆"的哲学就是做人做事、讲话沟通要讲究技巧，适时变通．

一个人若只有"方"而没有"圆"，就是一个四处棱角、静止不动的"口"，面对的就是一盘死棋．相反，如果只有"圆"而没有"方"，那便是一个八面玲珑、滚来滚去的"○"，圆滑而丧失原则和主见，只能成为一株不可信赖的墙头草．

因此，成功的做人之道应该是像中国的古钱币那样，外圆内方．方是为人之本，是做人的脊梁；圆乃成功之道，是处世的锦囊．"方"是原则，是目标，也是根本；"圆"乃策略，是途径，也是手段．为人需内刚正不屈，外圆滑变通，大事讲原则，小事讲风格．人生在世，运用好"方圆"之理，必能无往不胜，所向披靡．

一、从三角形到多面体

数学的结论之美主要表现为两个方面：形式美与内涵美．从形式上看，数学结论简洁、有序、对称、和谐等；从内涵上看，主要是结论自身的深刻性，如揭示本质、建立联系、统一对象等，具有完备性和统一性。

平面几何中最简单的直边封闭图形是三角形。因此，要谈数学结论之美，我们从三角形谈起。

许多平面图形乃至立体图形的计算和应用都可以归结为三角形来解决。三角形具有许多优美的内在性质，这些性质不仅反映了三角形的本质特征、应用价值，也为认识其他多边形乃至多面体奠定了基础。

1. 三角形结构的稳定性与和谐性

（1）三条腿的凳子永远可以放稳（为什么？——不共线的三点确定一个平面）。

（2）三角形的框架永远不会变形（为什么？——一边两端点，两边交一点，三边三端点，必然两相牵）。

因此，三角形的三条边长一定，不仅其周长是确定的，其面积也是确定的，海伦公式给出了面积与边长的关系：

$$S=\sqrt{p(p-a)(p-b)(p-c)}, \qquad (6.12)$$

其中 a,b,c 是三角形的三边长，而 p 是其周长的一半。

这两条性质对于其他多边形是不成立的（想一想，为什么？）。例如，四条边长分别为 a,b,c,d 的四边形的面积是不确定的，但其最大面积为内接于圆的四边形的面积，其值为

$$S=\sqrt{(p-a)(p-b)(p-c)(p-d)}, \qquad (6.13)$$

其中 p 是其周长的一半。该公式当四边形退化为三角形（一边长为0）时，就是海伦公式。

这些都反映了数学的简洁美、统一美与和谐美。

2. 三角形的五心

三角形有三条边和三个顶点，从三边和三顶点分别向对应的点和边引出同样性质的线段，它们都会分别相交于一点，这就是三角形的五心。

（1）三边中线相交于一点，该点称为三角形的**重心**；

（2）各顶点到对边的垂线（高）相交于一点，该点称为三角形的**垂心**；

（3）三角平分线相交于一点，该点称为三角形的**内心**；

（4）三边垂直平分线相交于一点，该点称为三角形的**外心**；

（5）任一内角平分线和其他两个外角平分线相交于一点，该点称为三角形的**旁心**。

三角形的五心各有其实际意义，可以分别应用于实际生活中去。例如，三角形的内心、外心、旁心分别是该三角形内切、外接、旁切圆的圆心；三角形的重心是该三角形板（均匀密度）的质量中心。三角形的五心也有其内在联系，三角形的重心、外心、垂心三点共线，这条线称为**欧拉线**（见图6.10）。

这些都反映了数学的统一美与和谐美。

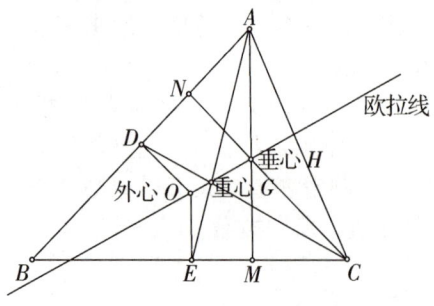

图 6.10　三角形的垂心、重心、外心与欧拉线

观点：你中有我，我中有你。万事万物不是孤立存在的，而是相互依存、相辅相成。

3. 三角形的边长关系

任何形状的三角形，其任意两边长之和一定大于第三边（为什么？——两点之间以直线距离最短）. 设三角形的三边长分别为 a,b,c，它们的对角分别为 A,B,C，则有

正弦定理：
$$\frac{a}{\sin A}=\frac{b}{\sin B}=\frac{c}{\sin C}; \tag{6.14}$$

余弦定理：
$$a^2=b^2+c^2-2bc\cos A, \tag{6.15}$$
$$b^2=c^2+a^2-2ca\cos B, \tag{6.16}$$
$$c^2=a^2+b^2-2ab\cos C. \tag{6.17}$$

这些都展示了对称美与统一美.

4. 直角三角形与勾股定理

直角三角形是一类极为重要的特殊三角形，虽然特殊，也极为基本——任何三角形都可以分解为两个直角三角形. 在余弦定理中，取角 C 为直角，则得到著名的**勾股定理**：直角三角形斜边长的平方等于两直角边长的平方和，即
$$c^2=a^2+b^2. \tag{6.18}$$
反过来，三边长满足上述关系的三角形也一定是直角三角形.

这是人类认识最早、关注最多、证明最多、应用最广的定理.

勾股定理具有形式上的对称美、内容上的统一美，还是第一个联系数形关系的定理. 由勾股定理引出的不定方程 $x^2+y^2=z^2$ 是最早得到圆满解决的非线性不定方程. 由于该方程的齐次性，要求其整数解，只需要寻求 x,y,z 互素的正整数解即可. 古希腊数学家丢番图在他的名著《算术》中就对该方程进行了较完美的讨论. 公元 7 世纪初，印度一位数学家给出了该方程的下述通解：
$$\begin{cases} x=2mn, \\ y=m^2-n^2, \\ z=m^2+n^2, \end{cases} \tag{6.19}$$

其中 m,n 互素，且奇偶性不同. 由此可以发现边长为整数的直角三角形的边长特征之美（详见第八章第二节）.

17 世纪的法国数学家费马在阅读《算术》时，在该书关于此方程的命题 8 旁边空白处写下一段批注，这就是著名的费马大定理.

费马大定理：方程
$$x^n+y^n=z^n, \quad n\geqslant 3 \tag{6.20}$$
没有正整数解 (x,y,z).

1994 年，英国数学家怀尔斯（Wiles，1953— ）证明了这一定理（详见第十章第二节）.

当 $n=2$ 时，方程有无穷多组正整数解，但 $n\geqslant 3$ 时却不存在任何正整数解，给人以奇异之美.

5. 三角形内角和及其应用

三角形内角和定理：在欧氏几何中，任何三角形的内角之和都是 $180°$.

$180°$，用弧度来描述就是 π，它也是半径为 1 的圆面积或半圆周长. π 来自曲边的圆形，是圆形的灵魂，却又揭示直边的三角形的内在本质，具有奇异之美，也具有和谐之美.

三角形的对应边长相同必形同，角度相同只形似. 在两个直角三角形中，若一个相应内（锐）角相等，则三个角必然对应相等，因而必是相似三角形，从而对应边之比就相等. 于是产生了只依赖于角度大小的三角函数.

三角形内角和公式的一个自然推广是：一般 n 边形的内角和等于 $(n-2)\pi$.

更一般且更本质的结论是：

多边形外角和定理：任何凸 n 边形的外角和都是 $360°(2\pi)$.

这是一个不依赖于边数 n 的不变量，体现了数学的常数美和统一美（见图 6.11，为什么?）.

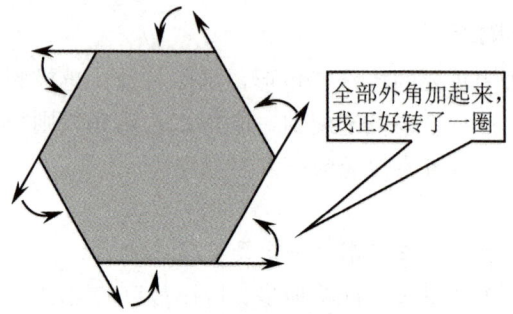

图 6.11　多边形外角和

*　n 平角 $= n\pi = (n-2)\pi$（内角和）$+ 2\pi$（外角和）.

一般 n 边形的内角和等于 $(n-2)\pi$，这是一个具有广泛应用价值的公式，略看几例.

1）密铺问题.

人们在房屋装修时，需要选择适当的地砖以实现美丽的图案. 对拼装最基本的要求就是：地砖之间应该严丝合缝，既无空白，也无重叠，这种铺拼图案的方法叫作**密铺**，其中蕴含着许多数学原理. 如果我们对密铺要求实用、和谐、美观、制造与拼装方便等，那么附加要求就是：地砖应该采用同一种样式，这种方法叫作**一元密铺**. 如果进一步要求每一块地砖都采用同一种正多边形，这种方法叫作**正规一元密铺**.

根据 n 边形的内角和公式可以证明：能用作正规一元密铺的正多边形（见图 6.12）只有三种：正三角形、正方形和正六边形.

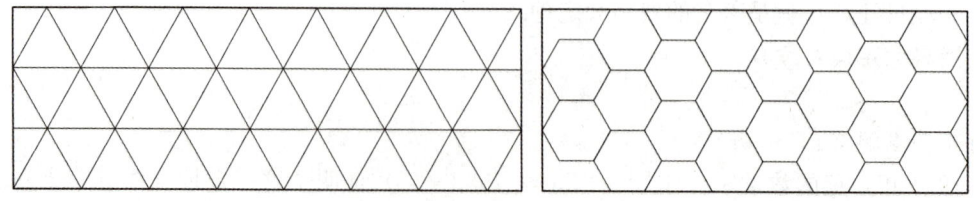

图 6.12　正三角形与正六边形的密铺

事实上，如果我们把目标关注在一个公共顶点处：假设该顶点处围聚了 m 个正 n 边形，

由于正 n 边形的一个内角为 $\dfrac{n-2}{n}\pi$，该顶点处各内角之和应该是一个圆周角 2π，即应该满足 $m\dfrac{n-2}{n}\pi=2\pi$，由此知 $(m-2)(n-2)=4$，故必有 $n-2=1,2,4$，从而 $n=3,4,6$.

如果不限定正多边形，则有许多一元密铺图形．例如，任何三角形都可以密铺整个平面，事实上，可以把两个三角形拼成一个平行四边形，然后将平行四边形上下叠放密铺整个平面．又如，任何凸四边形（包括正方形、矩形）都可以密铺整个平面，只需要注意四边形内角和为 $360°$，所以可以把四个四边形不同的对应角拼在一起成 $360°$，其他的以此类推即可．对于六边形，1963 年，人们证明了只有四种可以密铺的六边形，除正六边形外，另外三种如图 6.13 所示．随后人们证明，对于 $n\geqslant 7$，不存在可以进行一元密铺的 n 边形．

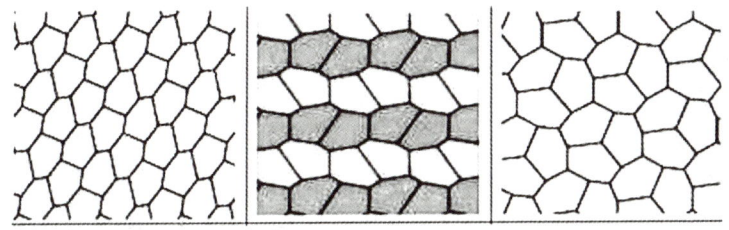

图 6.13　全部不规则六边形密铺

最吸引眼球的就是五边形，正五边形是不行的，但已经找到 15 种可以密铺的不规则五边形（见图 6.14）．图 6.15 是美国华盛顿大学研究团队在 2015 年最新发现的一种，其 5 个角的度数依次为 $60°,135°,105°,90°,150°$，对应的相邻两个角之间的距离之比为 $1:\dfrac{\sqrt{2}}{\sqrt{3}-1}:1:1:2$．这项发现相当于在物理领域中寻获了新粒子，距上次发现类似效果的五边形已时隔 30 年．

图 6.14　已发现的 15 种不规则五边形密铺

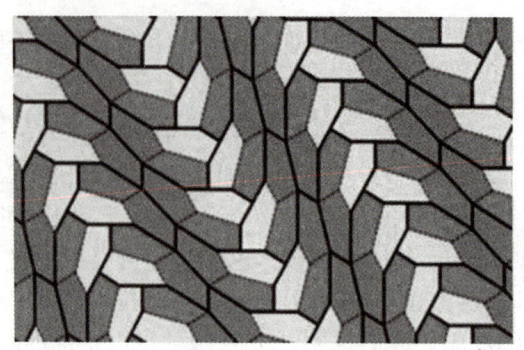

图 6.15 最新发现的不规则五边密铺

当然，如果不限定一元密铺，则可以有无穷多种方式，如图 6.16 所示.

  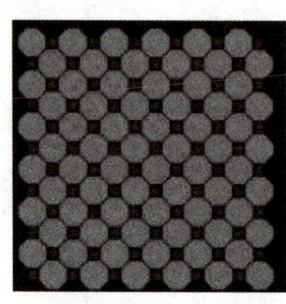

(a) 正六边形、正三角形、正方形的密铺　　(b) 大小正方形的密铺　　(c) 正八边形和正方形的密铺

图 6.16

2) 正多面体的种类.

多面体是平面多边形在空间中的自然推广，利用 n 边形的内角和公式可以证明，正多面体只有五种：正四面体、正六面体、正八面体、正十二面体和正二十面体. 事实上，把目光集中到一个顶点处：如果正多面体中一个顶点处围聚了 m 个正 n 边形，由于正 n 边形的一个内角为 $\frac{n-2}{n}\pi$，该顶点处（凸起）的周角为 $m\frac{n-2}{n}\pi < 2\pi$，由此可知 $(m-2)(n-2) < 4$，故 (m, n) 的可能组合只有 $(3, 3)$，$(3, 4)$，$(4, 3)$，$(3, 5)$，$(5, 3)$ 这五种，分别对应正四面体、正六面体、正八面体、正十二面体、正二十面体（见图 6.17）.

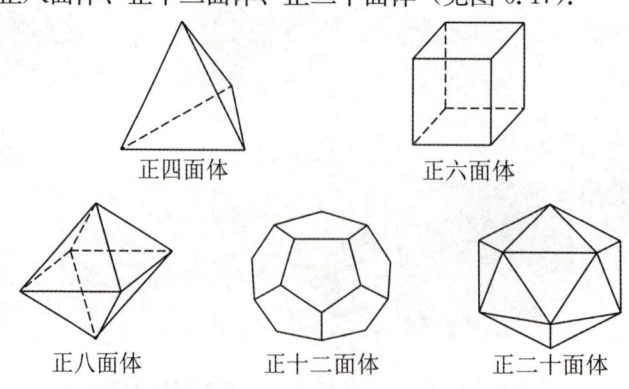

图 6.17 正多面体的种类

这一结果与平面多边形的结果大不相同，既是出乎意料的奇异之美，也是化繁为简的简洁之美．其中正四、正八、正二十面体的各面是正三角形，正六面体的各面是正方形，正十二面体的各面是正五边形．正三角形的一半（含 60°角的直角三角形）和正方形的一半（等腰直角三角形）是两种最基本的三角形，这就是大家使用的两种三角尺的形状（见图 6.18）；而正五边形与美丽的五角星具有同等的美丽，其中多处包含着黄金分割数（见图 6.19）．

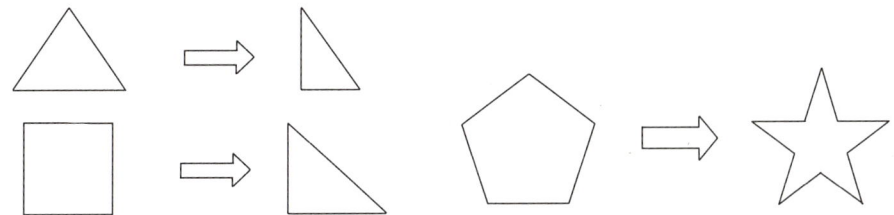

图 6.18　正三角形、正方形与两个基本三角形　　图 6.19　正五边形与五角星

关于正多面体，人类早在古希腊时期就已经有了较全面的认识．古希腊毕达哥拉斯学派认为"万物皆数"，宇宙中的一切现象都能归结为"数"——即有理数．关于这一信条有两方面解释，一个是宗教和哲学的，另一个是自然的．从宗教和哲学观点解释，当时他们认为神创造了整数"1"，然后由"1"生"2"，由"2"生"3"，从而生出所有的自然数，进而生出所有的（分）数——有理数；再由数生点，由点生线，由线生面，由面生体，由此生出"水、气、火、土"四种元素，最后生出世间万物——物质和精神的世界．柏拉图认为各种元素均以正多面体为代表：火的炙热令人感到尖锐和刺痛，好像小小的正四面体；空气的柔顺用正八面体代表，可以粗略感受到，它极细小的结合体十分顺滑；当水放到人的手上时，它会自然流出，水的自然形态接近球形，好像正二十面体；一个非常不像球体的正六面体——立方体，表示地球（天圆地方），代表土．因此，正四、正六、正八、正二十面体分别代表火、土、气、水四种基本元素．剩下正十二面体，柏拉图以不太清晰的语言写道："神使用正十二面体以整理整个天堂的星座．"他认为，正十二面体的各面是正五边形，这包含着黄金分割，宇宙之美，代表了和谐的宇宙整体．柏拉图的学生亚里士多德（Aristotle，公元前 384—前 322）添加了第五个元素——以太（拉丁文：aithêr；英文：aether），并认为天堂由此组成，但他没有将以太和正十二面体联系起来．关于"万物皆数"信条的自然解释，是立足于实用性的所谓万物可公度性，我们将在第八章第三节较详细地解读．

正多面体还有其实际应用的优越性：因为正多面体形状的骰子会较公平，所以正多面体骰子经常出现在角色分配游戏中；正四面体、正六面体和正八面体，亦常常出现在结晶体结构中；正多面体经过削角操作可以得到其他对称性类似的结构，例如，著名的球状分子碳六十空间结构就是正十二面体经过削角操作得到的；正多面体和由正多面体衍生的削角正多面体大多有很好的空间堆积性质，也就是说，它们可以在空间中紧密堆积．因此，人们常常选择正多面体形或者削角正多面体形的盒子作为分子模拟计算的周期边界条件．

观点：特殊性与一般性——事物多种多样、千差万别．特殊的事物往往比较具体、比较明确，研究起来也就比较容易．通过特殊研究一般，是数学发展的一个重要手段．

二、从圆形到三角函数

古希腊毕达哥拉斯学派认为"一切立体图形中最美丽的是球形,一切平面图形中最美丽的是圆形."从动的眼光看,圆形在自然界中随处可见,大至宇宙、小至粒子,都有圆的痕迹:星球及其运动轨迹、中秋皓月、晚霞落日、树干截面、水中涟漪、植物果实、动物身躯.从静的眼光看,圆具有高度的对称性,其形状增之嫌多,减之嫌少,唯此最为完备、匀称、稳定、和谐.

1. 最对称的图形

根据勾股定理,坐标平面上两点 (x_1, y_1), (x_2, y_2) 之间的距离为

$$\sqrt{(x_1-x_2)^2+(y_1-y_2)^2}. \tag{6.21}$$

在笛卡儿坐标思想下,坐标平面上以原点 $(0,0)$ 为圆心、1 为半径的圆(单位圆)的方程为

$$x^2+y^2=1. \tag{6.22}$$

这是一个简洁、匀称、美丽的方程.圆的高度对称性在这里得到了充分的体现.

2. 单位圆与三角函数

单位圆作为一种特殊的圆,有其特殊的重要功能,恰似物质的细胞,孕育着无穷的活力.圆在数学上的重要性还在于单位圆揭示了解析几何、三角函数、平面几何、初等代数、复变函数的深刻联系,体现了数学结构的和谐与一致性.

三角函数源自直角三角形三边长的比值关系,在直角三角形中,只要一个锐角确定,相应的比值也就确定了.三角形与单位圆关系密切,例如,三角形内角和正好等于单位圆的面积 π,而三角形外角和正好等于单位圆的周长 2π. 直角三角形与单位圆关系更加密切,以直径为其一边的内接三角形一定是直角三角形.这样的关系背后应该潜藏着更深刻的道理,例如,把三角函数用单位圆中的有向线段来定义(见图6.20),各种关系就更加直观.圆方程 $x^2+y^2=1$ 直接孕育着三角恒等式

$$\cos^2\alpha+\sin^2\alpha=1. \tag{6.23}$$

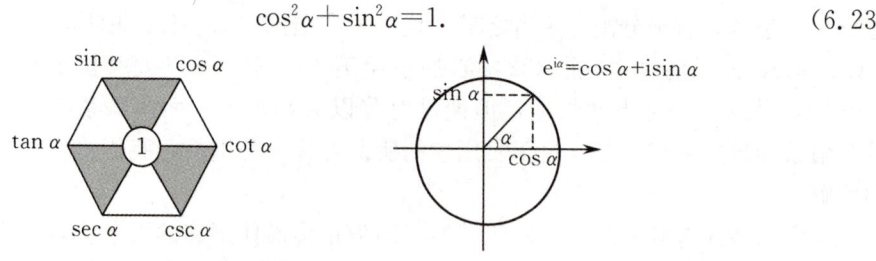

图 6.20 单位圆、复指数与三角函数

众多的三角恒等式都借助于单位圆的匀称、稳定与和谐而显现出其对称、和谐之美.在图6.20中,染色三角形顶部两顶点处的三角函数平方和等于其底部顶点三角函数的平方,任何一个直径上两端点三角函数之积等于中间数值1.

欧拉在1748年建立的欧拉公式(见图6.20)

$$e^{ix}=\cos x+i\sin x \tag{6.24}$$

不仅建立了指数函数与三角函数的本质联系,事实上还涵盖了所有的三角公式.例如,

$$\cos^2 x + \sin^2 x = (\cos x + i\sin x)(\cos x - i\sin x) = e^{ix} e^{-ix} = e^0 = 1;$$

又如，
$$\cos 2x + i\sin 2x = e^{2xi} = (e^{xi})^2 = (\cos x + i\sin x)^2 = \cos^2 x - \sin^2 x + 2i\sin x\cos x,$$

由此得到
$$\cos 2x = \cos^2 x - \sin^2 x, \qquad \sin 2x = 2\sin x\cos x. \tag{6.25}$$

更重要的是，这个公式也在复数域内把所有三角函数都归结为指数函数，从而所有的初等函数都归结为指数函数及其反函数的和、差、积、商及其复合. 例如，

$$\sin z = \frac{e^{iz} - e^{-iz}}{2i}, \qquad \cos z = \frac{e^{iz} + e^{-iz}}{2}, \qquad z^n = e^{n\ln z}. \tag{6.26}$$

这再一次体现了数学的和谐美与统一美.

3. 圆周率之美

圆周率是圆的周长与圆的直径的不变比值，它是在科学技术中最著名、最常用的常数之一，一直扮演着重要角色. 欧拉在1737年引入记号 π 来代表圆周率. 1761年，德国数学家兰伯特（Lambert，1728—1777）证明 π 是无理数，1794年，法国数学家勒让德（Legendre，1752—1833）证明 π^2 也是无理数. 1882年，德国数学家林德曼（Lindemann，1852—1939）证明 π 是超越数.

1) 问 π 之源.

圆，是人类最早认识的几何图形，也是最重要、最美丽的曲线，在自然界中随处可见. 据数学家考证，人类最早是用树杈来画圆的. 他们利用树杈一端固定，另一端旋转一周而画出圆形. 在公元前3—前4世纪，我国战国时代的《墨经》记载了圆的定义："圆，一中同长也." 它与圆的现代定义是一致的.

人类乐于使用圆形，不仅因为它美丽，更因为它具有许多独特的重要性质. 圆形的车轮，由于其轮上各点到轮心（轴）的距离相等，使车子行走轻便、平稳；盘子做成圆形，是因为圆形没有棱角，不易损坏，而且，以同样多的材料，做成圆形时容量最大.

在长期的实践中，人们发现，不论圆有多大，圆的周长与其直径（圆周上两点之间的最大距离）之比总是一样的. 人们把这个不变的比值叫作**圆周率**.

2) 求 π 之因.

圆周率是圆的灵魂：圆周率虽然由圆的周长与直径决定，但是它代表了圆的本质，是圆的灵魂，也成为角度计量的基本单位. 有了圆周率，人们不仅可以通过圆的直径计算其周长和面积，通过球的直径计算球的体积、表面积、截面积，还可以解决椭圆、椭球，以及三角函数的相关问题. 因此，如何具体算出圆周率，自古就受到数学家的关注.

对于 π 的近似值计算，时间上从古到今，地域上遍及世界各地，方法上从观察、测量到利用数学表达式逼近计算，工具上从手算（心算）到计算机，形成了科学史上的马拉松，得到了从古代的3到现在的3后面超过五亿位小数的数字.

在古代，π 的计算一度成为反映一个人的智力水平和一个国家数学发展水平的重要标志. 但是，实际上，从应用的角度来讲，只需要 π 的值精确到小数点后十几位就足够了. 例如，在知道地球精确直径的情况下，要计算精确到1厘米的地球赤道周长，只要 π 的9位小数即可；如果要计算以地球为圆心、从地球到月球的距离为半径的圆周长，利用 π 的

18 位小数，其误差不超过 0.0001 毫米．那么为什么现代人又热衷于把 π 值算得那么精确，为什么 π 的小数值有如此大的魅力呢？主要原因或兴趣在于：

（1）它可以检验超级计算机的硬件和软件的性能；

（2）计算方法和思路可以引发新的概念和思想；

（3）探讨 π 的数字展开模式或规律．

对 π 的探索像登山一样，数学家正在奋力向上攀登．

3）追 π 之路．

关于圆周率的估计，从古到今没有间断过．据公元前 1 世纪左右出版的中国最早的数学著作《周髀算经》记载，古代中国与古埃及很早就有"周三径一"的说法．也就是说，当时人们认为圆周率大约为 3．公元前 1900 年的古巴比伦人也有了同样的认识．这个数字大概是通过长期观察、测量而得到的．

图 6.21 阿基米德

在古希腊，公元前 250 年左右，阿基米德（Archimedes，公元前 287—前 212）（见图 6.21）采用圆内接与外切正多边形"两面夹攻"的方法，得到

$$3.14084507042\cdots = \frac{223}{71} < \pi < \frac{22}{7} = 3.142857142857\cdots. \qquad (6.27)$$

在中国，公元 3 世纪中期，魏晋时期的数学家刘徽（见图 6.22）创造了割圆术．这一方法用圆内接正多边形的边长近似代替圆周长，进而算出圆周率．具体做法是：先作一个半径为 1 的单位圆，然后作圆内接正六边形，由此逐步算出内接正 $2^n \times 6$ 边形的周长（$n = 1, 2, 3, \cdots$）．刘徽认为："割之弥细，所失弥少，割之又割，以至于不可割，则与圆合体而无所失矣！"他一直算到圆内接正九十六边形，算出 $\pi \approx 3.14124$．

公元 5 世纪中期，我国南北朝时期著名数学家祖冲之（429—500）（见图 6.23）使用一种叫作"缀术"的方法，将圆周率计算到 7 位小数，这一结果保持世界纪录长达 1100 年之久．

由通过考虑圆内接与外切正多边形来计算圆周率的"两面夹攻"方法，一直持续到 17 世纪初．1596 年，生于德国的荷兰数学家鲁道夫（Ludolph，1540—1610）（见图 6.24）计算了正 60×2^{33} 边形的周长，将 π 的近似值准确计算到了小数点后 20 位．1610 年，鲁道夫在临死之前又计算了正 2^{62} 边形的周长，把 π 准确计算到了小数点后 35 位．这也是采用古典方法算出的最高精度．

图 6.22 刘徽　　　图 6.23 祖冲之　　　图 6.24 鲁道夫

关于 π 的计算，古典的方法以鲁道夫的 35 位小数为最精确．后来，依靠微积分，得到了圆周率的无穷表达式，产生了新的计算方法与工具，π 的小数位数不断推进．17 世纪算到 72 位，18 世纪算到 137 位，19 世纪达 527 位．1948 年，费格森（Ferguson）等算出 808 位小数的 π 值．

电子计算机问世后，π 的人工计算宣告结束．20 世纪 50 年代，人们借助计算机得到 10 万位小数的 π．70 年代又突破这个记录，算到了 150 万位．1989 年，日本数学家金田康正算出 536870000 位．现在，这个惊人的记录又一次次被刷新．

由于 π 是超越数，圆周率的绝对精确值是不可能得到的，这个过程将永远没有穷尽．

4）算 π 之奇．

祖冲之在圆周率的近似计算中做出了惊世的成就．公元 5 世纪中期，他使用"缀术"将圆周率计算到 7 位小数．他指出
$$3.1415926 < \pi < 3.1415927，$$
并提出用分数近似代替圆周率的**密率**
$$\frac{355}{113} \approx 3.14159292035 \tag{6.28}$$

与**疏率**
$$\frac{22}{7} \approx 3.142857\cdots． \tag{6.29}$$

以密率表示圆周率的分数比，可以说是祖冲之的神来之笔：

(1) 准确：误差小于 0.00000027；

(2) 简单：在所有分母不超过 16603 的分数中，最接近 π 的就是密率，更精确一点的最小也要 $\frac{52163}{16604} \approx 3.141592387\cdots$，它仅比密率精确一点点，但分母却要大百余倍；

(3) 易记：密率的分母、分子六位数刚好是前三个奇数重复后的连续排列：113 355；

(4) 奇妙：将上述数字倒写组成六位数再加 1 为 553311+1=553312，中间断开相除得
$$\frac{553}{312} = 1.772435897， \tag{6.30}$$

这便是 $\sqrt{\pi}$ 的近似值，$\sqrt{\pi} \approx 1.772453851\cdots$．

为了纪念祖冲之，日本数学史家三上义夫（Mikami，1875—1950）建议把密率称为**祖率**．

祖冲之所使用的"缀术"方法，记录在他与他的儿子合著的《缀术》一书中，可惜由于该书深奥难懂，渐遭冷落，在北宋天圣、元丰年间失传，现已无从考证．人们推测，其"缀术"可能就是刘徽的"割圆术"．如果如此，要算出 7 位小数的圆周率，需要计算圆内接正 24576 边形的周长和面积，又要进行开方运算，这在没有阿拉伯数字，更没有运算器的当时，仅靠筹算来进行，何其艰巨，又何其神妙！

祖冲之的卓越贡献使他享誉世界．他的名字在世界许多国家被广为宣传，激励着后人．为了纪念祖冲之在圆周率计算方面的突出贡献，月球背面的一座环形山被命名为"祖冲之山"．

5) 表 π 之道.

由于 π 是超越无理数，人们不可能得到它的精确值. 但由于它反映了圆这个高度对称图形的本质，其中一定蕴含着无穷的奥秘，一定有其内在规律！16 世纪以后，人们开始关注并陆续得到圆周率的一些无穷表达式. 特别是 17 世纪微积分的发明，使人们能够用无穷级数、积分等来表达圆周率，这也为圆周率的近似计算提供了强有力的支持. 以下几个特殊表达式就充分表现了它的美丽与神奇！

1592 年，法国数学家韦达利用半角公式给出了 π 的如下无穷乘积表达：

$$\pi = 2 \times \frac{2}{\sqrt{2}} \times \frac{2}{\sqrt{2+\sqrt{2}}} \times \frac{2}{\sqrt{2+\sqrt{2+\sqrt{2}}}} \times \cdots \times \frac{2}{\sqrt{2+\sqrt{2+\sqrt{2+\cdots+\sqrt{2}}}}} \times \cdots. \tag{6.31}$$

1655 年，英国数学家沃利斯（Wallis，1616—1703）在用极小长方形近似计算 $\frac{1}{4}$ 圆面积时，利用二项式定理给出 π 的如下无穷乘积表达：

$$\pi = 2 \lim_{m \to \infty} \left[\frac{(2m)!!}{(2m-1)!!} \right] \frac{1}{2m+1}. \tag{6.32}$$

1658 年，英国皇家学会首任主席布龙克尔（Brouncker，1620—1684）给出了 $\frac{4}{\pi}$ 的如下连分数表达：

$$\frac{4}{\pi} = 1 + \cfrac{1}{2 + \cfrac{9}{2 + \cfrac{25}{2 + \cfrac{49}{2 + \cfrac{81}{2 + \cdots}}}}}. \tag{6.33}$$

英国数学家牛顿先后给出了 π 的多种无穷级数表达，以下是利用反正弦级数得到的 $\frac{\pi}{6}$ 的表达式：

$$\frac{\pi}{6} = \frac{1}{2} + \frac{1}{2}\left(\frac{1}{3 \times 2^3}\right) + \frac{1 \times 3}{2 \times 4}\left(\frac{1}{5 \times 2^5}\right) + \frac{1 \times 3 \times 5}{2 \times 4 \times 6}\left(\frac{1}{7 \times 2^7}\right) + \cdots. \tag{6.34}$$

1671 年，苏格兰数学家格雷戈里（Gregory，1638—1675）发表了如下级数表达式：

$$\arctan x = x - \frac{x^3}{3} + \frac{x^5}{5} - \frac{x^7}{7} + \frac{x^9}{9} - \frac{x^{11}}{11} + \cdots. \tag{6.35}$$

接着，在 1674 年，德国数学家莱布尼茨根据式（6.35）给出了 $\frac{\pi}{4}$ 的如下表达式：

$$\frac{\pi}{4} = \sum_{n=0}^{\infty} \frac{(-1)^n}{2n+1} = 1 - \frac{1}{3} + \frac{1}{5} - \frac{1}{7} + \frac{1}{9} - \cdots, \tag{6.36}$$

由此又得到

$$\frac{\pi-3}{4} = \frac{1}{2 \times 3 \times 4} - \frac{1}{4 \times 5 \times 6} + \frac{1}{6 \times 7 \times 8} - \cdots. \tag{6.37}$$

利用反正切函数求圆周率的近似值是近代使用的主要方法，得到过许多表达式. 例如，1706 年，英国数学家梅钦（Machin，1686—1751）得到

$$\frac{\pi}{4} = 4\arctan\frac{1}{5} - \arctan\frac{1}{239}. \tag{6.38}$$

利用式（6.38）及式（6.35），梅钦计算出圆周率小数点后 100 位数值.

瑞士数学家欧拉也先后建立了多种表达式，例如：

$$\pi = 2\sqrt{3}\sqrt{\frac{1}{1^2} - \frac{1}{2^2} + \frac{1}{3^2} - \frac{1}{4^2} + \frac{1}{5^2} - \cdots + \frac{(-1)^{n-1}}{n^2} + \cdots}, \tag{6.39}$$

$$\pi = \int_{-\infty}^{+\infty} \frac{1}{1+x^2} dx = \int_{-\infty}^{+\infty} \frac{\sin x}{x} dx = \left(\int_{-\infty}^{+\infty} e^{-x^2} dx\right)^2, \tag{6.40}$$

$$\frac{\pi^2}{6} = 1 + \frac{1}{2^2} + \frac{1}{3^2} + \frac{1}{4^2} + \cdots,$$

$$\frac{\pi^4}{90} = 1 + \frac{1}{2^4} + \frac{1}{3^4} + \frac{1}{4^4} + \cdots,$$

$$\frac{\pi^6}{945} = 1 + \frac{1}{2^6} + \frac{1}{3^6} + \frac{1}{4^6} + \cdots, \tag{6.41}$$

$$\frac{\pi^8}{9450} = 1 + \frac{1}{2^8} + \frac{1}{3^8} + \frac{1}{4^8} + \cdots,$$

......

6) 记 π 之方.

在实际应用中，只需要 π 的十几位小数就足够了．因此，很多国家都对 π 的十几位小数有特殊的记忆方法.

在我国流传着一个有趣的故事：山脚下一所小学的一个私塾先生，每天都要爬上山顶的一座寺庙与和尚对饮．一天，上山前他布置学生背圆周率，要求每个学生必须背出 22 位小数，否则不准回家．老师走后，一个聪明的学生把老师上山喝酒的事编成一段顺口溜："山巅一寺一壶酒，尔乐苦煞吾，把酒吃，酒杀尔，杀不死，乐尔乐."按照汉语谐音，这段话就是：3.14159 26535 897 932 384 626，恰好为 π 的前 22 位小数的近似值．等老师从山上下来后，同学们个个倒背如流.

也有人用英语编出一句话来记忆 π 的七位小数："May I have a large container of coffee?"（我可以要一大杯咖啡吗？）这句话中各个单词所包含的字母数就是 π 的各位数字的数值.

7) 撮 π 之术.

π 还可以通过实验的方法得到．18 世纪法国数学家、博物学家蒲丰（见图 6.25）就曾经用投针的方法算出了圆周率.

1777 年的一天，蒲丰邀请了一些朋友到他家里，他向朋友们展示了一个实验：在一张白纸上画上间距为 2 个单位长度的许多平行线，将 1 个单位长度的小针一枚一枚地从高处随意投到纸上．这些针有的落在白纸上的两条平行线之间，不与直线相交；有的与某一直线相交（见图 6.26）．投完小针之后，朋友们计数得知，所投小针总次数为 2212，其中小针与平行线相交的交点数为 704．最后，蒲丰做了一个简单的除法：$2212 \div 704 \approx 3.142$，计算结果非常接近圆周率．这就是著名的"蒲丰投针问题".

图 6.25 蒲丰

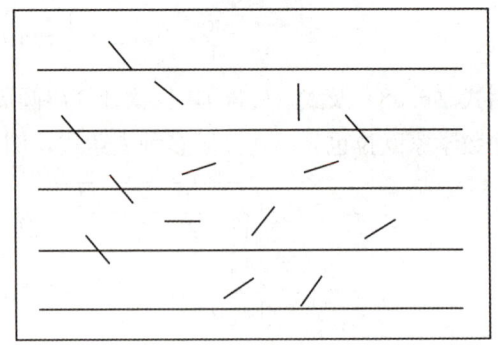
图 6.26 蒲丰投针实验

为什么投针的结果可以算出圆周率呢？其实，这是一个概率问题．有两点需要说明：首先，小针与直线相交的交点数与针的长度成正比，与针是否弯曲以及弯曲的方式无关；其次，对于一个弯曲成圆周的小针，如果其直径等于平行线宽度，则每投一次都要与平行线有两个交点．因此，在平行线间距为 2 个单位长度、小针长度为 2π 时，投针次数 n 与针和平行线的相交的交点数 $k_1(n)$ 之比为 $n:k_1(n) \approx 1:2$．所以，若记小针长度为 1，n 次投针中针和平行线相交的交点数为 $k(n)$，则 $\dfrac{k_1(n)}{k(n)} = 2\pi$，从而从概率的角度讲，

$$\frac{n}{k(n)} = \frac{n}{\dfrac{k_1(n)}{2\pi}} = 2\pi \frac{n}{k_1(n)} = \pi. \tag{6.42}$$

1901 年，意大利数学家拉泽里尼（Lazzerrini）进行了 3408 次投针，由此给出圆周率的近似值 3.1415929．

三、矩形之美与黄金分割

1. 方形之本 $\sqrt{2}$

自古以来，人类一直把圆与方看作天地之理．天圆地方，是人类对天地形态的最原始的假想；圆是自然，方乃人为，在自然界中，圆形随处可见，方形无处可寻；没有规矩，不成方圆，圆与方是人类和谐与规则的标志；方代表直，圆代表曲，直为刚，曲为柔，刚柔相济；圆意味着无限，方暗示着有穷，圆与方是对立的统一．难怪早在古希腊时期，数学家就留下了化圆为方的著名难题．

圆形，不论大小，其周长与直径之比是一个定值——圆周率 π，圆周率 π 蕴含了自然的奥秘；方形，不论大小，其直径（对角线长）与边长之比也是一个定值——$\sqrt{2}$，$\sqrt{2}$ 也反映了自然的和谐．

作为方形的重要特征数，也是人类历史上第一个被认识的无理数，$\sqrt{2}$ 在数学与生活中发挥着重要作用．当我们要复印资料时，如果希望复印对象放大为两倍，例如，把 A4 大小的材料放大到 A3 大小，不能选择放大成 200%，而只能选择放大为 141%$\approx \sqrt{2}$．同样，如果希望复印对象缩小一半，也只能选择缩小为 70.7%$\approx \dfrac{\sqrt{2}}{2} = \dfrac{1}{\sqrt{2}}$，而不是 50%．量一量各种规格的复印纸，不论是 A3，A4，还是 B4，B5，它们的长宽之比大体上是 1.4，即 $\sqrt{2}$

的近似值. 例如对 A4 复印纸有 $\frac{29.7}{21} = 1.41428571429$. 量一量各种书本，不论是 32 开，还是 16 开，它们的长宽之比有一些也大体上是 $\sqrt{2}$ 的近似值（对应所谓正 32 开、正 16 开），例如对（正）16 开的书本有 $\frac{26}{18.4} = 1.41304347826$. 通常印制书本的纸张整张纸的规格为 1092×787（小）或 1168×890（大），也符合这种规则. 这是为什么呢？

原来，印制所谓的 32 开本图书，是将整张纸对开 5 次而得到的尺寸. 要想使得整张纸适合于对开、4 开、8 开、16 开、32 开、64 开等各种开本，也就是各种开本形状大体相同，长 x、宽 y 之比应当满足 $x : y = y : \frac{x}{2}$，即

$$x : y = 2y : x, \tag{6.43}$$

因此 $x = \sqrt{2} y$，即 $x : y = \sqrt{2}$，这种要求是必需的.

上述纸张尺寸的确定确实为图书开本提供了方便，但其形状却未必是美观的. 人们做平面设计（门窗、桌面、茶几等），印制书本，还应该具有视觉上的和谐性. 如果说上述的 $\sqrt{2}$ 反映了科学之理的话，下面的黄金矩形则反映了精神之情.

2. 黄金矩形与黄金分割

研究发现，一个矩形，如果从中截去一个以其宽度为边长的正方形后，余下的矩形与原矩形相似，这样的矩形看起来是最美的，称之为**黄金矩形**（见图 6.27）.

黄金矩形的美，源自其宽与长的恰当比例. 假设黄金矩形长度为 1，宽度为 x，截去一个以其宽 x 为边长的正方形后，余下的矩形长度为 x，宽度为 $1-x$. 两者相似意味着

$$\frac{x}{1} = \frac{1-x}{x} \quad \text{或} \quad x^2 + x - 1 = 0,$$

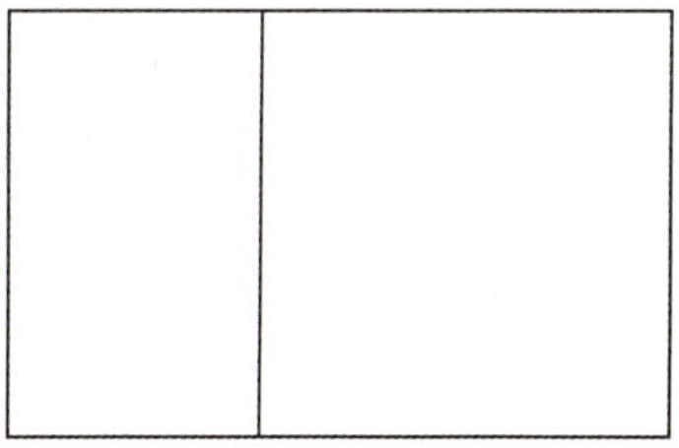

解得

图 6.27 黄金矩形

$$x = \frac{\sqrt{5} - 1}{2} \approx 0.618. \tag{6.44}$$

人们把黄金矩形的宽、长之比 $\tilde{\omega} = \frac{\sqrt{5}-1}{2} \approx 0.618$ 叫作**黄金分割数**，简称**黄金分割**或**黄金数**.

古希腊毕达哥拉斯学派称赞黄金分割是最美、最巧妙的比例；16 世纪意大利数学家帕西奥利称之为"神赐的比例"；17 世纪德国天文学家开普勒称赞它是"造物主赐予自然界传宗接代的美妙之意". 黄金分割与勾股定理一起被誉为几何学的两大宝藏.

人类视觉或其他感觉中许多美丽与舒心的事物、现象都与黄金分割数有关，如各种书本、扑克牌、窗户、照片、房间、桌面、雄伟的建筑、盛开的花朵、健美的形体、舒适的气温、舞台幕幕、讲台演讲、动植物繁殖等. 许多国家的国旗都使用五角星，因为五角星能给人以美感，其各部位比值中多处出现黄金分割数. 它的边互相分割为黄金比，不论横看、竖看，它都是匀称的.

制作五角星的口诀"九五顶五九，五八两边分；一六中间坐，五八两边分"，也都反映

了五角星中的黄金分割美.

3. 黄金数与斐波那契数列

1) 兔子繁殖问题与斐波那契数列.

中世纪的意大利数学家斐波那契（Fibonacci，1175—1250）（见图 6.28）在其《算盘书》（1202 年完成，1228 年修订）中记载着一个有趣的"兔子繁殖问题"：兔子在出生两个月后就具有生殖能力. 如果一对兔子每个月都生一对兔子，生出来的兔子在出生两个月之后也每个月生一对兔子. 那么，从一对小兔开始，满一年时可以发展到多少对兔子？

图 6.28 斐波那契

按照这种规律，不难算出，每个月的兔子对数构成一个数列

$$1, 1, 2, 3, 5, 8, 13, 21, 34, 55, 89, 144, \cdots. \quad (6.45)$$

这一数列称为**斐波那契数列**，是由法国数学家卢卡斯（Lucas，1842—1891）为纪念斐波那契而建议命名的. 容易看出，斐波那契数列 $\{a_n\}$ 满足

$$\begin{aligned} a_{n+2} &= (a_{n+1} - a_n) \text{（上个月新生的兔子，本月暂不能生育）} \\ &\quad + 2a_n \text{（上上个月已有的兔子，它们在本月又生产出同样数量的兔子）} \\ &= a_{n+1} + a_n, \end{aligned} \quad (6.46)$$

即该数列从第三项开始，每一项都是其前面两项之和. 为方便起见，我们把这个数列的下标从 0 开始记录. 也就是说，数列记为 $a_0, a_1, a_2, \cdots, a_n, \cdots$，其中 $a_0 = a_1 = 1$.

2) 斐波那契数列的通项公式.

利用行列式按第一列展开计算，可以得到斐波那契数列的**行列式通项表达式**：

$$a_n = \begin{vmatrix} 1 & 1 & 0 & 0 & \cdots & 0 & 0 \\ -1 & 1 & 1 & 0 & \cdots & 0 & 0 \\ 0 & -1 & 1 & 1 & \cdots & 0 & 0 \\ 0 & 0 & -1 & 1 & \cdots & 0 & 0 \\ \vdots & \vdots & \vdots & \vdots & \ddots & \vdots & \vdots \\ 0 & 0 & 0 & 0 & \cdots & -1 & 1 \end{vmatrix}, \quad n > 0. \quad (6.47)$$

事实上，由此容易知道 $a_n + a_{n+1} = a_{n+2}$，这正是斐波那契数列的递推公式.

在研究数列性质时，生成函数是一个有力工具. 对于给定的数列 $\{a_n\}$，它的生成函数是指下述幂级数：

$$f(x) = \sum_{n=0}^{+\infty} a_n x^n. \quad (6.48)$$

记斐波那契数列 $\{a_n\}$ 的生成函数为 $f(x) = \sum_{n=0}^{+\infty} a_n x^n$，则

$$\begin{aligned} f(x) &= 1 + x + \sum_{n=2}^{+\infty} a_n x^n = 1 + x + \sum_{n=2}^{+\infty} (a_{n-1} + a_{n-2}) x^n \\ &= 1 + x + \sum_{n=2}^{+\infty} a_{n-1} x^n + \sum_{n=2}^{+\infty} a_{n-2} x^n \\ &= 1 + x + x \sum_{n=2}^{+\infty} a_{n-1} x^{n-1} + x^2 \sum_{n=2}^{+\infty} a_{n-2} x^{n-2} \end{aligned}$$

$$= 1 + xf(x) + x^2 f(x). \tag{6.49}$$

由此得

$$f(x) = \frac{1}{1-x-x^2} = \frac{1}{1+\alpha x} \cdot \frac{1}{1+\beta x} = \frac{1}{\alpha-\beta}\left(\frac{\alpha}{1+\alpha x} - \frac{\beta}{1+\beta x}\right), \tag{6.50}$$

其中

$$\alpha = \frac{\sqrt{5}-1}{2}, \quad \beta = \frac{-\sqrt{5}-1}{2} \tag{6.51}$$

是方程 $x^2 + x - 1 = 0$ 的两个根.

通过求 $\dfrac{\alpha}{1+\alpha x}$ 和 $\dfrac{\beta}{1+\beta x}$ 的幂级数展开式, 有

$$f(x) = \sum_{n=0}^{+\infty} a_n x^n = \sum_{n=0}^{+\infty} \frac{(-\beta)^{n+1} - (-\alpha)^{n+1}}{\alpha - \beta} x^n, \tag{6.52}$$

由此得到斐波那契数列的**通项公式**

$$a_n = \frac{(-\beta)^{n+1} - (-\alpha)^{n+1}}{\alpha - \beta} = \frac{1}{\sqrt{5}}\left[\left(\frac{\sqrt{5}+1}{2}\right)^{n+1} - \left(\frac{1-\sqrt{5}}{2}\right)^{n+1}\right]. \tag{6.53}$$

式 (6.53) 是由法国数学家比内 (Binet, 1786—1856) 最先证明的, 其奇妙之处在于式子的左端是整数, 而右端完全由无理数表示. 这一通项公式对于研究斐波那契数列的性质具有重要意义.

3) 斐波那契数列的和、差、积、商.

定理 6.1 斐波那契数列 $\{a_n\}$ 的各项具有如下运算性质:

(1) $a_n + a_{n+1} = a_{n+2}$; $\tag{6.54}$

(2) $a_{n+1} - a_n = a_{n-1}$; $\tag{6.55}$

(3) $a_n a_{n+1} = a_0^2 + a_1^2 + a_2^2 + \cdots + a_n^2$, $\tag{6.56}$

$\quad a_{n+1} a_{n-1} = a_n^2 + (-1)^{n+1}$; $\tag{6.57}$

(4) $\dfrac{a_{n-1}}{a_n} - \dfrac{a_n}{a_{n+1}} = \dfrac{(-1)^{n+1}}{a_n a_{n+1}}$, $\tag{6.58}$

$\quad \dfrac{a_{n+1}}{a_n} - \dfrac{a_{n-1}}{a_n} = 1$. $\tag{6.59}$

证明 式 (6.54)、式 (6.55) 就是斐波那契数列的递推式. 将式 (6.55) 两端同时乘以 a_n, 可得

$$a_n a_{n+1} = a_n^2 + a_n a_{n-1}. \tag{6.60}$$

反复利用式 (6.60), 便可得到式 (6.56). 由于

$$\begin{aligned} a_{n+1} a_{n-1} - a_n^2 &= (a_n + a_{n-1}) a_{n-1} - a_n^2 = a_{n-1}^2 - a_n^2 + a_n a_{n-1} \\ &= (-1)(a_n a_{n-2} - a_{n-1}^2), \end{aligned} \tag{6.61}$$

反复利用式 (6.61), 得到

$$a_{n+1} a_{n-1} - a_n^2 = (-1)^n (a_3 a_1 - a_2^2) = (-1)^{n+1},$$

这就是式 (6.57). 将式 (6.57) 两端同时除以 $a_{n+1} a_n$ 便得式 (6.58), 将式 (6.60) 两端同时除以 a_n^2 便得式 (6.59).

式 (6.56) 也可以通过图 6.29 直观地得到证明, 例如,

$$13 \times 21 = 1^2 + 1^2 + 2^2 + 3^2 + 5^2 + 8^2 + 13^2.$$

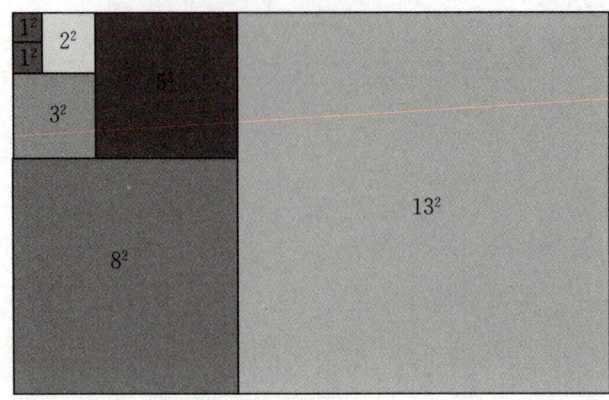

图 6.29 斐波那契数列的前 $n+1$ 项平方和

思考 考察一下 $a_{n+2}a_{n-2}$，看它与 a_n^2 有何关系？你还能发现更多吗？

4) 斐波那契数列的部分和与跨项递推.

定理 6.2 斐波那契数列 $\{a_n\}$ 的部分和与跨项递推：

(1) $a_0 + a_1 + \cdots + a_n = a_{n+2} - 1$; (6.62)

(2) $a_{m+1} + a_{m+2} + \cdots + a_{m+n} = a_{m+n+2} - a_{m+2}$; (6.63)

(3) $a_{n+m} = a_n a_m + a_{n-1} a_{m-1}$. (6.64)

证明 由于
$$f(x)(1-x-x^2) = 1 = f(x)(2-x-x^2) - f(x),$$
即
$$f(x) = f(x)(2+x)(1-x) - 1,$$
从而
$$\frac{f(x)}{1-x} = f(x)(2+x) - \frac{1}{1-x}. \tag{6.65}$$

利用 $f(x) = \sum_{n=0}^{+\infty} a_n x^n$ 和 $\frac{1}{1-x} = \sum_{n=0}^{+\infty} x^n$ 相乘，再比较式（6.65）两端关于 x^n 的系数，即证得式（6.62）. 由式（6.62）将 a_{m+n+2} 与 a_{m+2} 表示出来，再相减，即得式（6.63）. 又由于

$$\sum_{n=0}^{+\infty} a_{n+m} x^{n+m} = f(x) - (1 + x + a_2 x^2 + \cdots + a_{m-1} x^{m-1})$$
$$= f(x)[1 - (1-x-x^2)(1+x+a_2 x^2 + \cdots + a_{m-1} x^{m-1})]$$
$$= f(x)(a_m x^m + a_{m-1} x^{m+1}), \tag{6.66}$$

对比式（6.66）两端关于 x^{m+n} 的系数，即得式（6.64）.

比较等式 $2^0 + 2^1 + 2^2 + \cdots + 2^n = 2^{n+1} - 1$，会发现式（6.64）的有趣之处.

利用式（6.62）和式（6.63）可以简单地计算斐波那契数列的片段之和，例如，
$$3+5+8+13+21+34+55+89+144 = 377 - 5 = 372.$$

5) 斐波那契数列与黄金分割.

定理 6.3 斐波那契数列 $\{a_n\}$ 的前项与后项之比收敛于黄金分割数，即

$$\lim_{n\to\infty}\frac{a_n}{a_{n+1}}=\frac{\sqrt{5}-1}{2}\approx 0.618. \tag{6.67}$$

事实上，根据式 (6.58)，数列 $x_n=\dfrac{a_n}{a_{n+1}}$ 是柯西列，而它又显然是有界列（<1），故收敛．记 $\tilde{\omega}=\lim\limits_{n\to\infty}x_n$，则由 $a_{n+2}=a_n+a_{n+1}$ 可得 $\tilde{\omega}=\dfrac{1}{1+\tilde{\omega}}$．由于显然应有 $|\tilde{\omega}|<1$，知 $\tilde{\omega}=\dfrac{\sqrt{5}-1}{2}$，这就是黄金分割数．

6) 斐波那契数列的其他性质．

斐波那契数列还有许多其他重要特性．例如，在数列

$$1,1,2,3,5,8,13,21,34,55,89,144,\cdots$$

中，第 3、第 6、第 9、第 12 项的数字，能够被 2 整除（每隔 3 项构成的间隔数列都能被第 3 项整除），第 4、第 8、第 12 项的数字，能够被 3 整除（每隔 4 项构成的间隔数列都能被第 4 项整除），第 5、第 10、第 15、第 20 项的数字，能够被 5 整除（每隔 5 项构成的间隔数列都能被第 5 项整除）．其余类推．

观点：斐波那契数列本身是无限的，但是，它的各项被某数除的余数必然是周期的，是有限项的循环．实际上，任何以递归形式产生的数列（后一项与前面一项或几项有关），它的各项被某数除的余数都必然是周期的．

4. 黄金数之数字奥秘

1）黄金数与无穷迭代．

注意到黄金数是方程 $x^2+x-1=0$ 的一个根，可以得到它的如下两种表达式．

首先，黄金数可以表示为 $x=\sqrt{1-x}$，反复利用此式可得

$$\begin{aligned}x&=\sqrt{1-x}=\sqrt{1-\sqrt{1-x}}=\sqrt{1-\sqrt{1-\sqrt{1-x}}}\\&=\sqrt{1-\sqrt{1-\sqrt{1-\sqrt{1-\cdots}}}}.\end{aligned} \tag{6.68}$$

其次，黄金数还可以表示为 $x=\dfrac{1}{1+x}$，反复利用此式可得

$$x=\frac{1}{1+x}=\cfrac{1}{1+\cfrac{1}{1+x}}=\cfrac{1}{1+\cfrac{1}{1+\cfrac{1}{1+x}}}=\cfrac{1}{1+\cfrac{1}{1+\cfrac{1}{1+\cfrac{1}{1+\cdots}}}}. \tag{6.69}$$

2）无理数三胞胎．

黄金数 $\tilde{\omega}$ 的奇妙之处还在于它与它的两个"哥哥" $\tilde{\omega}+1$ 和 $\tilde{\omega}+2$ 构成非常和谐的关系，被人们称为奇妙的无理数三胞胎．

$$\begin{cases}\tilde{\omega}=\dfrac{\sqrt{5}-1}{2},\\ \tilde{\omega}+1=\dfrac{\sqrt{5}+1}{2}=\dfrac{1}{\tilde{\omega}},\\ \tilde{\omega}+2=\left(\dfrac{\sqrt{5}+1}{2}\right)^2=\dfrac{1}{\tilde{\omega}^2}.\end{cases} \tag{6.70}$$

5. 斐波那契数列与黄金数之自然美

黄金比例是人类发现的几何产物，在自然界中处处可以发现它的影子.

植物学家发现，向日葵的外形就包含这种黄金分割或斐波那契数列的原理（见图 6.30）. 向日葵的花盘上有一左一右的螺旋线，每一套螺旋线都符合黄金分割的比例：如果有 21 条左旋，则有 13 条右旋，总数是 34 条——这是斐波那契数列中相邻的 3 个数，13 与 21 的比值约为黄金分割的比值 0.618. 此外，向日葵的花盘外缘有两种不同形状的小花，即管状花和舌状花，它们的数目分别是 55 和 89，比值也约为 0.618. 研究发现，在这种斐波那契数列的分布下，向日葵能让每一片叶子、枝条和花瓣互不重叠，从而最大限度地吸收阳光和营养，进行光合作用. 不仅向日葵如此，许多植物和花木都如此，其实这种最美的表现形式也是最优化的功能. 例如，植物叶片上、下两层叶子之间相差 $137.5°$，这个度数有什么奥妙呢？原来圆周角为 $360°$，而 $360° - 137.5° = 222.5°$，$137.5 : 222.5 \approx 222.5 : 360 \approx 0.618$. 研究发现，这样便于光合作用. 植物花瓣的数量也体现为斐波那契数列，花瓣数目大多为 3，5，8，13，21 等，如百合花、蝴蝶花、延龄草为 3 瓣，洋紫荆、黄蝉、蝴蝶兰、金凤花、飞燕草、野玫瑰等为 5 瓣，血根草、翠雀花为 8 瓣，金盏草、雏菊、万寿菊为 13 瓣，紫菀为 21 瓣，它们都符合斐波那契数列规律.

动物学家也发现，不仅兔子繁殖遵从斐波那契数列规律，蜜蜂等其他某些动物也具有这一特点（见图 6.31）. 另外，蝴蝶身长与双翅展开后的长度之比也接近 0.618；如果分别以牛、马、虎的前肢为界作一垂直线，将它们的躯体分为两部分，其水平长度之比也符合黄金比率.

图 6.30　植物：向日葵的果实分布

图 6.31　动物：螺的结构

人体中也充满黄金分割数. 人体有几个重要器官处于相应部位的黄金分割点上：相貌端正匀称的人脸，鼻孔处是一个黄金分割点；眼睛是心灵的窗户，它的水平位置位于脸部的两个黄金分割点（0.382 与 0.618）上，其垂直位置也是黄金分割点；心脏是生命的发动机，心脏中心处在胸膛的黄金分割点上；咽喉是头顶到肚脐的黄金分割点；而肚脐又是全身的黄金分割点. 另外，下半身中以膝盖为界，上臂以肘关节为界的比值都接近黄金分割数. 人的生理及精神方面也有黄金分割比. 医学专家观察到：人在精神愉快时的脑电波频率下限是 8 Hz，而上限是 12.9 Hz，下、上限的比率接近于 0.618；人们正常血压的舒张压与收缩压的比例关系（70 : 110）也接近黄金分割数. 这些都说明黄金比率在人的身体健康、健美、精神愉悦等方面扮演重要角色.

黄金分割数也出现在天体中，如月球密度为 3.4 g/cm^3，地球密度为 5.5 g/cm^3，而

3.4∶5.5≈0.618.

37℃（人的正常体温）×0.618（黄金分割比）≈23℃．实验证明，人处于这种温度下，机体内的新陈代谢和各种生理功能都处于最佳状态．例如，各种酶的代谢、人的消化功能、人体抗御疾病的免疫功能等都很好．这也是为什么人们总是感到平均温度在 23℃ 左右的春、秋季是最好的季节的原因之一．

为什么具有黄金比能够给人美感？自然与社会在不断变化，但在变化中又要追求平稳才能长期健康发展，这种变化多表现为一种迭代系统．也就是说，按照一种模式不断重复变化，螺旋上升．体现在数学上，就是一个函数的迭代问题，而黄金矩形就是一个在其中截去一个正方形后保持形状不变的矩形，这种做法可以一直下去，永无止境．同样，斐波那契数列的新一项由前两项叠加而成，它是往复不断的数列．

6. 黄金数之应用

人类在生活、生产实践中，为了追求和谐、平衡，赏心、悦目、悦耳，都在自觉、不自觉地应用黄金数．

1）黄金数与艺术设计．

建筑师发现，黄金比例可除去人们视觉上的凌乱，增强建筑形体的统一与和谐．遵循黄金分割去设计殿堂，殿堂就更加雄伟、庄重，去设计别墅，别墅会更加美观、舒适．因此，许多世界著名建筑，如古代建筑埃及金字塔、希腊帕德农神庙、巴黎圣母院、印度泰姬陵，近代建筑法国埃菲尔铁塔，现代建筑加拿大多伦多电视塔等，都与黄金分割有关．

在音乐、美术等以体现美为基本宗旨的艺术作品中，黄金分割数更是发挥得淋漓尽致．音乐家发现，将手指放在琴弦的黄金分割点处，乐声就愈发洪亮，音色就更加和谐，例如，要使二胡获得最佳音色，须将其"千斤"放在琴弦长度的 0.618 处．许多著名音乐作品，高潮的出现位置大多与黄金分割点接近，例如，奥地利古典主义作曲家莫扎特（Mozart，1756—1791）就把"黄金分割"应用到自己的音乐作品，所以他的作品演奏起来悦耳动听、流传至今．美术家发现，按照黄金分割比去设计绘画作品，作品更具感染力．意大利画家达·芬奇在创作中大量运用黄金矩形来构图，《蒙娜丽莎》给人们带来美的艺术享受．芭蕾舞是一种舞姿优美的舞蹈，演员表演时，会踮起脚尖，其肚脐到脚底的长度与全身长比值达到 0.618，显得身材高挑，舞姿轻盈飘逸，给人以美的艺术享受（见图 6.32）．摄影师在拍照时把主要景物置于"黄金分割点"处，可以使画面显得更加协调、悦目．

图 6.32 舞台艺术

2）黄金数与优选法（比优劣）．

煮饭时，水放多了会煮成烂饭，水放少了又会煮成夹生饭，该放多少水才合适呢？需要多做尝试．这次烂了，下次少放点水，若又生了，下次再多放点水．多次反复实验，终会找到"最优水量"．在工程技术、科学实验等方面，同样会遇到类似煮饭问题．在实验过程中，人们总希望用最简单的方式、最少的时间和最低的成本来获取最好的效果．华罗庚提出的"黄金分割法"是一种常用方法．例如，要稀释一种农药，稀释倍数应该在 1000 到

2000 之间,但不知道取哪个稀释倍数的农药杀虫效果最佳.各种数据都试一遍显然不现实,采用黄金分割法只需要实验 10 次就够了.其方法是:在 1000 到 2000 之间的两个对称的 0.618 位置,即 1382 与 1618 处做两次实验,比较效果,去掉效果差的小半段.例如,若 1618 较差,则去掉从 1618 到 2000 的这一段;再在 1000 到 1618 之间取两个对称的 0.618 位置进行实验,比较结果,由于该段上的 0.618 位置正好是原来的 1382 那个点,所以只取该段的 0.382 位置(1236)做试验,与 1382 位置实验数据对比,再去掉效果差的小半段,如图 6.33 所示.如此做 10 次试验,就可以找到杀虫效果好的稀释倍数.

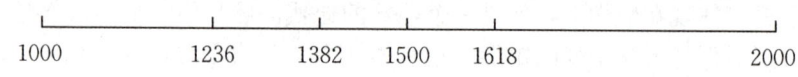

图 6.33 优选法

斐波那契数列作为最重要的数列之一,在许多领域都有应用,它在交通规划、生物遗传、经济分析等方面都有不俗的表现.

四、自然对数的底与五个重要常数

1. 从最大复利谈起

e,"自然对数的底",反映了万物的规律.为了认识 e,看一个实际问题:最大复利问题.

中国人民银行决定,从 2005 年 9 月 21 日起,银行存款采取新的计息方式:活期存款由按年结息调整为按季结息.原来活期存款都是一年结一次利息,即每年 6 月 30 日为结息日,7 月 1 日计付利息.调整后,每季度末月的 20 日为结息日,次日付息.那么这种调整对储户利益有什么影响呢?

假定银行活期存款年利率为 100%,那么 1 元存款到年底可得本息和为 2 元.

如果某人希望年底得到更多利息,他可以在存入半年时将存款取出,年中本息和为 $1+1\times50\%=1.5$(元),然后再将该 1.5 元存入银行,年底本息和就是 $1.5+1.5\times50\%=(1.5)^2=2.25$(元);如果希望年底获得再多一些利息,他可以在每季度取出,再存入,此时年底本息和为 $(1.25)^4\approx2.44$(元).

可以证明,一年分期越多,年底得到的本息和也就越多.那么,会不会随着期数的增多,收益变得非常惊人呢?让我们考察一下:一般地,如果一年分为 n 期计息,则每期利率为 $\frac{1}{n}$,存款 1 元,年底本息和为 $\left(1+\frac{1}{n}\right)^n$ 元. n 从 1 到 100 的部分数据如表 6.1 所示.

表 6.1 复利本息和

n	2	3	4	5	6	7	8	…	99	100
$\left(1+\frac{1}{n}\right)^n$	2.25	2.37	2.4414	2.48832	2.5216	2.5465	2.565785	…	2.704679	2.704814

可见, $\left(1+\frac{1}{n}\right)^n$ 随着 n 的增大而增大,但是不会超过 3,它的极限是一个超越无理数

$$e=\lim_{n\to\infty}\left(1+\frac{1}{n}\right)^n=2.71828\cdots. \tag{6.71}$$

由此看来,在年利率为 100% 的情况下,1 元存款一年的最大可能的收益为 e 元.依据

这种理由,银行家可以科学地确定活期与各种定期的利率差异.

上述 e 的极限式涉及小数的高次方,不易把握. 下面这个无穷级数表达式则来得相当明确,而且收敛速度很快,不失为一个美丽而友善的表达式:

$$e = 1 + \frac{1}{1!} + \frac{1}{2!} + \cdots + \frac{1}{n!} + \cdots. \tag{6.72}$$

2. e 的来历与自然对数的引入

谈 e 的来历,先得从对数谈起. 我们知道对数与指数是一对互逆运算. 但是,最初的对数并非来自指数. 16 世纪末到 17 世纪初,苏格兰数学家纳皮尔发明了对数,英国数学家布里格斯(Briggs,1561—1630)发明了常用对数. 纳皮尔从三角函数积化和差公式中受到启发,研究如何把乘除运算简化为加减运算,至少花费 20 年时间,于 1614 年发表了著作《惊人的对数规则》,向世人公开了对数的计算方法. 那时,指数定律还不完善,纳皮尔并没有注意到对数与指数是一对互逆运算. 在稍后的一段时间,能掌握对数基本原理,并用它来造表的唯一数学家是瑞士的比尔吉(Burgi,1552—1632). 他在 1620 年出版了《算术与几何级数表》,认识到算术级数与几何级数之间存在对应关系. 可以说,那时比尔吉已经认识到对数与指数的互逆性,从此对数与指数才被视为一对互逆运算.

人们认识到 e 的重要性是在有了对数函数和微积分以后. 要计算对数函数 $y = \log_a x$ 的导数,需要考察极限

$$\begin{aligned}\frac{dy}{dx} &= \lim_{\Delta x \to 0} \frac{\log_a(x + \Delta x) - \log_a x}{\Delta x} = \lim_{\Delta x \to 0} \frac{\log_a(1 + \Delta x/x)}{\Delta x} \\ &= \lim_{\Delta x \to 0} \frac{\log_a(1 + \Delta x/x)}{x(\Delta x/x)} = \frac{1}{x} \lim_{\Delta x \to 0} \log_a \left(1 + \frac{\Delta x}{x}\right)^{\frac{x}{\Delta x}},\end{aligned} \tag{6.73}$$

记 $h = \frac{\Delta x}{x}$,上述导数的计算归结为极限

$$\lim_{h \to 0}(1+h)^{\frac{1}{h}} \tag{6.74}$$

的计算,这个极限就是 e. 最早发现此值的是瑞士数学家欧拉,他在 1727 年发现 e 并算出小数点后 23 位数,于是他以自己姓名的字头小写 e 来命名这个无理数. 根据这个 e,容易得到对数函数 $y = \log_a x$ 的导数为

$$\frac{dy}{dx} = \frac{1}{x} \log_a e. \tag{6.75}$$

由于 $\log_e e = 1$,自然对数也就顺理成章地被引入了.

3. e 是无理数和超越数

欧拉证明过任何有理数都能被写成一个有限连分数. 这意味着,由无限连分数表示的一定是无理数. 欧拉发现

$$e = 2 + \cfrac{1}{1 + \cfrac{1}{2 + \cfrac{2}{3 + \cfrac{3}{4 + \cfrac{4}{5 + \cdots}}}}}, \tag{6.76}$$

因此,欧拉成为第一个指出并证明 e 为无理数的人.

法国著名数学家埃尔米特（Hermite，1822—1901）于1873年证明了 e 为超越数. 他的证明采用的是反证法，颇具启发性，基本思路如下：

假设 e 不是超越数，那么它是代数数，即存在不全为零的整数 $a_0, a_1, a_2, \cdots, a_m$，使

$$a_0 + a_1 e + a_2 e^2 + \cdots + a_m e^m = 0, \quad a_0 \neq 0. \tag{6.77}$$

由于对任意 n，任意 n 次多项式 $f(x)$，总有 $f^{(n+1)}(x)=0$，从而由分部积分公式得

$$\int_0^b f(x) e^{-x} dx = \{-e^{-x}[f(x) + f'(x) + \cdots + f^{(n)}(x)]\}\Big|_0^b.$$

记 $F(x) = f(x) + f'(x) + \cdots + f^{(n)}(x)$，则上式表明

$$e^b F(0) = F(b) + e^b \int_0^b f(x) e^{-x} dx, \tag{6.78}$$

在其中依次令 $b=0, 1, 2, \cdots, m$，得

$$e^0 F(0) = F(0),$$

$$e^1 F(0) = F(1) + e^1 \int_0^1 f(x) e^{-x} dx,$$

$$e^2 F(0) = F(2) + e^2 \int_0^2 f(x) e^{-x} dx,$$

$$\cdots\cdots$$

$$e^m F(0) = F(m) + e^m \int_0^m f(x) e^{-x} dx.$$

将以上各式依次乘以 $a_0, a_1, a_2, \cdots, a_m$ 并相加，由式（6.77）得到

$$0 = F(0)(a_0 + a_1 e + a_2 e^2 + \cdots + a_m e^m)$$

$$= a_0 F(0) + a_1 F(1) + a_2 F(2) + \cdots + a_m F(m) + \sum_{i=1}^m a_i e^i \int_0^i f(x) e^{-x} dx. \tag{6.79}$$

该式对任意 n 次多项式 $f(x)$ 均成立，$n=1, 2, \cdots$.

特别地，取 p 为大于 m 和 $|a_0|$ 的素数，$f(x)$ 为 $mp+p-1$ 次多项式

$$f(x) = \frac{1}{(p-1)!} x^{p-1} (x-1)^p (x-2)^p \cdots (x-m)^p, \tag{6.80}$$

对应的 $F(x) = f(x) + f'(x) + \cdots + f^{(mp+p-1)}(x)$ 的各项中，$f(x)$ 及其前 $p-1$ 阶导数在 $x=1, 2, \cdots, m$ 处均为零，而且其 p 阶或更高阶导数的系数均为 p 的整倍数，故 $F(1)$，$F(2), \cdots, F(m)$ 都是 p 的倍数. 另一方面，在 $x=0$ 处，容易知道 $f(0) = f'(0) = \cdots = f^{(p-2)}(0) = 0$，且 $f^{(p-1)}(0) = [(-1)^m m!]^p$ 不能被 p 整除，因此 $F(0) = f^{(p-1)}(0) + f^{(p)}(0) + \cdots + f^{(mp+p-1)}(0)$ 不能被 p 整除. 又因为 p 是大于 m 与 $|a_0|$ 的素数，a_0 不能被 p 整除，从而 $a_0 F(0)$ 不能被 p 整除，故式（6.79）后一行前半部分 $a_0 F(0) + a_1 F(1) + a_2 F(2) + \cdots + a_m F(m)$ 是不能被 p 整除的整数，不为 0，于是

$$|a_0 F(0) + a_1 F(1) + a_2 F(2) + \cdots + a_m F(m)| \geqslant 1. \tag{6.81}$$

再考察该行后半部分 $\sum_{i=1}^m a_i e^i \int_0^i f(x) e^{-x} dx$. 在区间 $[0, m]$ 上，有

$$\left|\int_0^i f(x) e^{-x} dx\right| < \frac{m^{mp+p-1}}{(p-1)!} \int_0^i e^{-x} dx < \frac{m^{mp+p-1}}{(p-1)!},$$

记 $a = |a_0| + |a_1| + |a_2| + \cdots + |a_m|$，则

$$\left|\sum_{i=1}^{m} a_i e^i \int_0^i f(x) e^{-x} dx\right| < a e^m \cdot \frac{m^{mp+p-1}}{(p-1)!} = a e^m m^m \frac{(m^{m+1})^{p-1}}{(p-1)!}.$$

因为 $\lim\limits_{p\to\infty}\frac{(m^{m+1})^{p-1}}{(p-1)!}=0$，所以当 p 充分大时，$\sum\limits_{i=1}^{m} a_i e^i \int_0^i f(x) e^{-x} dx$ 可任意小，如小于 1. 于是，根据式（6.79）和式（6.81）可知式（6.79）后一行不会等于零. 这种矛盾说明 e 是超越数.

事实上，e^π 也是超越数，但 π^e，$e+\pi$，$e\pi$ 等尚不清楚.

4. e 的奥秘

在数学中，e 扮演着极为重要的角色. 例如，指数函数 $y=e^x$ 具有许多美妙的性质：它是超越函数，也是单调递增函数，其增长速度（导数）与其自身函数值相同，即 $(e^x)'=e^x$，其反函数 $y=\ln x$ 也是一个超越函数，但其导数则是有理函数 $\frac{1}{x}$，即 $(\ln x)'=\frac{1}{x}$.

在数论中，素数 2，3，5，7，11，13 等是自然数的基本元素. 两千多年前，古希腊数学家欧几里得就巧妙地证明了素数有无穷多个. 但是素数分布状况如何呢？两个素数之间的间隔可以很小，如素数 2，3，5，但相邻两个素数之间的间隔也可以任意大：对于任何自然数 n，连续 n 个自然数 $(n+1)!+2$，$(n+1)!+3$，$(n+1)!+4$，…，$(n+1)!+(n+1)$ 都是合数. 如此看来，素数分布规律难寻. 但是，德国数学家高斯在 15 岁时就发现素数的分布与 e 密切相关，记 $\pi(n)$ 为不超过 n 的素数的个数，他指出

$$\lim_{n\to\infty}\frac{\pi(n)}{\frac{n}{\ln n}}=1. \tag{6.82}$$

可以证明，将一个数若干等分，如果要求各部分乘积最大，则应使每份尽量接近 e. 例如，将 10 若干等分，并计算其各部分乘积，二等分时为 $5\times 5=25$，三等分时为 $\frac{10}{3}\times\frac{10}{3}\times\frac{10}{3}=\frac{1000}{27}\approx 37.037$，四等分时为 $\frac{10}{4}\times\frac{10}{4}\times\frac{10}{4}\times\frac{10}{4}=\frac{10000}{256}\approx 39.0625$，五等分时为 $2\times 2\times 2\times 2\times 2=32$. 可以看出，四等分时每一份为 2.5，最接近 e，各部分乘积最大. 这是为什么呢？通过微积分可以证明，假设对 n 进行 x 等分，则各部分的乘积函数为 $s(x)=\left(\frac{n}{x}\right)^x$，要使 $s(x)$ 最大，相当于使 $f(x)=\ln s(x)=x\ln\left(\frac{n}{x}\right)$ 最大. 容易算出，$f'(x)=\ln\left(\frac{n}{x}\right)-1$ 具有唯一驻点 $x=\frac{n}{e}$，即 $\frac{n}{x}=e$ 时，取得最大值.

在应用方面，e 不仅描述了银行利息的计算问题，也反映了许多事物的发展规律，例如，人口增长、鱼类养殖与捕捞问题，电子、生物、经济、化学等各方面都包含 e 的奥秘.

5. 五个重要常数的关系

在"数"的王国里，有无穷多个成员. 在它们当中，有些数我们非常熟悉和了解，可以运用自如，如自然数、整数；有些数虽然经常见面，却难识其真面目，如 π，$\sqrt{2}$，e 等；更多的数是从未谋面. 数虽有无穷之多，地位却不相同. 人们现在认识的数中，有五个数地位非凡，意义重大，也趣味无穷. 它们分别是来自算术的 1 和 0、来自几何的 π、来自代

数的 i 和来自分析的 e.

在欧拉公式 $e^{ix}=\cos x+i\sin x$ 中，取 $x=\pi$，则得到一个美丽的恒等式
$$e^{i\pi}+1=0. \tag{6.83}$$

式 (6.83) 利用数学的三个最基本的运算（加法、乘法、指数运算），一个体现公平的等号，把这五个重要常数 $0,1,i,e,\pi$ 有机地联系在一起，充分体现了数学的符号美、抽象美、统一美和常数美.

在这五个常数中，数字 0 来自算术，在数学中起着举足轻重的作用. 单独来看，0 可以表示没有，在记数表示中，0 表示空位，在整数后面添上一个 0，恰为原数的 10 倍. 从算术运算的角度来讲，它是加法的单位元，乘法的消失元. 也就是说，在加、减运算中，加 0 和减 0 都不改变运算结果，在乘法运算中，任何数乘以 0 都得 0. 从几何上来看，它是坐标原点，是正、负数的分界点. 除此之外，0 还有丰富的含义：气温 0℃ 不是没有温度，海拔高度 0 米不是没有高度，它们在这里起着表示一个数量界限的作用. 另外，$0!=1$，$a^0=1$，0 没有辐角，也没有对数.

数字 1 也来自算术，是整数单位. 从算术运算的角度来讲，它是乘法的单位元或哑元. 也就是说，在乘、除运算中，乘以 1 和除以 1 都不改变运算结果. 在四则运算中，由 1 可以生成所有的有理数，它是有理数集的唯一生成元. 为了不同的用处，1 常以各种不同的方式出现，例如：

$$\sin^2 x+\cos^2 x=1,\quad \tan x\cdot\cot x=1,\quad \sin x\cdot\csc x=1;$$
$$\sec^2 x-\tan^2 x=1,\quad \cos x\cdot\sec x=1,\quad \csc^2 x-\cot^2 x=1;$$
$$\frac{a}{a}=a^0=\log_a a=\lg 10=\ln e=\log_a b\cdot\log_b a=1; \tag{6.84}$$
$$\tan\frac{\pi}{4}=\cot\frac{\pi}{4}=\sin\frac{\pi}{2}=\cos 0=1.$$

i 是虚数单位，是复数的两个生成元之一（另一个是 1），它来自代数中对负数的开方运算. 由 i 所建立起来的复数系统在加、减、乘、除、乘方、开方、指数、对数等基本运算下成为一个完备的封闭系统. 在这个系统中可以实现指数函数与三角函数的统一，可以看清幂级数理论的本质，这些都是在实数系统下无法实现的.

五、方圆合一，自然规律——$\sqrt{2}$，π，e 的联手

1. 方中有圆，面积揭示神奇法则

经济学家巴特莱（Pateler）在总结事物主次关系时发现：正方形内切圆面积与正方形除去其内切圆后剩余部分面积之比（见图 6.34）为
$$\pi:(4-\pi)\approx 78:22, \tag{6.85}$$

并据此提出一个近似原理：

八二法则 事物中"琐碎"的多数与"重要"的少数之比适合 80:20，或事物 80% 的"价值"集中于其 20% 的组成部分中.

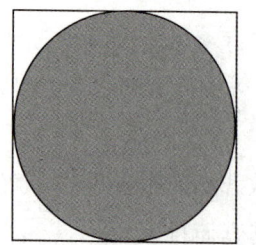

图 6.34 方圆面积揭示神奇法则

自然中有许多这样的构成，例如，空气中的氮、氧之比，人体中的水分与其他物质之比，地球表面水陆面积之比都接近这个值. 现实生活中也

有许多这样的例子,例如:
(1) 世界上 80% 的财富集中在 20% 的人手上;
(2) 逛商店的人中 20% 购买了全部销售商品的 80%;
(3) 字典里 20% 的词汇可以应付 80% 的使用;
(4) 80% 的生产量来自 20% 的生产线;
(5) 80% 的病假来自 20% 的员工;
(6) 80% 的时间所穿的衣服来自衣柜中 20% 的衣物;
(7) 80% 的看电视时间花在 20% 的电视频道上;
(8) 80% 的阅读书籍来自书架上 20% 的书籍;
(9) 80% 的看报时间花在 20% 的版面上;
(10) 80% 的电话来自 20% 的朋友;
……

2. $\sqrt{2}$,π,e 的联手

作为方、圆静态特征的 $\sqrt{2}$,π,反映自然变化动态规律的 e,是三个深刻而又奇妙的常数,三者的结合可以普遍地揭示自然与社会的法则.

在统计学中有一条重要曲线叫作正态曲线(见图 6.35). 标准正态曲线的函数表达式为

$$y=\frac{1}{\sqrt{2\pi}}e^{-x^2/2}=\frac{e^{-(\frac{x}{\sqrt{2}})^2}}{\sqrt{2\pi}}, \quad (6.86)$$

其中包含三个常数 $\sqrt{2}$,π,e. 这一曲线从一个侧面揭示了方圆之理.

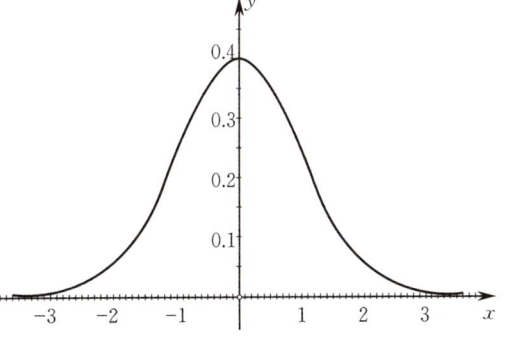

图 6.35 标准正态分布

这条曲线有很大的普适性,它可以用来描述自然与社会中的许多现象. 例如,自然生长的各种动植物的高度、重量、体积的分布,人类的身高、体重、血压……甚至智力、心理素质的分布,凭直觉截取某一长度的绳子时实际截取结果的分布等.

观点:数学的方法与结论之美源自其思想之纯洁和对象之客观. 其简洁之美源自其重本质、重共性;其和谐之美源自万事万物的多姿多彩、对立统一、相互关联;其奇异之美则源自事物的突变及思维的跳跃性. 数学美是数学生命力的重要支柱.

数字读心术

有甲、乙两人,乙随意写出两个正整数,如 18,15,然后将这两个数相加得到第 3 个数 33,再将第 3 个数与刚才的第 2 个数 15 相加得到第 4 个数 48,以此类推,得到 10 个数
　　　　　18,15,33,48,81,129,210,339,549,888.
此过程向甲保密. 甲询问乙得到的第 10 个数是几,马上就知道第 11 个数是几.

谜底 只要将第10个数乘以1.618，四舍五入即可（想一想为什么）．这里甲给出的第11个数是888×1.618＝1436.784≈1437，而1437＝888＋549，恰好是乙得到的第11个数．

由斐波那契数列引出的幻象

图6.36左图为一个8×8的正方形切割成四块A，B，C，D，其中A，B是直角三角形，两直角边长分别为3和8，C，D是直角梯形，下底、高为5，上底为3．图6.36右图是由A，B，C，D重新拼出的矩形，长为13，宽为5．但左图面积为8×8＝64，右图面积为5×13＝65．为什么多出一个平方？

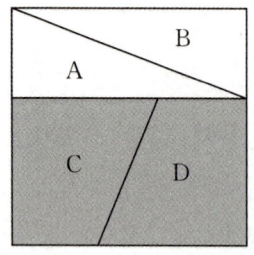 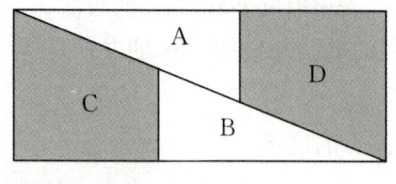

图6.36 斐波那契数列的幻象

第六章思考题

1. 考察斐波那契数列的 $a_{n+2}a_{n-2}$，看它与 a_n^2 有何关系？你还能发现更多吗？
2. 研究斐波那契数列的各项被4除的余数，你发现了什么？有什么进一步的猜想？你能证明你的猜想吗？
3. 请说明复数对于平面的意义．
4. 请说明"欣赏与思考"中数字读心术的道理．
5. 请说明"欣赏与思考"中幻象产生的原因．

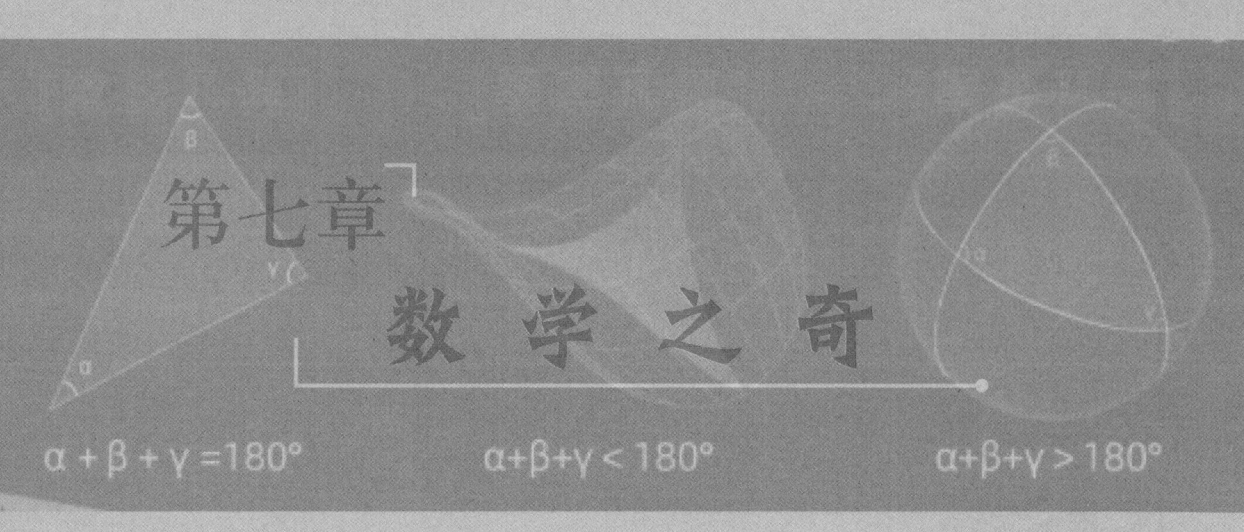

第七章 数学之奇

数学之奇　鬼斧神工

　　奇异，是指数学中的方法、结论或有关发展出乎人的意料，使人既惊奇又赞赏与折服．数学结论的出乎意料，源于人类感知能力的局限：人类只能直接感知有限和局部的事物，无法感知、认识和对比无穷、超微观、超宏观的现象．徐利治（1920—2019）说："奇异是一种美，奇异到极度更是一种美."

　　数学中的奇异性之一来自人类对无穷的认识．当人们判断有限量的事物时，用一一对应比较多少，整体不可能与部分一一对应．但到了无穷却大不相同：松散的自然数集既可以与其真子集偶数集，也可以与密密麻麻的有理数集一一对应；在实数集中，人们认识的超越数不过百来个，但事实上，几乎所有的实数都是超越数；著名的连续统假设在算术公理系统中既不能证明，也无法否定．

　　数学中的奇异性之二来自人类对空间的认识．空间认识的基础是一组"自明"的公理，但自明与否相当深刻，也极其主观．当人们理直气壮地说"三角形内角和等于180°"时，却不知道它其实等价于一个并不那么自明的平行公理．于是，当罗巴切夫斯基告诉大家"三角形内角和小于180°"时，人们感觉惊奇，却也无法反驳．三种相互矛盾的几何各自独立，各为真理，各有自己的用武之地．

　　我国古老的《易经》堪称经典．由《易经》引出的幻方，优美而神秘，潜藏着无尽的奥秘．

第一节 实数系统

没有任何问题可以像无穷那样深深地触动人的情感,很少有别的观念能像无穷那样激励理智产生富有成果的思想,然而也没有任何其他的概念能像无穷那样需要加以阐明.

——希尔伯特

希尔伯特的旅馆

德国著名数学家希尔伯特曾经讲过一个精彩的故事. 故事里,希尔伯特成为一个旅馆的老板,这个旅馆不同于现实生活中的任何旅馆,它有无穷多个房间.

一天,该旅馆所有的客房已满. 这时,来了一位客人,坚持要住下来. 大厅服务员没有办法,只好去找老板. 老板说:"没问题,你去让1号房间的客人挪到2号房间,2号房间的客人挪到3号房间,如此下去,都把前一个房间的客人挪到后一个房间,最后把空出的1号房间安排新来的客人就行了."服务员照办,一个棘手的问题解决了.

不久,该旅馆又来了一批客人,要求住下来. 这一次不是一个、几十个或几千、几万个,而是无穷多个. 服务员遇到了更大的困难,只好再次找到老板. 老板依然轻松说道:"没问题. 你把1号房间的客人挪到2号房间,2号房间的客人挪到4号房间……把 n 号房间的客人挪到 $2n$ 号房间,最后把空出的所有单号房间依次安排新来的客人就行了."

这是一个虚拟的故事,其目的是要告诉人们,对有穷数量的事物与无穷数量的事物,其认识方式是大不相同的.

一般人听到这个故事会有以下疑问:

既然有无穷多个房间,为什么还会客满?——这里假定客人可以有无穷多个.

每个客人都搬到其后面的房间,最后一个客人怎么办?——无穷多个是不存在最后的!

一、数系扩充概述

1. 实数系扩充略史

数究竟产生于何时,由于其年代久远,已经无从考证. 但是根据考古学家发现的种种证据,可以肯定的是:数的概念以及记数的方法早在文字出现之前就已经形成,其历史至少有五千年.

原始人类为了生存，必须天天外出狩猎和采集果品．成果的"有"或"无"、"多"或"少"，会直接影响到他们的生活甚至生命．于是他们对这类有关"数量"的变化逐渐产生了意识，进而又想办法加以表达，这就形成了数的概念．

人类从认识"有"和"无"、"多"和"少"，进而认识到"一""二""三"和"许多"等更加具体的概念与关系，最后形成更多的关于单个数目的概念，直到有理数、无理数、负数、复数等，经历了十分漫长的过程．

自然数是"数"出来的．

分数（有理数）是"分"出来的．早在古希腊时期，人类已经对有理数有了非常清楚的认识，而且他们认为有理数就是所有的数，这就是"万物皆数"的信条：数就是量，量就是数，数只有有理数．

无理数是"推"出来的．公元前6世纪，古希腊的毕达哥拉斯学派利用他们自己建立的毕达哥拉斯定理，发现了"无理数"．"无理数"的承认（公元前4世纪）是数学发展史上的一个里程碑．

负数是"欠"出来的．它是由于借贷关系中量的不同意义而产生的．我国魏晋时期数学家刘徽首先给出了负数的定义并第一次给出了区分正负数的方法，同时刘徽还给出了绝对值的概念和正负数加减法运算法则．

前面提到的正数与负数，有理数与无理数，都是具有"实际意义的量"，称为"实数"，构成实数系．现在已经非常清楚，实数系是一个没有缝隙的连续系统，任何一条线段的长度都是一个实数．

2. 复数系的产生与发展

复数是"算"出来的．1484年，法国数学家许凯（Chuquet，1445—1500）在一本书中将方程 $x^2-3x+4=0$ 的根写为 $x=\dfrac{3}{2}\pm\sqrt{2\dfrac{1}{4}-4}$，这是人类历史上第一次对负数开平方．1545年，意大利数学家卡尔达诺（见图7.1）在《大衍术》中写道："要把10分成两部分，使两者乘积为40，这是不可能的，不过我用下列方式解决了．"接着，他把二次方程 $x^2-10x+40=0$ 的两个根写成 $5+\sqrt{-15}$ 和 $5-\sqrt{-15}$．这两个"数"就符合上面的要求．意大利数学家邦贝利（Bombelli，1526—1572）对负数开平方这样的"数"很感兴趣，并对此进行进一步探索．他在遗著《代数术》中勇

图7.1　卡尔达诺

敢地接受了像 $\sqrt{-1}$ 这样的数的存在．1637年，法国数学家笛卡儿把 $\sqrt{-1}$ 这样的数叫作**虚数**，意思是"虚假的、想象中的（imaginary）数"．1777年，瑞士数学家欧拉在其论文中首次用符号"i"（imaginary 的第一个字母）表示 $\sqrt{-1}$，称为虚数单位．在此之前，1748年欧拉给出了著名的联系复指数函数与三角函数的欧拉公式 $e^{ix}=\cos x+i\sin x$．1799年，德国数学家高斯已经知道复数的几何表示．1831年，他用"数对"来代表复数平面上的点：(a,b) 代表 $a+bi$．1873年，我国数学家华蘅芳（1833—1902）将邦贝利的《代数术》翻译为中文，将虚数引入中国．

复数出现后的两个半世纪内一直遭到怀疑，18世纪后期，随着复数与三角函数关系的

揭示，复数的平面坐标表达的出现，复数的意义逐渐明确，随之被人们接受．

复数系是保持四则运算基本性质（加法、乘法的交换律、结合律，乘法对加法的分配律，四则运算的封闭性，0元、单位元以及负元、逆元的存在性）的最大数系，复数系是最大数域．

3. 超复数的产生

19世纪中期，复数已经得到普遍承认和蓬勃发展．1837年，爱尔兰数学家哈密顿在对复数进行长期研究后，认识到复数本质上是有序实数对．既然实数对（二元数）可以构成一个完备数系，那么有序三元实数组能否构成完备数系呢？1843年，哈密顿发现有序三元实数组不能构成完备数系，其根本问题在于，无论在有序三元实数组中如何定义乘法，都会违反"模法则"——两个数乘积的模等于模的乘积．但幸运的是，哈密顿发现有序四元

图 7.2　凯莱

实数组可以构成一个完备数系，他把这类新数叫作**"四元数"**，这是一个不满足乘法交换律的数系．1847年，英国数学家凯莱（Cayley，1821—1895）（见图7.2）进一步发现了**八元数**，这个数系的乘法既不满足交换律，也不满足结合律．

可以证明，能够赋予代数结构（运算）并保持运算基本性质的"元数"只能是1，2，4，8，16等2^n这样的数，相应扩充的数称为超复数．例如，克利福德代数就是其中的一种．综上所述，数系的发展大体上可以归纳如下：

自然数 **N** ⇒ 整数 **Z** ⇒ 有理数 **Q** ⇒ 实数 **R** ⇒ 复数（二元）**C** ⇒ 四元数（乘法不可交换）⇒ 八元数（乘法不可交换，也不能结合）⇒ 超复数（克利福德代数等）．

4. 数系扩充的科学道理

应当说明的是，以上所述的是数系的自然产生顺序．从数学科学自身来说，数系的发展基本上依赖运算的需要．德国数学家克罗内克（Kronecker，1823—1891）说："上帝创造了自然数，其余的都是人的工作．"自然数有一个最基本的运算：加法．由一个数的连加而产生乘法运算，由一个数的连乘又产生乘方运算．加法、乘法和乘方构成了自然数的最基本的运算，自然数在这三种基本运算下是封闭的，即运算的结果仍是自然数．自然界的许多现象都是有来有回的，例如，穿衣-脱衣，前进-后退，呼气-吸气等，数的运算也不例外，加法、乘法和乘方运算各有自己的逆运算——减法、除法和开方运算．**逆运算在数系的扩充中扮演着极为重要的角色**：逆运算的运算法则来源于正运算，因此一般要比正运算困难，可能出现无法进行下去的现象，从而必须引进新对象，使数系得以扩充．首先，在自然数中进行减法运算，会产生0和负数，从而形成整数系统；其次，在整数中进行除法运算，会产生分数，从而形成有理数系统；再次，在自然数中进行开方运算，会产生无理数，从而形成实数系统；最后，在负数中进行开方运算，会产生虚数，从而形成复数系统．大家所熟悉的数系就是从数学运算中自然产生的．

5. 实数的结构

实数中正、负数，有理数都是容易被认识的，而无理数则是神秘的、复杂的、难以被认识的．实数中，整系数代数多项式的根叫作**代数数**，如1，$\frac{1}{2}$，$3^{1/2}$，其中有理数是整系数一

次多项式的根. 实数中不是代数数的数叫作**超越数**, 如 π, e 等. 实数的结构如图 7.3 所示.

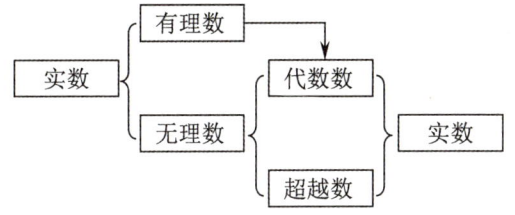

图 7.3 实数结构图

二、有理数域 Q

1. 有理数的结构——有理数是有限小数或无限循环小数

由于有理数是整数的除法运算而产生的, 因此其原始形式是分数. 对分数进行运算处理会发现, 有理数其实就是有限小数或无限循环小数. 在分数与小数之间, 是可以互相转化的.

1) 分数化为小数.

一个分数 $\dfrac{p}{q}$ 的值, 也就是用 q 去除 p 所得的值. 用 q 去除 p, 用竖式除法每一次上商后的余数只可能是 0 或 1, 2, $\cdots$, $p-1$ 等 p 种情况. 如果某次上商以后的余数是 0, 则得到的商是有限小数; 如果余数不为 0, 按照抽屉原则, 商的小数点后 p 位小数的余数中必有两位是重复的, 因此必然在重复余数后造成循环, 也就是说, 得到的商是无限循环小数. 总之, 分数可以转化为有限小数或无限循环小数.

2) 小数化为分数.

有限小数转化为分数是简单的, 一个具有 n 位小数的有理数, 只要将其放大 10^n 倍, 再除以 10^n 即可.

对于无限循环小数, 设
$$a = a_0.a_1a_2\cdots a_m b_1 b_2 \cdots b_n b_1 b_2 \cdots b_n b_1 b_2 \cdots b_n \cdots,$$
其中 a_0 是 a 的整数部分, $a_1 a_2 \cdots a_m$ 是 a 的非循环部分, $b_1 b_2 \cdots b_n \cdots$ 是 a 的循环部分. 于是有
$$(10^{m+n} - 10^m) a = a_0 a_1 a_2 \cdots a_m b_1 b_2 \cdots b_n - a_0 a_1 a_2 \cdots a_m, \tag{7.1}$$
其中 $a_0 a_1 a_2 \cdots a_m$ 等是指按顺序排列的数字, 而不是相乘的关系. 因此
$$a = \frac{a_0 a_1 a_2 \cdots a_m b_1 b_2 \cdots b_n - a_0 a_1 a_2 \cdots a_m}{10^{m+n} - 10^m}, \tag{7.2}$$
这便将小数转化为了分数. 例如, 对于无限循环小数 $a = 32.64875875\cdots$, 有 $m=2$, $n=3$, 从而
$$a = \frac{3264875 - 3264}{10^{2+3} - 10^2} = \frac{3261611}{99900}.$$

2. 有理数的代数属性——有理数集是最小的数域

有理数集在四则运算下是封闭的, 而且加法、乘法满足结合律与交换律, 乘法满足对加法的分配律, 具有这种性质的数集叫作**数域**. 因此, 有理数集是数域. 不仅如此, 有理数集还是最小的数域. 这是因为, 任何一个数集, 只有它包含非零数时才能进行除法运算, 而除法的封闭性保证该非零数除以自身所得的商 1 属于该数集. 有了 1, 加减法的封闭性

保证全体整数属于该数集，除法的封闭性进一步保证全体有理数属于该数集．所以，任何一个数域必然包含有理数集，有理数集是最小的数域．

3. 有理数的几何属性——有理数在数轴上是稠密的

有理数是人们容易认识、使用最多的数．从应用的角度看，人们要测量长度、面积、重量等，不论要求多么高的精度，只使用有理数就已经足够了．

在几何上，全体实数可以通过数轴表达出来，实数与直线上的点一一对应．在数轴上，每一个正数代表的是该点到坐标原点的距离（线段的长度），而负数则代表该点到坐标原点的距离的相反量．不论要求多么高的精度，任何一条线段的长度总可以用一个有理数来近似表达，有理数在数轴上密密麻麻，具有稠密性．

以上说明有理数很"多"，以下则说明有理数很"少"．

4. 有理数是可数的——与自然数一样多

我们知道，任何有限数量的东西都可以比较多少，而且满足整体大于部分．比较两个有限数量的东西孰多孰少的基本思想是直接或间接的**一一对应**：要判断教室中是人多还是椅子多，采用一一对应的思想，只需要每人选定一把椅子坐下，若人与椅子均无剩余，则椅子与人一样多；若人人有座而椅子有剩，则椅子数要比人数多；若每把椅子均有人而有人无座，则人数多于椅子数．有时候也通过数数的方式来比较多少，这是间接采用一一对应的思想：首先数一数椅子的把数 m，其实是建立一个椅子与集合 $M=\{1,2,\cdots,m\}$ 的一一对应关系，再数一数人的个数 n，建立一个人与集合 $N=\{1,2,\cdots,n\}$ 的一一对应关系，最后再对集合 M 和 N 进行对比．一般地，在数学上判断两个有限集合的元素个数是否相同，关键是看能否在两者之间建立一个一一对应关系．

图 7.4 康托尔

对于两个无穷集合，如点集 $[0,1]$ 与 $[0,5]$，负整数集与正整数的平方数集，如何比较它们元素的多少呢？这个问题曾一度困扰着很多数学家．有人认为，既然都有无穷多个元素，那么它们就应该是一样多的；也有人认为，由于 $[0,1]$ 是 $[0,5]$ 的一小部分，自然 $[0,1]$ 中点的个数要比 $[0,5]$ 中点的个数少．两种观点似乎都有道理，但得到完全相反的结论．1874 年，德国数学家康托尔（见图 7.4）开始研究这类问题，他将一一对应的思想应用于无穷集合的元素多少的比较问题，取得了成功．

定义 7.1 如果 A 与 B 的某个子集的元素之间可以建立一一对应关系，则称 A 的元素个数不多于 B 的元素个数；如果 A 的元素个数不多于 B 的元素个数，B 的元素个数也不多于 A 的元素个数，则称 A 与 B 元素个数相同．

定理 7.1 如果集合 A 与 B 的元素之间可以建立一一对应关系，则 A 与 B 元素个数相同．

一一对应的思想是直观的，也是科学的．在这种观点下，自然数集与平方数集的元素个数相同，因为两者之间可以建立一一对应关系 $n \leftrightarrow n^2$，$n=1,2,\cdots$．这样一来，在有限时候的"整体大于部分"的公设在无限时就不再成立．自然数集的一个直观特点是，可以排成一列 $1,2,3,\cdots,n,\cdots$．具有这种特性的集合有很多，我们给它取一个名字——**可**

数集.

定义 7.2 像自然数这样可以排成一列或者可以一个一个数下去的无限集合叫作**可数集**，不是可数集的无限集合叫作**不可数集**.

容易证明，平方数集、整数集、奇数集、偶数集等这些离散的、稀疏的集合都是可数集，集合 $\left\{1, \dfrac{1}{2}, \cdots, \dfrac{1}{n}, \cdots\right\}$ 虽然在 0 附近密密麻麻，但也是可数集. 那么在数轴上稠密的有理数集呢？似乎其无法像自然数那样排成一列，然而结论出人意料.

定理 7.2 有理数集是可数集.

事实上，可以在有理数集与自然数集之间建立一一对应. 首先，按照在希尔伯特的旅馆中的观念，有下面的结论：

(1) 一个可数集再并入一个、两个甚至任意有限多个元素后还是可数集；

(2) 任意两个可数集之并还是可数集.

基于此，注意到正有理数与负有理数是一一对应的，只需要证明正有理数是可数的，即只需要证明正有理数集可以按照一种明确的法则排成一列（从而与自然数集一一对应）即可.

事实上，所有的正有理数都可以表示为既约分数 $\dfrac{p}{q}$ 的形式，其中 $p, q = 1, 2, \cdots$. 按照 $p+q$ 的大小将有理数分组，把满足 $p+q=m$ 的既约分数 $\dfrac{p}{q}$ 构成的组记为 A_m（$m=2, 3, \cdots$），每一组 A_m 中都只有有限个数（不超过 $m-1$ 个）. 例如，$A_3 = \left\{2, \dfrac{1}{2}\right\}$，$A_5 = \left\{4, \dfrac{3}{2}, \dfrac{2}{3}, \dfrac{1}{4}\right\}$，$A_6 = \left\{5, \dfrac{1}{5}\right\}$ 等. 下面给出正有理数集的排列法则：

(1) 首先将各组 A_m 按照 m 从小到大的顺序排列；

(2) 在各组 A_m 内部将各数按照分母 $q=1, 2, \cdots, m-1$ 的顺序排列.

如此得到的正有理数集的分组排列为

$$\{1\}, \left\{2, \dfrac{1}{2}\right\}, \left\{3, \dfrac{1}{3}\right\}, \left\{4, \dfrac{3}{2}, \dfrac{2}{3}, \dfrac{1}{4}\right\}, \left\{5, \dfrac{1}{5}\right\}, \left\{6, \dfrac{5}{2}, \dfrac{4}{3}, \dfrac{3}{4}, \dfrac{2}{5}, \dfrac{1}{6}\right\}, \cdots;$$

取消分组后得到的排列为

$$1, 2, \dfrac{1}{2}, 3, \dfrac{1}{3}, 4, \dfrac{3}{2}, \dfrac{2}{3}, \dfrac{1}{4}, 5, \dfrac{1}{5}, 6, \dfrac{5}{2}, \dfrac{4}{3}, \dfrac{3}{4}, \dfrac{2}{5}, \dfrac{1}{6}, \cdots,$$

这种排列说明，正有理数集是可数集，从而有理数集是可数集.

证明有理数的可数性还有多种方法，下面这种方法比较直观：

(1) 坐标平面上第一象限的整数格点（横坐标、纵坐标都是整数的点）与自然数一一对应（可以排成一列，见图 7.5）；

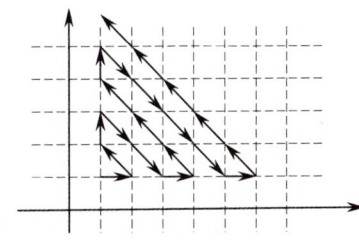

图 7.5 整数格点与自然数的一一对应

(2) 每一个分数可以找到一个格点与之对应，例如，$\dfrac{2}{3}$ 对应格点 (2, 3)，也可以对应格点（4，6），因此分数与格点的某子集可以建立一一对应，从而分数集（正有理数集）与自然数的子集一一对应；

（3）自然数与分数（正有理数）的子集一一对应（自然数是分数的一部分）．

5. 有理数在数轴上所占的长度为 0

下面从几何角度说明有理数是非常少的．

前面已经知道，有理数在数轴上是稠密的．在数轴上除有理数外，还有无穷多个无理数存在．也就是说，有理数之间是有空隙的．问题是这些空隙有多大？如果采取某种手段将全体有理数在数轴上挤压在一起，使其彼此之间没有重叠，也没有缝隙，它们能占用多大的长度？这关系到数学上一个点集的**测度**问题．关于此问题的结论也是令人吃惊的．

定理 7.3 有理数在数轴上所占的长度（测度）为 0.

要说明这个问题，根据前面的讨论，可以把有理数排成一个数列

$$r_1, r_2, r_3, \cdots, r_n, \cdots. \tag{7.3}$$

为了计算有理数在数轴上所占的长度，先给每一个有理数戴一顶帽子：任意取定一个小的正实数 ε，给有理数 r_1 戴一顶宽度为 $\frac{\varepsilon}{2}$ 的帽子，接下来给 r_2 戴一顶宽度为 $\frac{\varepsilon}{2^2}$ 的帽子……一般地，给 r_n 戴一顶宽度为 $\frac{\varepsilon}{2^n}$ 的帽子．这些有理数的帽子在数轴上占据的长度自然比有理数本身占据的长度要大，它们的总长度为

$$\frac{\varepsilon}{2}+\frac{\varepsilon}{2^2}+\cdots+\frac{\varepsilon}{2^n}+\cdots=\varepsilon, \tag{7.4}$$

故有理数在数轴上所占总长度不超过 ε．由 ε 的任意性可知，有理数所占总长度只能是 0.

三、实数域 R

前面主要研究了有理数的性质，它有许多好的性质：从代数上看，有理数在四则运算下是封闭的，构成一个数域；从几何上看，有理数在数轴上是稠密的，要度量任何事物，不论要求多高的精度，只要有理数就够了；从集合上看，有理数很稀少，它是可数的；从测度上看，有理数很"轻巧"，在数轴上所占的长度为 0.

但是，有理数还有许多不完备的地方：从代数上看，有理数在开方运算下不封闭；从几何上看，有理数在数轴上还有许多缝隙；从分析上看，有理数对极限运算不封闭．因此，如果不对有理数进行扩充，关于极限的运算就无法进行，从而也就不会有微积分．

有理数扩充的直接结果是实数集．关于实数，长期以来，人们只是直觉地去认识：有理数是有限小数或无限循环小数，无理数是无限不循环小数，有理数与无理数统称为实数．直到 19 世纪，德国数学家康托尔、戴德金（Dedekind，1831—1916）、魏尔斯特拉斯等通过对无理数本质进行深入研究，奠定了实数构造理论，实数集的根本性质才被人们所掌握．

1. 实数集的代数属性——实数集是数域

与有理数集一样，从代数角度看，实数集是数域．要严格地证明这一点是困难的，它需要考虑实数的有序性、四则运算的具体定义等．但直觉理解似无异议．

2. 实数集的几何属性——实数是连续的，在数轴上没有缝隙

所谓实数的连续性，直观地来说，是指全体实数在数轴上没有缝隙．大学数学专业数

学分析课程中的**闭区间套定理**、**确界定理**、**聚点原理**、**致密性定理**、**有限覆盖定理**、**单调有界收敛定理**、**柯西收敛准则**七个等价命题，表述形式不同，本质含义相同，都在说明：实数在数轴上没有任何缝隙．因此，实数集不仅在四则运算下是封闭的，而且在极限运算下也是封闭的，这种性质又叫作**实数的完备性**，这是微积分得以在实数集上建立的基础．

3. 实数集不可数

定理 7.4 实数集是不可数集.

实数集与有理数集一样都是无限集合，但是与有理数集不同，实数集是不可数的．关于这一点，可以有多种方法加以证明，这里给出两种．只需要证明区间 $[0,1]$ 上的实数是不可数的即可．

证明方法之一——测度法　假设区间 $[0,1]$ 上的实数集是可数的，按照证明有理数的测度为 0 的方法可以证明，区间 $[0,1]$ 的长度为 0，这显然是荒唐的．所以，实数集不可数．

证明方法之二——数列法　假设区间 $[0,1]$ 上的实数集是可数的，可以把它们全部排列如下：

$$\begin{cases} r_1 = 0.a_{11}a_{12}a_{13}a_{14}a_{15}\cdots a_{1n}\cdots, \\ r_2 = 0.a_{21}a_{22}a_{23}a_{24}a_{25}\cdots a_{2n}\cdots, \\ r_3 = 0.a_{31}a_{32}a_{33}a_{34}a_{35}\cdots a_{3n}\cdots, \\ \quad\cdots\cdots \\ r_n = 0.a_{n1}a_{n2}a_{n3}a_{n4}a_{n5}\cdots a_{nn}\cdots, \\ \quad\cdots\cdots \end{cases} \tag{7.5}$$

现在构造区间 $[0,1]$ 上的实数

$$r = 0.a_1 a_2 a_3 \cdots a_n \cdots, \tag{7.6}$$

其中数字 $a_j \neq a_{jj}$，$j=1,2,\cdots,n,\cdots$．对于每个 $j=1,2,\cdots,n,\cdots$，由于 r 的第 j 位小数 a_j 不等于 r_j 的第 j 位小数 a_{jj}，故知 $r \neq r_j$．这说明区间 $[0,1]$ 上的实数 r 并未排在式 (7.5) 之中，这是一个矛盾．因此，实数集是不可数集．

四、认识超穷数

1. 有理数集的基——可数基 $\aleph_0$ 及其性质

前面的讨论表明，从一一对应的观点来看，有理数与自然数是一样多的．在有限集合的情况下，常常会遇到一个集合元素的个数问题．若不限于有限集合，则把一个一般集合的所谓的元素个数叫作这个集合的**基数**．一个有限集合的基数就是其元素个数，对于无限集合，似乎可以统一地说其基数为无穷．但康托尔发现，情况并不能如此简单处理，例如，实数集是不可数集，自然数集是可数集，两者不能建立一一对应，基数（元素个数）不会相同．把自然数集的基数称为**可数基**，记为 $\aleph_0$（$\aleph$ 是希伯来字母，读作阿列夫），当然它本身是无穷大的一种．由于有理数集是可数集，因此得到以下定理.

定理 7.5　有理数集的基数为 $\aleph_0$.

与有限数不同，可数基 $\aleph_0$ 具有如下运算性质：

(1) $\aleph_0 + n = \aleph_0$;

(2) $\aleph_0 + \aleph_0 = \aleph_0$，$n\aleph_0 = \aleph_0$；

(3) $\aleph_0 \aleph_0 = \aleph_0$，$(\aleph_0)^n = \aleph_0$.

以上三式中的前两个是容易证明的. 关于（3）中前一式，只需要证明可数个可数集之并还是可数集即可. 事实上，可以把这些集合的元素排列如下：

$$a_{11}, a_{12}, a_{13}, a_{14}, a_{15}, \cdots$$
$$a_{21}, a_{22}, a_{23}, a_{24}, a_{25}, \cdots$$
$$a_{31}, a_{32}, a_{33}, a_{34}, a_{35}, \cdots \quad (7.7)$$
$$a_{41}, a_{42}, a_{43}, a_{44}, a_{45}, \cdots$$
$$a_{51}, a_{52}, a_{53}, a_{54}, a_{55}, \cdots$$
$$\cdots\cdots$$

于是可以从右上角开始把这些集合的并集元素按照**对角线法则**（以斜线分组）排列为

$$a_{11}, a_{12}, a_{21}, a_{31}, a_{22}, a_{13}, a_{14}, a_{23}, a_{32}, a_{41}, a_{51}, a_{42}, a_{33}, a_{24}, a_{15}, \cdots. \quad (7.8)$$

这说明（3）中前一式是正确的，而（3）中后一式可以通过反复应用前一式获得.

2. 实数集的基——连续统基 $\aleph_1$ 及其性质

不可数集实数集的基数记为 $\aleph_1$，由于实数集是一个连续系统，把这个基叫作**连续统基**. 由于自然数集是实数集的子集，因此有 $\aleph_1 > \aleph_0$.

可以证明，连续统基 $\aleph_1$ 具有如下运算性质：

(1) $\aleph_1 + n + \aleph_0 = \aleph_0 + \aleph_1 = \aleph_1$；

(2) $\aleph_1 + \aleph_1 = \aleph_1$，$n\aleph_1 = \aleph_1$；

(3) $\aleph_0 \aleph_1 = \aleph_1$，$(\aleph_1)^n = \aleph_1$.

3. 代数数的基

我们已经知道，实数集不可数，但有理数集可数. 在数轴上密密麻麻的有理数为什么是可数的呢？从方程的角度可以给出较好的解释：任何有理数都是一个一次整系数多项式 $mx+n$ 的（唯一）根，而这样的多项式仅依赖于两个整数 m, n，按照乘法原理，它们的总数为 $\aleph_0 \aleph_0 = \aleph_0$，是可数的. 一般地，由于代数数是整系数代数多项式（代数方程）$a_n x^n + a_{n-1} x^{n-1} + \cdots + a_1 x + a_0$ 的（复数）根，其中 a_k（$k = 0, 1, 2, \cdots, n$）为整数，$n = 1, 2, \cdots$，可以证明以下定理.

定理 7.6 代数数集是可数集，实代数数集是可数集.

事实上，首先 n 次整系数代数多项式（代数方程）只有 $(\aleph_0)^{n+1} = \aleph_0$ 个（$n=1, 2, \cdots$），由此得所有整系数代数多项式（一次、二次、$\cdots$、n 次、$\cdots$）只有 $\aleph_0 \aleph_0 = \aleph_0$ 个，又因为每个 n 次整系数代数多项式（代数方程）至多有 $\aleph_0$ 个根（只有 n 个根），所以所有代数数只有 $\aleph_0$ 个.

4. 超越数的基

以上讨论说明，在实数范围内，包括有理数、有理根式等无理数在内的代数数只有 $\aleph_0$ 个，即代数数集可数. 由于实数集由代数数和超越数构成，代数数可数，实数集不可数，因此超越数不可数，有 $\aleph_1$ 个.

虽然从理论上看几乎所有的实数都是超越数，但遗憾的是，到目前为止，人类认识的超越数少得可怜. 最早认识的超越数是由法国数学家刘维尔在1851年构造出的**刘维尔数**

$$L = 0.11000100000\cdots = \sum_{n=1}^{\infty} \frac{1}{10^{n!}}, \tag{7.9}$$

其中 1 分布在小数点后第 1，2，6，24，120，720，5040，…位处.

人们最熟悉的超越数有 π，e 等，其中 e 的超越性由法国数学家埃尔米特在 1873 年证明，π 的超越性由德国数学家林德曼在 1882 年证明.

5. 感受超穷数

$\aleph_0$ 和 $\aleph_1$ 都表示的是无限集合的元素个数，它们从本质上都代表无穷，但又有所区别，称这样的数为**超穷数**. 到现在为止，我们只知道 $\aleph_1 > \aleph_0$，并不知道两者的其他关系. 为了说明其内在联系，我们仍然借助有限集合情形.

设 M 是一个集合，由 M 的所有子集构成的集合称为 M 的**幂集**，记为 $P(M)$ 或 2^M. 用记号 $|M|$ 表示集合 M 的基数. 以下是有限集合的例子：

(1) 若 $M=\varnothing$，$|M|=0$，则 $P(M)=\{\varnothing\}$，$|P(M)|=1=2^0$；
(2) 若 $M=\{1\}$，$|M|=1$，则 $P(M)=\{\varnothing, M\}$，$|P(M)|=2=2^1$；
(3) 若 $M=\{1, 2\}$，$|M|=2$，则 $P(M)=\{\varnothing, \{1\}, \{2\}, M\}$，$|P(M)|=4=2^2$；
(4) 若 $M=\{1, 2, 3\}$，$|M|=3$，则 $P(M)=\{\varnothing, \{1\}, \{2\}, \{3\}, \{1, 2\}, \{1, 3\}, \{2, 3\}, M\}$，$|P(M)|=8=2^3$.

一般地，可以证明，对有限集合 M，永远有 $|P(M)|=2^{|M|}$. 这也是把 $P(M)$ 记作 2^M 的原因.

问题：无限集合的结论如何？

无限集合的幂集可以完全与有限集合一样定义，但是无限集合的基数是超穷数，是无穷大，我们无法描述一个数的无穷大次方，这为比较无限集合及其幂集的基数带来了一些困难. 康托尔研究发现，虽然不能明确两者的等式关系，但可以比较其大小. 他得到如下的定理：

康托尔定理 对任意集合 M（不论有限还是无限），总有

$$|P(M)| > |M|, \tag{7.10}$$

即 $P(M)$ 与 M 不能建立一一对应关系.

既然如此，在 M 是无限集合的时候，可以记 $|P(M)|=2^{|M|}$，这样就从记号上把有限集合与无限集合统一起来.

定理 7.7 连续统基 $\aleph_1 = 2^{\aleph_0}$，也就是说，实数集与自然数集的幂集可以建立一一对应.

事实上，由于 $(0, 1)$ 与 $(-\infty, +\infty)$ 一一对应，只需证明 $(0, 1)$ 与自然数的幂集 $P(\mathbf{N})$ 构成一一对应即可. 把 $(0, 1)$ 内的实数按照二进制表示为

$$a = \sum_{k=1}^{\infty} \frac{a_k}{2^k} \quad (a_k = 0, 1; k = 1, 2, \cdots). \tag{7.11}$$

取自然数集的子集 P_a 为

$$P_a = \left\{ k \,\bigg|\, a = \sum_{k=1}^{\infty} \frac{a_k}{2^k}, a_k = 1 \right\}, \tag{7.12}$$

在 $(0, 1)$ 与 $P(\mathbf{N})$ 之间建立一一对应关系 $a \leftrightarrow P_a$，结论得证.

既然实数集可以视为自然数集的幂集，则同样有实数集的幂集问题. 按照康托尔定理，

实数集的幂集是一个比实数集更大的集合，记其基数为 $\aleph_2 = 2^{\aleph_1}$．类似地，有 $\aleph_3 = 2^{\aleph_2}$ 等更大的超穷数．那么自然的问题是，什么事物的数量可以达到这么"多"呢？以下是一些常见的超穷数例子：

（1）偶数、奇数、平方数、自然数、有理数、代数数等都是可数的，有 $\aleph_0$ 个；

（2）无理数、超越数、全体实数、区间中的实数、直线上的点、平面上的点、n 维空间中的点都是与实数一一对应的，有 $\aleph_1$ 个；

（3）平面上所有几何曲线的数目有 $\aleph_2$ 个．

对于 $\aleph_3 = 2^{\aleph_2}$，这是什么东西的"数量"呢？

康托尔说："Je le vois, mais je ne le crois pas!"（我看到了，但我不相信！）

6. 连续统假设

我们知道，$\aleph_0 < \aleph_1$，自然会问，有没有介于 $\aleph_0$ 与 $\aleph_1$ 之间的其他基数？

1878 年，康托尔猜想：没有介于 $\aleph_0$ 与 $\aleph_1$ 之间的其他基数．

1900 年，著名数学家希尔伯特在国际数学家大会上所做的重要演讲中提出了 23 个著名数学问题，其中第一个就是上述康托尔关于连续统基数的猜想，被称为**连续统假设**．

1938 年，侨居美国的年轻的奥地利数理逻辑学家哥德尔证明连续统假设与 ZF 集合论公理系统的无矛盾性．因此，连续统假设决不会引出矛盾！这就是说，不单是没有找出连续统假设的错误，而是不可能找到错误．

1963 年，美国数学家科恩（Cohen，1934—2007）（见图 7.6）证明连续统假设与 ZF 公理彼此独立．因而，连续统假设不能用 ZF 公理加以证明．因此，连续统假设可以作为一个公理放入 ZF 公理系统．当然，其反面也可以作为一个公理放入 ZF 公理系统而形成另外一个公理系统．在这个意义下，问题已获解决．

100 年的历史，可以简单地写成：

康托尔问：有没有介于 $\aleph_0$ 与 $\aleph_1$ 之间的其他基数？

哥德尔答：有也行，没有也行．

实数集，如此奇妙！

图 7.6　科恩

非完全平方数的正整数的平方根一定是无理数吗？

正整数分两大类，一类是完全平方数，它们的平方根还是整数；另一类是非完全平方数，它们的平方根当然不是整数，但是会不会是有理数呢？答案是：非完全平方数的正整数的平方根一定是无理数．这可以通过反证法进行证明：假设非完全平方数 n 的平方根 $\sqrt{n} = \dfrac{q}{p}$（既约分数，$p \neq 1$），则 $q^2 = np^2$．由于 p, q 没有异于 1 的公因数，因此 q^2 整除 n．令 $n = kq^2$，则 $kp^2 = 1$，这与 k 是正整数、$p \neq 1$ 矛盾．所以，$\sqrt{n}$ 是无理数．

据此，你能够提出进一步的问题吗？

第二节　三种几何并存

> 不管数学的任一分支是多么抽象，总有一天会应用在这实际世界上．
>
> ——罗巴切夫斯基

一、泰勒斯——推理几何学的鼻祖

几何学四千年前发源于古埃及，当时主要是因为人对自然界的有意识的改造与创新（发明车轮，建筑房屋、桥梁、粮仓，测量长度，确定距离，估计面积与体积等）而出现的实验几何学．公元前 7 世纪，"希腊七贤"之一的泰勒斯到埃及经商，掌握了埃及几何学，传回希腊．那时，希腊社会安定，经济繁荣，人类对仅仅知道"如何"之类的问题已不满足，他们还要穷究"为何"．于是演绎推理方法应运而生，以泰勒斯为首的爱奥尼亚学派将几何学由实验几何学发展为推理几何学．关于泰勒斯的学术生平虽然没有确切的可靠材料，但一般认为，下述五个命题的发现应归功于泰勒斯：

(1) 圆被任一直径二等分；
(2) 等腰三角形两底角相等；
(3) 两条直线相交，对顶角相等；
(4) 如果两个三角形有一条边和这条边上的两个角对应相等，则这两个三角形全等；
(5) 内接于半圆的角是直角．

泰勒斯的重要贡献不仅在于他发现了上述命题，更重要的是他提供了某种逻辑推理方法．这样，泰勒斯成为第一个在数学中运用证明的人，他的贡献是数学发展史上的一个里程碑．

二、欧几里得几何

1. 欧几里得——公理化思想的先驱

欧几里得是希腊亚历山大时期的著名数学家．在那个时期，由于历代数学家的努力，几何学材料丰富，但内容繁杂、编排无序，如何对其进行科学整理？许多数学家做过尝试，欧几里得是唯一的成功者．他将收集、整理得到的数学成果，以命题的形式做出表述，并给予严格证明．然后他做出了伟大的创造：筛选定义，选择公理，合理编排内容，精心组织方法，就像一位建筑师，利用他人的数学材料，建起了一座宏伟的数学大厦——《几何原本》，这就构成了**欧几里得几何学**．这项工作是在公元前 300 年左右完成的，其重要意义之一就是奠定了数学的公理化思想.

《几何原本》问世后,马上吸引了人们的注意力,其影响力超过其他任何一部科学著作. 从 1482 年最早的印刷本问世,至今已有一千多种版本,其流传之广泛、影响之久远,以至凡是受过初等教育的人,一提到几何,就会想起欧几里得,欧几里得成了几何学的代名词.

《几何原本》共分 15 卷,第 1,第 2,第 3,第 4,第 6 卷为平面几何,第 5 卷为比例图形,第 7,第 8,第 9 卷为算术,第 10 卷为直线上的点,第 11 至第 15 卷为立体几何.

1607 年,我国明朝数学家徐光启(1562—1633)(见图 7.7)和意大利传教士利玛窦(Matteo Ricci,1552—1610)(见图 7.8)将《几何原本》前 6 卷译成中文. 250 年后的 1857 年,清末数学家李善兰(1811—1882)和英国传教士伟烈亚力(Wylie,1815—1887)译出后 9 卷.

图 7.7 徐光启

图 7.8 利玛窦

几何一词源于希腊语 γε α(土地) με τρε ιν(测量),其英语表达为 Geometry,德语为 Geometrie,法语为 Géométrie,拉丁语为 Geometria. 中文"几何",不同于中文原意"多少"的"几何",是由徐光启和利玛窦根据英语音译(吴方言)而来.

徐光启评价《几何原本》说[21]:"此书有四不必:不必疑,不必揣,不必试,不必改. 有四不可得:欲脱之不可得,欲驳之不可得,欲减之不可得,欲前后更置之不可得. 有三至三能:似至晦,实至明,故能以其明明他物之至晦;似至繁,实至简,故能以其简简他物之至繁;似至难,实至易,故能以其易易他物之至难. 易生于简,简生于明,综其妙在明而已."《几何原本》为人类科学树立了典范,也使几何学的可靠性归结为最基本的十条公理.

2. 欧几里得几何体系

1)四种根本性的概念.

(1)**定义**——几何学中所用的字的意义,如点、线、面、体、直角、垂直、锐角、钝角、平行线等.

(2)**公理**——适用于一切科学的不证自明的真理,例如,若 $a=c$,$b=c$,则 $a=b$.

(3)**公设**——适用于几何学的不证自明的真理,如所有直角彼此相等.

(4)**命题**——包括定理和作图题. 定理是指能够根据假定条件、公理、公设和定义利用逻辑推理得到的结论;作图题是指由已知的几何学对象找出或作出所求的对象.

《几何原本》共由 23 个基本定义、5 条公设、5 条公理和 465 个命题组成. 由于公理和公设都是不证自明的真理，只是适用范围有所区分，如今，人们已经把它们统称为公理而不加区别.

2）五条公理.

(1) 和同一件东西相等的东西彼此也相等；
(2) 等量加等量，总量仍相等；
(3) 等量减等量，余量仍相等；
(4) 彼此重合的东西相等；
(5) 整体大于部分.

3）五条公设.

(1) 点到另外一点作直线是可能的；
(2) 有限直线不断沿直线延长是可能的；
(3) 以任一点为中心和任一距离为半径作一圆是可能的；
(4) 所有直角彼此相等；
(5) 如果一直线与两直线相交，且同侧所交两内角之和小于两直角，那么两直线无限延长后必相交于该侧的一点（见图 7.9）.

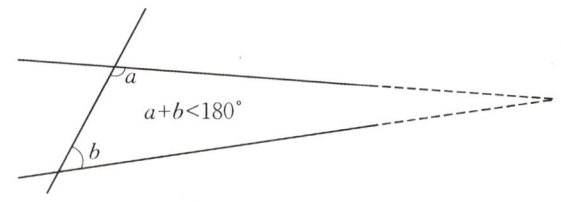

图 7.9 第五公设

三、第五公设的疑问

在欧氏几何体系中，作为基石的五条公理及五条公设中的前四条都容易被认同，第五公设却没有那么简单明了，它很像一条定理，而且在《几何原本》的 465 个命题中，只有三角形内角和定理的证明中用到了这一公设，因此它似乎没有作为公设的必要.

第五公设的"非自明"性源于两点：一是对直线的定义与理解，二是对无限延长的理解，这也与后来平行线的定义与理解有关. 如何判断一条线是直的、一个面是平的？我们通常说"两点间的最短路径"是直线，"最短"又如何判定呢？例如，从北京到深圳（两点）的最短路径是什么？恐怕没有人去寻求穿越地球的地下隧道的最短路径，而是考虑地球表面上的一条圆弧；同样，所谓平面，我们素来有"水平"之说，即在无风无浪的情况下，水面是平的，但它本质上是一个圆弧面（球面的一部分）. 关于平行线的理解，我们通常说"平面上两条永不相交的直线是平行线"，问题是如何知道两条直线会永不相交，在无穷远处，人们无法用直观去感受、去认识，也就无法断定是否平行. 这些说不清、讲不明的断言作为公理确实让人难以信服. 于是，《几何原本》一问世，人们就希望能够消除这种困惑.

人们主要从三个方向研究第五公设：一是试图给出新的平行线定义以绕开这个困难；二是试图用比第五公设缺点更少的其他公理取代它（等价或包含）；三是用其他九条公理或公设去证明它. 在进行第二个方向的研究工作中，人们发现了一些与第五公设等价的命题，证明其一便相当于证明了第五公设，例如：

平行公理 过直线外一点可以作唯一一条直线与之平行.

三角形内角和定理 三角形内角和等于180°.

第三个方向研究得最多，数学家们为此努力了两千多年，花费了无数心血，但终究没有成功. 到了19世纪，德国数学家高斯、黎曼和俄罗斯数学家罗巴切夫斯基等，从一次次失败中顿悟：推翻第五公设！非欧几何诞生.

高斯被誉为非欧几何的先驱. 罗巴切夫斯基被冠以几何学上的哥白尼的称号. 黎曼是一个极富天分的多产数学家，在短暂的一生中，他在许多领域写出了许多著名论文，对数学的发展做出了杰出贡献，影响了19世纪后半期数学的发展，黎曼几何只是他的众多成就之一.

高斯是最早认识到存在非欧几何的人. 1792年，年仅15岁的高斯就思考过第五公设问题，并认识到平行公理是不可证明的. 1794年，他发现了非欧几何的一个事实：四边形的面积与360°和四内角和之差成正比. 从1799年起，他就着手建立这一新几何，最初称为"反欧几何"，后又改称"星空几何"，最后定为"非欧几何". 1817年，高斯在给朋友的信中就流露过他的想法. 1824年，高斯又在给朋友的信中写道："三角形内角和小于180°，这一假设引出一种特殊的、和我们的几何完全不相同的几何. 这种几何自身是完全相容的，当我发展它的时候，结果完全令人满意."他的这一假设相当于把平行公理改换为：过直线外一点可以作多条直线与之平行.

图7.10 鲍耶

高斯是声望很高的数学家，由于顾及自己的名声，"怕引起某些人的呐喊"，他没有勇气公开发表这种与现实几何学相悖的新发现. 正在他犹豫不决时，一位叫鲍耶（见图7.10）的匈牙利少年把这种新几何提了出来. 鲍耶是高斯一位大学同学的儿子. 老鲍耶曾对第五公设着迷，但无功而止. 当他得知自己的儿子在研究第五公设时，曾极力制止，但儿子不听劝阻，潜心钻研. 小鲍耶似乎在1825年就已经建立起了非欧几何的思想，并且认识到新几何是一个自身相容的逻辑体系. 1832年，在小鲍耶的一再要求下，他的父亲把他的一篇26页的论文《关于一个与欧几里得平行公设无关的空间的绝对真实性的学说》，作为附录附在自己新出版的几何著作《向好学青年介绍纯粹数学原理的尝试》之末，并把该书寄给高斯请求评价. 高斯在回信中表示："称赞贵子等于称赞我自己，因为这与我自己30年前就开始的一部分工作完全相同. 由于大多数人对此抱有不正确的态度，我本想一辈子不去发表，现贵子发表，恰了却了一桩心愿."高斯的回信使老鲍耶非常高兴，但大大刺痛了满怀希望的小鲍耶. 他认为高斯依仗自己的学术声望，企图侵占他的成果，因而一蹶不振，陷入失望，放弃了数学研究.

四、第一种非欧几何——罗巴切夫斯基几何

与高斯、鲍耶大体上同时发现非欧几何的另一位数学家是俄罗斯喀山大学校长罗巴切夫斯基.

罗巴切夫斯基是从1815年开始研究第五公设问题的. 起初，他也是循着前人的思路，试图给出第五公设的证明. 渐渐地，前人和自己的失败从反面启迪了他，使他大胆思索问题的相反提法：可能根本就不存在第五公设的证明. 于是，他掉转思路，着手寻求第五公

设不可证的解答,这是与传统思路完全相反的探索途径. 罗巴切夫斯基实现突破的基本思想是反证法. 为证"第五公设不可证",他首先对第五公设加以否定,然后用这个否定命题和其他公理公设组成新的公理系统,并由此展开逻辑推理. 1823 年,依照这个思路,罗巴切夫斯基对第五公设的等价命题——平行公理"过平面上直线外一点,只能引一条直线与已知直线不相交"加以否定. 他用命题"过直线外一点可以作两条直线与之不相交"代替第五公设作为基础,保留欧氏几何学的其他公理与公设,经过严密逻辑推理,得到一连串古怪的命题,如三角形的内角和小于两直角,而且随着边长增大而无限变小,直至趋于零,锐角一边的垂线可以和另一边不相交;等等. 但是,经过仔细审查,却没有发现它们之间含有任何逻辑矛盾. 他惊呆了!这是一个逻辑合理、与欧氏几何彼此独立的几何新体系.

1826 年 2 月 11 日,罗巴切夫斯基在喀山大学数学物理系的学术讨论会上做了题为《关于几何原理的扼要叙述及平行线定理的一个严格证明》的报告. 由于当时没有找到这种几何的实际应用,他把这种几何称为"**虚几何学**"或"**想象几何学**",后又改称为"**泛几何学**". 在他的后半生,他不断给出这种几何学的新成果,直到晚年,双目失明的他还以口述的方式写下了他的最后著作《泛几何学》(1855 年出版). 后人为了纪念罗巴切夫斯基,把这种几何称为**罗巴切夫斯基几何**,并把 1826 年 2 月 11 日确定为非欧几何的诞生日.

值得一提的是,人们对这一发现的接受却经历了漫长曲折的过程. 这个报告在当时就遭受正统数学家的冷漠和反对. 参加 2 月 11 日学术会议的全是数学造诣较深的专家,其中有著名数学家、天文学家西蒙诺夫(Simonov),科学院院士古普费尔(Gupfer)以及著名数学家博拉斯曼(Borrasmann). 这些人对罗巴切夫斯基得到的古怪命题先是表现出一种疑惑和震惊,随后便流露出各种否定的表情. 宣讲论文后,罗巴切夫斯基诚恳地请与会者讨论,提出修改意见. 可是,会场一片冷漠. 会后,系学术委员会委托西蒙诺夫、古普费尔和博拉斯曼组成三人鉴定小组,对该论文做出书面鉴定. 他们的态度无疑是否定的,但又迟迟不肯写出书面意见. 但罗巴切夫斯基并未因此灰心,而是继续顽强探索. 1829 年,他又撰写出一篇题为《几何学原理》的论文,重现了第一篇论文的基本思想,并且有所补充和发展. 此时,罗巴切夫斯基已被推选为喀山大学校长,论文发表在《喀山大学通报》上. 1832 年,根据罗巴切夫斯基的请求,喀山大学学术委员会把这篇论文呈送彼得堡科学院评审. 彼得堡科学院委托著名数学家奥斯特罗格拉茨基(Ostrogradsky,1801—1862)院士进行评价. 奥斯特罗格拉茨基在数学物理、数学分析、力学和天体力学等方面有过卓越成就,在学术界声望很高. 可惜他并没能理解罗巴切夫斯基的新几何思想,甚至比喀山大学的教授们更加保守. 他在鉴定书开头写道:"看来,作者旨在写出一部使人不能理解的著作."接着,他对罗巴切夫斯基的新几何思想进行了歪曲和贬低. 最后他粗暴地断言:"由此我得出结论,罗巴切夫斯基校长的这部著作谬误连篇,因而不值得科学院注意."

这篇论文不仅引起了学术权威的恼怒,也激起了社会上反动势力的敌视. 有人在《祖国之子》杂志上匿名撰文,公开对罗巴切夫斯基进行人身攻击. 对此,罗巴切夫斯基撰写了一篇反驳文章,但《祖国之子》杂志却以维护杂志声誉为由,不予发表.

罗巴切夫斯基开创了数学的一个新领域,但他的创造性工作在生前始终没能得到学术界的重视和承认,更没有公开的支持者. 俄国著名数学家布尼雅可夫斯基(Bunyakovsky)、英国著名数学家德·摩根(De Morgan,1806—1871)都曾对他做过尖锐批评. 就连最先认识到非欧几何思想的大数学家高斯也不肯公开支持他的工作. 高斯私下高度称赞罗巴切夫斯基,并突击学习俄语,以便直接阅读罗巴切夫斯基的非欧几何著作. 另一方面,却又不准朋友向外界泄露他对非欧几何的有关看法.

晚年的罗巴切夫斯基心情更加沉重,他不仅在学术上受到压制,而且在工作上还受到限制. 1846年,俄罗斯人民教育部借口罗巴切夫斯基教授任职满期(20年),免去了他在喀山大学的所有职务. 被迫离开终生热爱的大学工作,使罗巴切夫斯基在精神上遭到严重打击. 家庭的不幸增加了他的苦恼,长子因患肺结核医治无效死去,使他雪上加霜. 他也变得越来越多病,眼睛逐渐失明. 1856年2月12日,罗巴切夫斯基在苦闷和抑郁中与世长辞. 喀山大学师生为他举行了隆重的追悼会. 在追悼会上,他的许多同事和学生高度赞扬他在建设喀山大学、提高民族教育水平和培养数学人才等方面的卓越功绩,可是谁也不提他的非欧几何研究工作,因为当时人们还普遍认为非欧几何纯属"无稽之谈".

历史是公正的,因为它终将会对各种思想、观点和见解做出客观的评价. 1868年,意大利数学家贝尔特拉米(Beltrami, 1835—1899)发表了一篇著名论文《非欧几何解释的尝试》,证明非欧几何可以在欧几里得空间的曲面(如拟球曲面)上实现. 这就是说,非欧几何命题可以"翻译"成相应的欧几里得几何命题,如果欧几里得几何没有矛盾,非欧几何也就自然没有矛盾. 人们既然承认欧几里得几何是没有矛盾的,所以也就自然承认非欧几何没有矛盾. 直到这时,长期无人问津的非欧几何才开始获得学术界的普遍注意和深入研究,罗巴切夫斯基的独创性研究也由此得到学术界的高度评价和一致赞美.

五、第二种非欧几何——黎曼几何

1854年,高斯的学生,德国数学家黎曼在德国哥廷根大学做了题为《论作为几何基础的假设》的演讲,提出了一种全新的几何,叫作"黎曼几何". 黎曼可以说是最先理解非欧几何全部意义的数学家. 他创立的黎曼几何不仅是对已经出现的非欧几何的承认,而且显示了创造其他非欧几何的可能性.

黎曼的研究是以高斯关于曲面的内蕴微分几何为基础的. 在黎曼几何中,最重要的一种对象就是**常曲率空间**,对于三维空间,有以下三种情形:

(1) 曲率恒等于零;

(2) 曲率为负常数;

(3) 曲率为正常数.

前两种情形分别对应于欧几里得几何学和罗巴切夫斯基几何学,而第三种情形则是黎曼本人的创造,它对应于另一种非欧几何学. 黎曼的这第三种几何就是用命题"过直线外一点所作任何直线都与该直线相交"代替第五公设作为前提,保留欧氏几何学的其他公理与公设,经过严密逻辑推理而建立起来的几何体系. 这种几何否认"平行线"的存在,是另一种全新的非欧几何,这就是如今狭义意义下的**黎曼几何**,它是曲率为正常数的几何,也就是普通球面上的几何,又称为**球面几何**. 相关论文于黎曼去世两年后的1868年发表.

一般意义下,黎曼几何泛指黎曼创立的一般的非欧几何,它包含了罗巴切夫斯基几何和球面几何.

六、三种几何学的模型与结论对比

三种几何学都拥有除平行公理外的欧氏几何学的所有公理体系,如果不涉及与平行公理有关的内容,三种几何学没有什么区别. 但是只要与平行有关,三种几何学的结果就相差甚远. 现举出几例对比,如表 7.1 所示.

表 7.1 三种几何学的对比

欧氏几何学	罗巴切夫斯基几何学	黎曼几何学
三角形内角和等于 180°	三角形内角和小于 180°	三角形内角和大于 180°
一个三角形的面积与三内角之和无关	一个三角形的面积与角欠成反比	一个三角形的面积与角余成正比
两平行线之间的距离处处相等	两平行线之间的距离沿平行线的方向越来越大	两平行线之间的距离沿平行线的方向越来越小
存在矩形和相似形	不存在矩形和相似形	不存在矩形和相似形

三种几何学有着相互矛盾的结论,但真理只有一个,为什么会出现三种矛盾的真理呢?原来,客观事物是复杂多样的,在不同的客观条件下,会有不同的客观规律.

在日常小范围内,房屋建设、城市规划等,欧氏几何学是适用的. 但是,如果要进行远距离的旅行,如从深圳到北京,在地球上深圳到北京的最短路线已经不再是直线,而是一条圆弧,地球上的球面三角学就是黎曼几何学,其三角形内角和大于 180°. 如果把目光放得再远些,在太空中漫游时,罗巴切夫斯基几何学将大显身手. 在科学研究中,各种几何有着其不可替代的地位. 欧氏几何学的重要性自不待言. 20 世纪初,爱因斯坦在研究广义相对论时,他意识到必须用一种非欧几何来描述这样的物理空间,这种非欧几何就是黎曼几何的一种. 1947 年,人们对对视空间(正常的有双目视觉的人心理上观察到的空间)所做的研究得出结论:这样的空间最好用罗巴切夫斯基几何来描述.

三种几何学各有其适用范围,也各有其模型. 欧几里得几何学的模型最容易理解,我们生活的平面和三维现实空间就是很合适的模型. 而黎曼几何学的模型可以用球面来实现. 对于罗巴切夫斯基几何,不少数学家给出过多种不同的模型. 第一个模型由法国数学家彭赛列给出. 他把圆心位于一条给定直线 S 上的半圆看作"直线". 显然,在这种模型中,过两点可以唯一确定一条"直线"(见图 7.11),过"直线"外一点可以作多条"直线"与之平行(不相交).

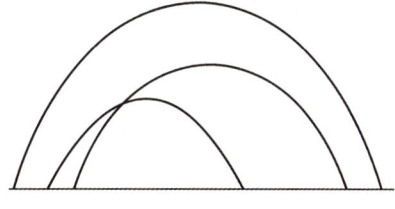

图 7.11 彭赛列模型

第二个模型是 1868 年意大利数学家贝尔特拉米给出的,他找到了一种所谓的"伪球面"(见图 7.12),在伪球面上可以实现罗巴切夫斯基几何学的假设.

第三个模型是法国数学家庞加莱提出的. 在他的模型中,庞加莱将整个罗巴切夫斯基几何空间投影到平面上一个不包括边界的圆中,空间中的"直线"由圆内的一些圆弧来表示,这些圆弧与所述圆周正交(垂直,见图 7.13 中的 l_1 和 l_2). 在这个模型中,我们同样发现,三角形的内角和也不会等于 180°.

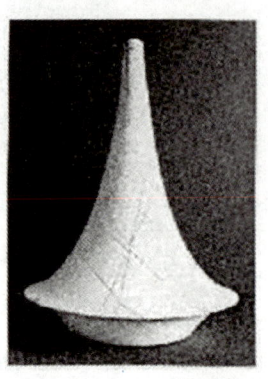 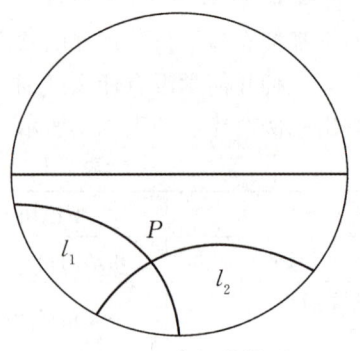

图 7.12　贝尔特拉米模型　　　　　图 7.13　庞加莱模型

1870 年，德国数学家克莱因也给出了罗巴切夫斯基几何的一个模型. 克莱因还用变换群的观点统一了各种几何学，他把罗巴切夫斯基几何称为**双曲几何**，这是研究在双曲度量变换下不变性质的几何. 这种名称是因为双曲在拉丁文中是"超级、过量"的意思，以此来表明在这种几何中有太多的平行线，同时也表示这种几何的直线有两个无穷远点. 他把黎曼几何称为**椭圆几何**，这是研究在椭圆度量变换下不变性质的几何. 这个名称是因为椭圆在拉丁文中是"不是、欠缺"的意思，以此来表明这种几何中没有平行线，同时也表示这种几何的直线没有无穷远点. 他把欧氏几何称为**抛物几何**，这是研究在抛物度量变换下不变性质的几何，也是研究在刚体（旋转、平移、反射）运动下不变性质的几何. 这是因为抛物在拉丁文中是"比较"的意思，以此来表明在这种几何中过直线外一点只有一条平行线，同时也表示这种几何的直线有一个无穷远点.

庞加莱等用欧几里得几何中的模型对罗巴切夫斯基几何进行描述. 这就使非欧几何具有了至少与欧几里得几何同等的真实性. 我们可以设想，如果罗巴切夫斯基几何中存在任何矛盾，那么这种矛盾也必然会在欧几里得几何中表现出来. 也就是说，只要欧几里得几何没有矛盾，那么罗巴切夫斯基几何也不会有矛盾. 至此，非欧几何作为一种几何的合法地位已充分建立起来.

七、非欧几何产生的重大意义

非欧几何的产生具有四个重大意义：

（1）解决了平行公理的独立性问题. 非欧几何的产生推动了一般公理体系的独立性、相容性、完备性问题的研究，促进了数学基础这一更为深刻的数学分支的形成与发展.

（2）证明了对公理方法本身的研究能够推动数学的发展. 理性思维和对严谨、逻辑以及完美的追求，推动了科学的发展，从而推动了社会的发展和进步.

在数学内部，各分支纷纷建立了自己的公理体系，例如，随机数学概率论也在 20 世纪 30 年代建立了自己的公理体系. 实际上公理化的研究又孕育了元数学的产生和发展.

在其他科学，如经济学、社会学等中，人们也希望用公理化方法建立自己的科学体系. 例如，经济学中就有谢卜勒（Shapley）公平三原则：

原则 1　同工同酬原则；

原则 2　不劳不得原则；

原则 3　多劳多得原则.

（3）非欧几何的创立引起了关于几何观念和空间观念的最深刻的革命.

非欧几何对于人们的空间观念产生了极其深远的影响. 在此之前，占统治地位的是欧几里得的绝对空间观念. 非欧几何的创始人无一例外地都对这种传统观念提出了挑战. 非欧几何的出现打破了长期以来只有一种几何学的局面.

（4）非欧几何实际上预示了相对论的产生.

非欧几何与相对论的汇合是科学史上划时代的事件. 近代黎曼几何在广义相对论中得到了重要应用. 在爱因斯坦广义相对论中的空间几何就是黎曼几何. 在广义相对论中，爱因斯坦放弃了关于时空平直性的观念，他认为时空只是在充分小的空间近似平直，整个时空却不平直. 物理学中的这种解释，恰恰与黎曼几何的观念相似.

关于直线的思考

什么是直线？如何定义直线？尽管我们对直线概念都有直观的理解，但是细想之后会发现，直线很不简单. 欧几里得《几何原本》把直线定义为"它上面的点一样地平放着的线". 显然这样的定义并不严格，什么叫作"平放着"？也有人说，直线就是"一点始终不变地在同一方向行进时所描出的线"，问题又来了，怎么认定同一方向？另一种比较权威的说法是"直线（线段）是两点间最短的路径"，但是，最短又如何判断呢？要有短的概念就要先有距离的概念，如果仅在几何学内考虑这个问题，那么要测量距离就必须先有尺，而尺的形状又是直的，因此距离的概念其实又是建立在直线的概念之上的，这就成了循环定义.

所以，大数学家希尔伯特认为，点和直线不可定义，真正需要的是点和直线之间的关系. 而点和直线之间的最基本关系，希尔伯特用公理来确定. 你对此有什么想法呢？

第三节 河图、洛书与幻方

《易经》是"科学的神秘殿堂".

——郭沫若（1892—1978）

两个传说

我国古老的《易经》堪称经典.《易经》中有这样一句话："河出图,洛出书,圣人则之."后来,人们根据这句话传出许多神话.

传说在远古的伏羲时代,黄河中跃出一匹龙马,龙马背负一张神秘图案,有黑白点计 55 个,用直线连成 10 数（见图 7.14）,人们称该图为"河图". 又传,大禹时代,夏禹治水来到洛河,洛河中浮起一只神龟,背上有黑白 45 点构成一图,点由直线连成 9 数（见图 7.15）,后人称之为"洛书". 所以,河图、洛书一出现就带有十分神秘的色彩,被当作圣人出世的预兆和安邦治世的经典. 这就解释了《易经》中"河出图,洛出书,圣人则之"的说法. 也就是说,圣人是按照河图、洛书来行事的. 在黄河与洛河交汇的区域（称为河洛地区）,古代人民创造了灿烂的物质文明与精神文明,形成了华夏文明源头之一的河洛文化.

图 7.14　龙马载河图

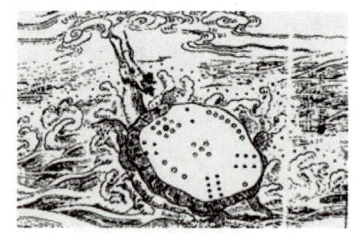
图 7.15　神龟背洛书

河洛地区古代文化博大精深,龙马载河图、神龟背洛书、伏羲创八卦、周公演易经,纵横天下、玄机无限,哲理之光耀千秋. 古老的神话传说所蕴藏的智慧不断地萌发新枝,泽惠人类. 祖先创造的灿烂文化不断启示当今,引领未来. 几千年来,"河图"与"洛书"成了中华民族通晓自然奥秘的宝库,哲学、天象、医学、数学、音乐等都从中得到启蒙.

一、幻方起源

去掉那些神秘的传说，根据宋人的图案，"河图""洛书"就是如图 7.16 所示的点阵图.

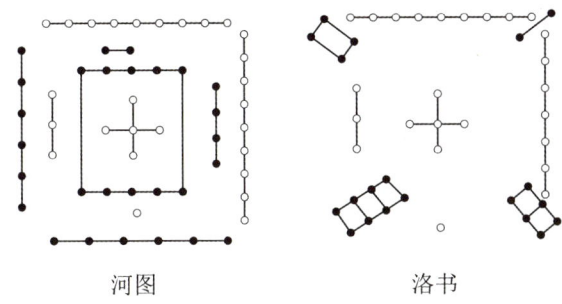

图 7.16 "河图""洛书"示意图

其中黑点组成的数都是偶数（古代称阴数），白点组成的数都是奇数（古代称阳数）. 如果把"洛书"用数字表达就是如图 7.17 所示的数表，其任意横、竖、斜各条直线上的三个数之和均相等.

4	9	2
3	5	7
8	1	6

图 7.17 "洛书"数表

一般地，把 n^2 个不同整数依次填入由 $n \times n$ 个小方格构成的正方形，使得横行各数之和、直列各数之和以及对角线各数之和都相等，这样的一个数图叫作一个（n 阶）**幻方**，各直线上各数之和称为**幻和**. 上述传说中的"洛书"，应视为幻方的起源. 中国南宋时期数学著作《数术拾遗》是最早记载幻方的著作，书中记载了上述源自"洛书"的方图，当时称为**"九宫图"**，我国南宋数学家杨辉称这种图为**纵横图**，欧洲人称之为**魔术方阵**或**幻方**.

若幻方中各数是从 1 至 n^2 的连续自然数，则称之为**标准幻方**. n 阶标准幻方的幻和为
$$\frac{n(n^2+1)}{2}.$$

许多其他民族也很早就知道这样的幻方. 印度人和阿拉伯人都认为这个方图具有一种魔力，能够辟邪恶、驱瘟疫. 直到现在，印度还有人脖子上挂着印有幻方的金属片.

古人之所以热衷于研究幻方，是因为幻方神秘、启智，同时相信它可以避邪. 幻方代表吉祥，包含神奇之美. 现代人研究幻方，还有其应用上的原因. 电子计算机出现以后，幻方在程序设计、组合分析、人工智能、图论等许多方面都有新用场. 喜欢幻方、研究幻方的人不仅限于数学家，还有物理学家、政治家，不仅有成年人，还有孩子.

二、幻方分类

研究幻方，首先要对其进行分类. 按照幻方阶数的奇偶性，幻方可以分为**奇数阶幻方**与**偶数阶幻方**. 偶数阶幻方中，阶数为 4 的倍数的幻方叫作**双偶阶幻方**（如 4，8，12 等阶），其他的叫作**单偶阶幻方**（如 6，10，14 等阶）.

按照幻方的性质，如果一个幻方中的各数换成它的平方数后得到的数图还是幻方，则这个幻方叫作**双重幻方**或**平方幻方**. 如果一个幻方的各横行、直列、对角线上各数之积也分别相等，则称之为**乘积幻方**或**和积幻方**.

接下来介绍幻方的存在性及其数量. 容易证明，2 阶幻方不存在. 如果不包括通过旋

转、反射、等差、等倍等变换得到的本质上相同的幻方，3 阶幻方只有 1 种，4 阶幻方有 880 种，5 阶幻方有 275305224 种，7 阶幻方有 363916800 种，8 阶幻方超过 10 亿种. 虽然我们很难一下子排出一两个幻方来，但 3 阶以上的幻方数量确实很多，例如，4 阶幻方中，固定把 1 排在左上角，就可以得到多种幻方. 图 7.18 给出了其中几种.

1	2	15	16
13	14	3	4
12	7	10	5
8	11	6	9

1	4	13	16
15	14	3	2
12	9	8	5
6	7	10	11

1	3	16	14
13	15	2	4
12	10	7	5
8	6	9	11

1	2	16	12
15	14	7	3
10	11	6	7
8	4	6	13

1	6	11	16
15	12	5	2
14	9	8	3
4	7	10	13

1	7	10	16
8	14	3	9
12	2	15	5
13	11	6	4

1	9	16	8
4	12	5	13
15	7	10	2
14	6	3	11

1	10	7	16
14	8	9	3
15	5	12	2
4	9	6	13

1	11	6	16
14	8	9	3
15	5	12	2
4	10	7	13

1	12	8	13
14	7	11	2
15	6	10	3
4	9	5	16

1	13	4	16
12	8	9	5
13	3	14	2
6	10	7	11

1	16	6	11
4	13	7	10
15	2	12	5
14	3	9	8

图 7.18　几种 4 阶幻方

三、幻方构造

1. 奇数阶幻方的杨辉构造法

我国南宋时期数学家杨辉曾对幻方有过深入系统的研究，他于 1275 年排出了 3～10 阶幻方. 这里给出他关于奇数阶幻方的构造方法，这些方法记载于他的《续古摘奇算经》上. 例如，对于 3 阶幻方，方法是"九子斜排，上下对易，左右相更，四维挺进"，其结果为"戴九履一，左三右七，二四为肩，六八为足"，具体操作如图 7.19 所示.

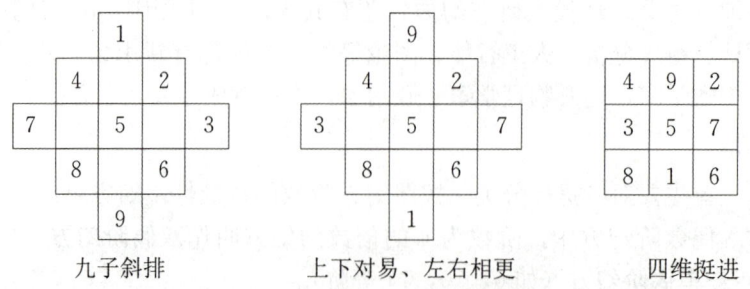

图 7.19　3 阶幻方构造过程

按照类似的原理，可以构造 5 阶、7 阶、9 阶等奇数阶幻方. 图 7.20 给出了 5 阶幻方的构造过程.

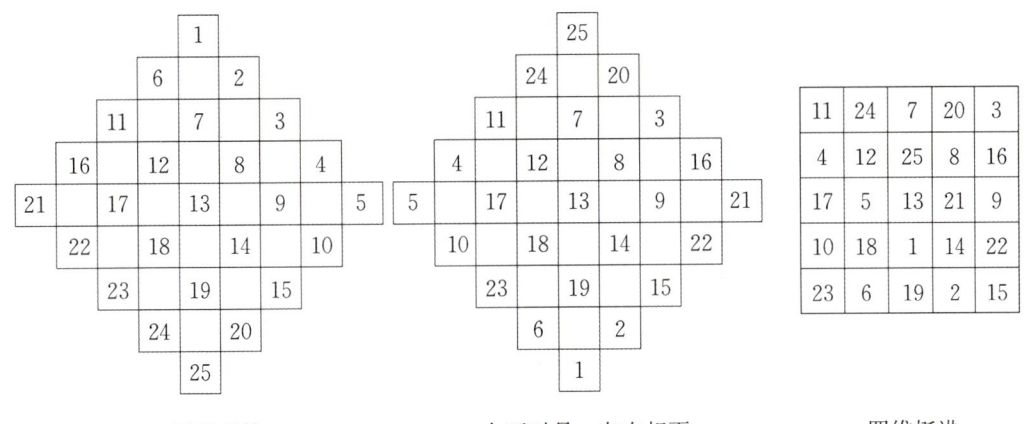

二十五子斜排

上下对易、左右相更

11	24	7	20	3
4	12	25	8	16
17	5	13	21	9
10	18	1	14	22
23	6	19	2	15

四维挺进

图 7.20　5 阶幻方构造过程

2. 奇数阶幻方的劳伯尔构造法

法国数学家劳伯尔（Loubère）给出过一种构造任意奇数阶幻方的方法．在一个具有 $(2n+1)\times(2n+1)$ 个方格的方阵中，最顶一行的中间填上数 1，然后按照如下法则进行：在刚填过数 k 的方格的右上方方格内填上数 $k+1$；如果要填数的方格跑出了方阵之外，则将其填入对边的相应位置（如图 7.21 中的数 2，4 等）；如果要填数的方格内已经填过了数，则在原方格下方方格填入应填的数（如图 7.21 中的数 6，11，16 等）．图 7.21 是按照劳伯尔构造法构造的一个 5 阶幻方．

17	24	1	8	15
23	5	7	14	16
4	6	13	20	22
10	12	19	21	3
11	18	25	2	9

图 7.21　5 阶幻方的劳伯尔构造

以上方法可以归结成如下的口诀：

一居顶行正中央，后数依次右上放．

顶出格时置于底，右出格时左边躺．

排重挪到自下方，右顶出格自下降．

这一方法的本质是“循环”图．以 5 阶幻方为例，将 1～25 这 25 个数等分为 5 组：A_1 组 1～5，A_2 组 6～10，A_3 组 11～15，A_4 组 16～20，A_5 组 21～25．在平面格点中，将 A_1 组 1～5 按照周期斜排，即 1，2，3，4，5，1，2，3，4，…（下同），将 A_2 组在下一个斜列进行周期斜排，起点左移一竖列，以此类推，排成图 7.22．其特点是：横行、直列、上斜、下斜都是周期为 5 的数列，每一个周期内的数都由每一组中的各一个数组成．因此，任何相邻 5×5 的方阵，都恰好由 1～25 共 25 个不同的数构成．这个 5×5 的方阵作为基本元素上、下、左、右平移不变，构成循环，每一行、每一列连续 5 个数之和都等于 65．因此，取对角为 11～15 的那一个 5×5 方阵，即构成一个幻方（图 7.22 深色部分）．

13	20	22	4	6	13	20	22	4	6	13
19	21	3	10	12	19	21	3	10	12	19
25	2	9	11	18	25	2	9	11	18	25
1	8	15	17	24	1	8	15	17	24	1
7	14	16	23	5	7	14	16	23	5	7
13	20	22	4	6	13	20	22	4	6	13
19	21	3	10	12	19	21	3	10	12	19
25	2	9	11	18	25	2	9	11	18	25
1	8	15	17	24	1	8	15	17	24	1
7	14	16	23	5	7	14	16	23	5	7
13	20	22	4	6	13	20	22	4	6	13

图 7.22　构造奇数阶幻方的本质

这一方法适合任何奇数阶幻方的构造.

给定一个等差数列，也可以按照以上方式依次将数列数字填入方格，构造出奇数阶幻方.

3. 一般偶数阶幻方的中心对称变换构造法

一般偶数阶幻方有一个非常简单的构造方法——**中心对称变换构造法**. 基本做法只需要两步（以 4 阶标准幻方为例）：

（1）将 1，2，3，…，16，从左到右、从上到下填入 4×4 方阵（见图 7.23）.

（2）保持图 7.23 的两条对角线各数不变，其他各数按中心对称互换（见图 7.24），即 2 与 15、3 与 14、5 与 12、9 与 8 互换，此时即得到一个 4 阶幻方.

1	2	3	4
5	6	7	8
9	10	11	12
13	14	15	16

图 7.23　原始数据

1	15	14	4
12	6	7	9
8	10	11	5
13	3	2	16

图 7.24　中心对称互换

这个方法，只需要注意到原始数据中两对角线上各数之和已经等于幻和 34，各行各列均呈等差数列，非对角线上进行中心对称互换后恰好做到了数据互补，故结果为幻方. 这种方法可以用来构造所有偶数阶幻方.

4. 单偶阶幻方的分割构造

对于单偶阶幻方，可以先将其分解为 4 个奇数阶幻方，再拼合而成. 以 6 阶幻方为例：

（1）将一个 6×6 方格按照图 7.25（a）那样分为 A，B，C，D 四个 3×3 方格.

（2）将 1～36 这 36 个自然数分为四组：A 组 1～9，B 组 10～18，C 组 19～27，D 组 28～36.

（3）分别将 A，B，C，D 组数据按照 3 阶幻方构造法放进 A，B，C，D 四个方格，得到图 7.25 (b).

(4) 将图 7.25 (b) A，D 的中间一行的中心数对换，另外两行的第一个数对换，得到图 7.25 (c)，即为一个 6 阶幻方.

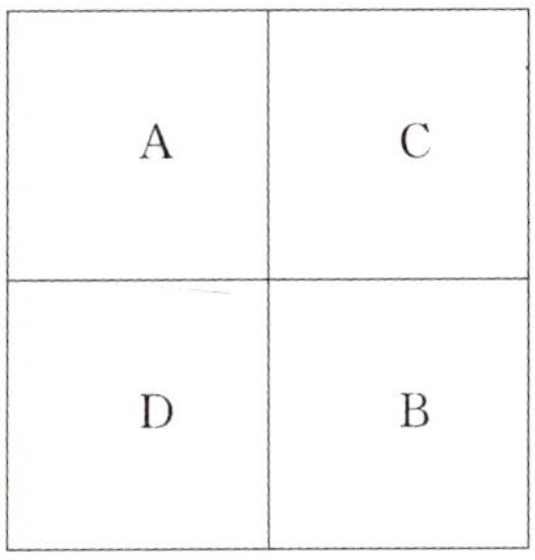

A	C
D	B

(a)

8	1	6	26	19	24
3	5	7	21	23	25
4	9	2	22	27	20
35	28	33	17	10	15
30	32	34	12	14	16
31	36	29	13	18	11

(b)

35	1	6	26	19	24
3	32	7	21	23	25
31	9	2	22	27	20
8	28	33	17	10	15
30	5	34	12	14	16
4	36	29	13	18	11

(c)

图 7.25　单偶阶幻方的分割构造

说明：在第三步操作之后（见图 7.25 (b)），A，B，C，D 四块均是 3 阶幻方，幻和分别是 15，42，69，96，依次相差 27. 因此，各列各数之和均为 111（6 阶幻方的幻和），但前三行每行各数之和为 84（比幻和少 27），后三行每行各数之和为 138（比幻和多 27），两条对角线上各数之和分别为 57（比幻和少 54）与 165（比幻和多 54）. 而 A 和 D 对应元素之差为 27，因此需要对 A，D 中对应行每行互换一个数，对角线上互换两个数，即可实现全部六行各行各数之和、两对角线各数之和均等于幻和. 这就是第四步操作的目的.

对于更高阶的单偶阶幻方，理论上也可以按照此思想进行构造，只是在进行对换时更复杂一些. 这里不再举例，有兴趣的读者可以自己探索一下.

5. 双偶阶幻方的构造

对于双偶阶幻方，有比较简单的构造方法，其思想与前述 4 阶幻方的构造方法类似.《神奇方阵》[①] 中给出了两种分割构造法. 我们在这里给出一种不同的方法. 为此，先引入一个概念——**补数**：在一个 n 阶幻方的构造过程中，数字 $p=1，2，\cdots，n^2$ 的补数为 n^2+1-p.

例如，在 4 阶幻方中，1 的补数为 16，3 的补数为 14；在 8 阶幻方中，1 的补数为 64，5 的补数为 60，10 的补数为 55.

下面以 8 阶幻方为例说明双偶阶幻方的构造方法.

首先将 1~64 这 64 个自然数依次连续填入方阵各方格内（见图 7.26 (a)），然后将两条对角线及方阵内与对角线平行间隔为两格的斜线上的所有数字都分别换为各自的补数，得到的方阵即是一个 8 阶（双偶阶）幻方（见图 7.26 (b)）.

[①] 费黎宗. 神奇方阵 [M]. 李志宏，译. 北京：中国市场出版社，2008.

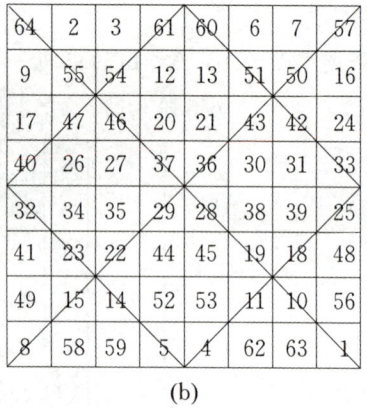

(a)   (b)

图 7.26 双偶阶幻方的构造

6. 由已知幻方构造新幻方

如图 7.27 所示，给定一个幻方，将幻方中每个数都加上或乘以甚至减去同一个正整数，或者在幻方中每行、每列、每条对角线上各选取一个位置（图 7.27 中阴影部分）加上一个正整数而其他位置不变，都可以得到一个新幻方．

| 原始4阶标准幻方 | 各数加10 | 各数乘以3 | 特殊位置各加10 |

图 7.27 由一个已知幻方构造新幻方

如图 7.28 所示，给定两个同阶幻方，将两个幻方中对应数相加或相减，可以得到一个新幻方．

| 幻方A | 幻方B(费马幻方) | A+B幻方 | 5B-A幻方 |

图 7.28 由两个已知幻方构造新幻方

四、幻方欣赏

1. 洛书奇观

由洛书构成的 3 阶幻方有许多奇妙的性质．3 阶标准幻方本质上只有一种，对它进行对称、旋转、反射等变换可以得到八种表面不同的幻方，图 7.29 是其中的两种．3 阶幻方除具有一般幻方的性质外，还有如下性质．

（1）在图 7.29（a）幻方中，取第 1，第 3 行的 492，816，第 1，第 3 列的 438，

2 7 6，有如下平方关系：
$$4^2+9^2+2^2=8^2+1^2+6^2,$$
$$49^2+92^2+24^2=81^2+16^2+68^2,$$ (7.13)
$$492^2+924^2+249^2=816^2+168^2+681^2.$$

以及
$$4^2+3^2+8^2=2^2+7^2+6^2,$$
$$43^2+38^2+84^2=27^2+76^2+62^2,$$ (7.14)
$$438^2+384^2+843^2=276^2+762^2+627^2.$$

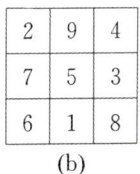

图 7.29 3 阶幻方的两种不同形式

(2) 在图 7.29 两个幻方中的三行构成的三位数满足如下关系：
$$492^2+357^2+816^2=294^2+753^2+618^2.$$ (7.15)

(3) 在图 7.29（a）幻方中的三列构成的三位数与图 7.29（b）幻方中的三列构成的三位逆序数满足如下关系：
$$438^2+951^2+276^2=672^2+159^2+834^2.$$ (7.16)

(4) 将图 7.29（a）幻方循环横排为图 7.30 的数阵，在图 7.30 中，三条对角线（斜下、斜上）构成的三位数正序平方和等于逆序平方和：
$$456^2+978^2+231^2=654^2+879^2+132^2,$$ (7.17)
$$852^2+174^2+639^2=258^2+471^2+936^2.$$ (7.18)

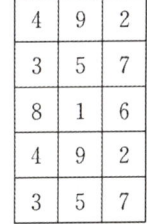

图 7.30 3 阶幻方横向循环   图 7.31 3 阶幻方竖向循环

(5) 将图 7.29（a）幻方循环竖排为图 7.31 的数阵，在图 7.31 中，三条对角线（斜下、斜上）构成的三位数正序平方和等于逆序平方和：
$$456^2+312^2+897^2=654^2+213^2+798^2,$$ (7.19)
$$258^2+714^2+693^2=852^2+417^2+396^2.$$ (7.20)

洛书还蕴藏着许多其他的奥妙，有兴趣的读者可以参阅相关文献.

2. 画家丢勒的铜版画

1514 年，德国著名画家丢勒（Dürer，1471—1528）画了一幅描绘知识分子忧郁情调的铜版画《忧郁》，其中载入一个使人入迷的 4 阶幻方（见图 7.32）. 它具有许多美妙的性质，例如：

16	3	2	13
5	10	11	8
9	6	7	12
4	15	14	1

图 7.32 画家丢勒的 4 阶幻方

(1) 如果在幻方中间划一个十字，将其分为四个小正方形，则各个小正方形中四个数之和都相等，而且恰好等于该幻方的幻和 34.

(2) 关于中心点对称的任何四个数之和都相等，它们均为 34，如中心正方形中四个数 10，11，6，7 之和；四个角上四个数 16，13，4，1 之和；第一行最后两数 2，13 与最后一行最先两数 4，15

之和；四边各四个数按照顺时针方向各取第二个数 3，8，14，9 之和；各取第三个数 2，12，15，5 之和；等等.

（3）这个幻方的上、下半部，左、右半部的八个数，不仅其和分别相等（68），而且其平方和也分别相等（748）.

（4）奇数行各数的和、平方和分别等于偶数行各数的和（68）、平方和（748）.

（5）奇数列各数的和、平方和分别等于偶数列各数的和（68）、平方和（748）.

（6）两条对角线上各数的和、平方和等于非对角线上各数的和（68）、平方和（748）.

（7）两条对角线上各数的立方和等于非对角线上各数的立方和（9248）.

（8）幻方的最后一行的中间两数 15，14 恰好表述了该画的创作年代.

3. 富兰克林的 8 阶幻方

美国政治家、科学家富兰克林（Franklin，1706—1790）制作过一个 8 阶幻方（见图 7.33）. 它具有许多独特的性质：

（1）每半行半列上各数之和分别相等，而且等于幻和（260）的一半（130）.

（2）幻方四角四个数与幻方中心四个数之和等于幻和（260）.

（3）上、下各两半对角线八个数之和等于幻和（260）.

52	61	4	13	20	29	36	45
14	3	62	51	46	35	30	19
53	60	5	12	21	28	37	44
11	6	59	54	43	38	27	22
55	58	7	10	23	26	39	42
9	8	57	56	41	40	25	24
50	63	2	15	18	31	34	47
16	1	64	49	48	33	32	17

图 7.33　富兰克林的 8 阶幻方

1	35	24	54	43	9	62	32
6	40	19	49	48	14	57	27
47	13	58	28	5	39	20	50
44	10	61	31	2	36	23	53
22	56	3	33	64	30	41	11
17	51	8	38	59	25	46	16
60	26	45	15	18	52	7	37
63	29	42	12	21	55	4	34

图 7.34　片桐善直的 8 阶幻方

4. 片桐善直的 8 阶幻方

日本幻方专家片桐善直（Katagiri Yoshinao）制作过一个奇特的 8 阶幻方（见图 7.34）. 它除具有富兰克林的 8 阶幻方的性质外，还有更独特的性质. 例如，它是一个"间隔幻方"，即相间地从大幻方中取出一些数可以组成小的幻方（见图 7.35 和图 7.36）.

35	54	9	32
13	28	39	50
56	33	30	11
26	15	52	37

图 7.35　由奇数行偶数列构成的幻方

40	49	14	27
10	31	36	53
51	38	25	16
29	12	55	34

图 7.36　由偶数行偶数列构成的幻方

5. 杨辉的 9 阶幻方

我国南宋数学家杨辉在《续古摘奇算经》上给出的 9 阶幻方（见图 7.37）也有许多奇

特的性质. 例如:

(1) 幻方中心 41 的任何中心对称位置上两数之和均为 82（$=9^2+1$）.

(2) 将幻方依次划分为 9 块，则得到 9 个 3 阶幻方.

(3) 若把上述 9 个 3 阶幻方的幻和值写在 3 阶方阵中，又构成一个 3 阶幻方. 这个幻方的 9 个数是首项为 111、末项为 135、公差为 3 的等差数列. 若将这些数按大小顺序的序号写入 3 阶方阵，则所得图表正是"洛书"幻方.

31	76	13	36	81	18	29	74	11
22	40	58	27	45	63	20	38	56
67	4	49	72	9	54	65	2	47
30	75	12	32	77	14	34	79	16
21	39	57	23	41	59	25	43	61
66	3	48	68	5	70	69	7	52
35	80	17	28	73	10	33	78	15
76	44	62	19	37	55	24	42	60
71	8	53	64	1	46	69	6	51

杨辉的 9 阶幻方

120	135	114
117	123	129
132	111	126

杨辉"幻和"幻方

4	9	2
3	5	7
8	1	6

"洛书"幻方

图 7.37 杨辉的 9 阶幻方

6. 魔鬼幻方与双重幻方

所谓**魔鬼幻方**，是指幻方中各副对角线上各数之和也等于幻和. 这里的"副对角线"是指除对角线以外的其他斜线上的四个数，其中跑出方阵的数，默认为其对边的相应数据，例如，图 7.38 的 4 阶魔鬼幻方中的 8, 2, 9, 15 被视为一个副对角线. 法国数学家密克萨（Miksa）发现 5 阶幻方中有 3600 种魔鬼幻方，而且他已全部制表列出.

15	10	3	6
4	5	16	9
14	11	2	7
1	8	13	12

图 7.38 4 阶魔鬼幻方

5	31	35	60	57	34	8	30
19	9	53	46	47	56	18	12
16	22	42	39	52	61	27	1
63	37	25	24	3	14	44	50
26	4	64	49	38	43	13	23
41	51	15	2	21	28	62	40
54	48	20	11	10	17	55	45
36	58	6	29	32	7	33	59

图 7.39 8 阶双重幻方

所谓**双重幻方**，是指把其各方格中的数换作各自的平方后得到的新方阵也是一个幻方. 可以证明，不存在 3~7 阶双重幻方. 图 7.39 所示是一个 8 阶双重幻方，原幻方的幻和是 260，新幻方的幻和是 11180.

7. 乘积幻方

图 7.40 所示是一个乘积幻方，即其各横行、直列、对角线上各数之和分别相等，同

时，各数之积也分别相等．该幻方的幻和是 840，其各行各数乘积是 2058068231856000.

46	81	117	102	15	76	200	203
19	60	232	175	54	69	153	78
216	161	17	52	171	90	58	75
135	114	50	87	184	189	13	68
150	261	45	39	91	136	92	27
119	104	108	23	174	225	57	30
116	25	133	120	51	26	162	207
39	34	138	243	100	29	105	152

图 7.40　乘积幻方

8. 镶嵌幻方

所谓**镶嵌幻方**，是指把某一幻方从外到内每去掉一圈后均构成幻方．日本数学家关孝和（Takakazu，约 1642—1708）于 1683 年出版的幻方著作中给出了 7，8，9，10 阶镶嵌幻方．图 7.41 是一个 9 阶镶嵌幻方，即不仅它本身是一个幻方，把它从外到内每次去掉一圈，也分别构成 7 阶、5 阶、3 阶幻方．

16	81	79	78	77	13	12	11	2
76	28	65	62	61	26	27	18	6
75	23	36	53	51	35	30	59	7
74	24	50	40	45	38	32	58	8
9	25	33	39	41	43	49	57	73
10	60	34	44	37	42	48	22	72
14	63	52	29	31	47	46	19	68
15	64	17	20	21	56	55	54	67
80	1	3	4	5	69	70	71	66

图 7.41　9 阶镶嵌幻方

75	53	11	25	14	65	48	42	36
10	26	74	54	49	43	32	15	66
71	57	7	54	33	16	67	50	39
8	28	72	56	68	46	40	34	17
52	69	13	30	41	35	18	64	47
12	27	38	51	77	80	20	3	61
37	59	76	9	24	4	60	81	19
73	6	23	45	58	79	21	2	62
31	44	55	70	5	1	63	78	72

图 7.42　9 阶鳞状叠盖幻方

9. 鳞状叠盖幻方

图 7.42 所示是一个 9 阶鳞状叠盖幻方，即不仅它本身是一个幻方，而且它的左上角和右下角分别构成 4 阶幻方，它的右上角和左下角分别构成 5 阶幻方，其中中心数 41 使用两次.

10. 六角幻方

前面所谈到的幻方都是正方形幻方，那么有没有其他类型的幻方呢？1910 年，有一位叫亚当斯的英国青年试图排出一个 3 阶六角幻方．他制作了一套（19 个）刻有 1～19 共 19 个数的六角形木板，工余时间就去摆弄它们，终于在 47 年后排出了一个 3 阶六角幻方．可惜的是，这一记录了结果的记录纸不慎遗失．但他并不灰心，又在 5 年后的 1962 年 12 月再一次取得成功（见图 7.43）．后来人们研究发现，只有当 $n=3$ 时，六角幻方才是存在的. 3 阶六角幻方的幻和为 38.

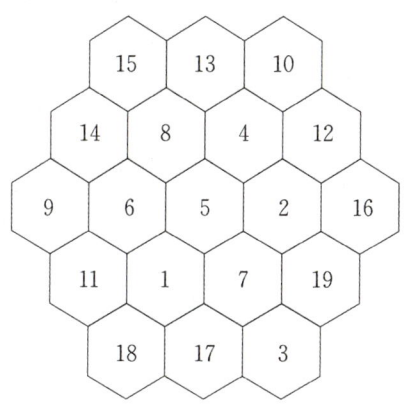

图 7.43　3 阶六角幻方

幻圆

幻圆是组合数学的一个分支，将自然数排列在多个同心圆上，使各圆周上的数字之和相同，几条直径上的数字之和也相同. 图 7.44 所示是易位幻圆，幻和是 336，加中心数 24 后为 360. 24 是指一年 24 个节气，加 24 表示一年.

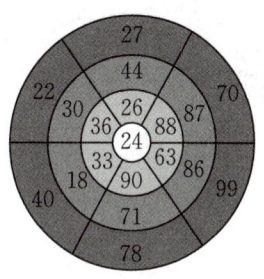

图 7.44　易位幻圆

第七章思考题

1. 有理数之奇，奇在什么地方？谈谈它与你的直观感觉的差异之处.
2. 请说明连续统假设的内容，最终的结果如何？
3. 平面上的点构成的集合与平面上的曲线构成的集合，哪个基数更大？为什么？
4. 非欧几何产生的背景是什么？
5. 罗巴切夫斯基几何与欧几里得几何的根本区别在哪里？
6. 黎曼几何与欧几里得几何的根本区别在哪里？
7. 通过单偶阶幻方的构造，你有什么感想？请进一步探讨 10 阶幻方的构造方法.
8. 式（7.13）和式（7.14）给出了 3 阶幻方的数字平方和关系式．通过这两式，你能否发现 3 阶幻方相关数字的乘积关系式？
9. 给定两个同阶幻方，你能否构造一个新的幻方？有哪些方法？
10. 请用 2，5，8，11，…，74 这 25 个数构造一个 5 阶幻方，并写出其幻和.

第八章 6174 数学之趣

数学之趣　引人入胜

数学，由于其抽象性和逻辑性，披上了神秘的面纱，给人枯燥的感觉．然而，也正因为其抽象性和逻辑性，数学包含着丰富的内涵，揭示着深刻的规律，带来出乎意料的发现、耐人寻味的惊奇和奇妙无穷的变幻，趣味盎然，引人入胜．

数学是数量与空间的组合．数与形蕴藏着大自然的奥秘，吸引着人们去探索．10个阿拉伯数字，勾画出宇宙万物，变换无穷；神奇的数字黑洞耐人寻味．勾股定理是数形结合的典范，勾股方程简洁对称，无数组勾股数蕴含的规律让人叫绝．

数学是思维的体操．思维中的悖论是一座无际迷宫，是挑战智力的魔方、启发思考的激素和孕育真理的沃土．悖论在荒诞中蕴含哲理，在理性中充满魅力，既让人们乐在其中、回味无穷，又使人们焦躁不安、欲罢不能．

数学是结构与模式的科学．数学有集合、有结构，游戏有道具、有规则，两者形式相仿、思想想通．游戏较具体，数学较抽象，不同的游戏可能具有相同的数学结构与原理．智慧创造游戏，游戏启迪智慧．数学二进制符号0与1，简单明了却内涵丰富、寓意广泛，是许多游戏的共同道具．

数学的结论、方法、思维，以其稚趣的形式"娱人"，以其丰富的内容"引人"，以其无穷的奥秘"迷人"，以其潜在的功能"育人"，充满趣味性．

第一节　数字之趣——数字黑洞

> 整数的简单构成，若干世纪以来一直是使数学获得新生的源泉．
> ——伯克霍夫（Birkhoff，1884—1944）

黑洞是在宇宙学中出现的词汇，能够吸收其附近的所有物质，包括光线．也就是说，没有任何物质能够逃脱黑洞的引力．**数字黑洞**是指由某些阿拉伯数字组成的数字串，使得其他任何满足适当条件的数字串，经过一定规则的反复演算后，都无一例外地走向这一数字串，如图 8.1 所示．和宇宙黑洞类似，数字黑洞的存在表明，在数学世界中存在着某种魔力，统领着这个无穷的数字世界．

图 8.1　数字黑洞

一、卡普雷卡黑洞 6174

苏联科普作家高基莫夫（Gorkimov）在其著作《数学的敏感》中提到了一个奇妙的四位数 6174，认为这是一个尚未被揭开的秘密：任选一个四位数（数字不能完全相同），把其所有数字从大到小排列得到一个最大数，再从小到大排列得到一个最小数，用最大数减去最小数得到一个新的四位数，这个过程算是一次"操作"或"变换"，称作**卡普雷卡变换**．对新得到的四位数重复卡普雷卡变换，如此下去，7 步以内必然会得到 6174．

例如，选取四位数 1326，重排后的最大、最小数分别为 6321 与 1236，两者之差为 5085．之后的操作结果依次为：7992，7173，6354，3087，8352，最后第七步得到 8532—

2358＝6174．这就进入一个黑洞，因为7641－1467＝6174，再也逃不出．

道理何在呢？事实上，一位到四位数有9999种，做一次卡普雷卡变换后的结果必然是9的倍数（请思考为什么），也就只有1111种，忽略其不同排列（例如，1326与1623在本质上算一种情况），本质上只有几十种情况而已．对这几十种情况进行穷举可知，连续进行卡普雷卡变换，最多7步，必然陷入6174．"6174"这个数被称为**卡普雷卡常数**．

类似的问题可以考虑三位数的情况．根据以上分析，在三位数中如果有这样的数存在，它必然是9的倍数，而且这个数各位重排后得到的最大数与最小数之差还等于这个数．在三位数里（包括一位数和两位数），忽略不同的排列情况，能够被9整除的只有25种组合，如009，036，837，999等，其中495满足954－459＝495，495就是三位数的**卡普雷卡黑洞**．任何一个三位数字不完全相同的三位数，最多经过6步卡普雷卡变换，即可陷入黑洞495．例如对于286，有862－268＝594，954－459＝495；又如对于179，有971－179＝792，972－279＝693，963－369＝594，954－459＝495．

两位数的情况比较简单，9的倍数中，不完全重复的两位数只有5种组合：90，81，72，63，54，黑洞为数字9．每一个两位数字不等的两位数，最多经过4步卡普雷卡变换，即可陷入黑洞9．

对于其他位数，也有一些结论．例如，六位数的黑洞有631764和549945，八位数的黑洞有63317664和97508421，九位数的黑洞有554999445和864197532，十位数的黑洞有6333176664，9753086421和9975084201．有趣的是，这些黑洞里，始终有6174和495的影子，无非是加配了3和6等．其中的道理还有待研究．

二、西西弗斯黑洞123

任取一个数，数出它的偶数个数、奇数个数及总的位数，按"偶奇总"的位序排列成一个新数，这个过程叫作**西西弗斯变换**．例如1234567890，其中有5个偶数，5个奇数，总位数为10，西西弗斯变换结果为5510．重复上述步骤，得到134．再重复，得到123．又如3678962738092，第一步得到7613，第二步得到134，最后得到123．任何一个数，连续进行西西弗斯变换，最终必然得到123，这是一个黑洞，叫作**西西弗斯黑洞**．

原因何在呢？事实上，根据西西弗斯变换规则，每一步都依次写出前一个数的偶数个数、奇数个数及总的位数，这样变换的结果是，其位数越来越少．到了四位数的时候，其变换结果只有5种情况：404，314，224，134，044．不难发现，变换结果必然到达123．

三、自恋性黑洞153及其相关

1. 自恋性黑洞153

对一个指定的多位数，求其各位数字的立方和，得到一个新的数，这个过程叫作**立方和变换**．任取一个3的倍数，对其连续施行立方和变换，最后必得到153．这是一个黑洞，因为153的各位数字的立方和还是153，即$1^3+5^3+3^3=153$，称153为**自恋性黑洞**．

英国数学家奥皮亚奈（O'Beirne）对此给出了证明．另外，三位数370，371，407也都具有同样的性质，如$3^3+7^3+1^3=371$．

2. 黑洞1和旋涡4

类似地，人们感兴趣的是对一个多位数求各位数的平方和的问题．任意一个自然数，求其各位数字的平方和为新的数,再求该新数各位数字的平方和为更新的数,以此下去,最后必得到 1 或 4. 其中 1 为黑洞,4 为旋涡:$4 \to 16 \to 37 \to 58 \to 89 \to 145 \to 42 \to 20 \to 4$.

谈到黑洞 1,不得不提起著名的 $3x+1$ 问题. $3x+1$ 问题又叫作**角谷猜想**、**冰雹猜想**、**西拉古斯猜想**、**格拉兹猜想**、**哈斯猜想**、**乌拉木猜想**.

角谷猜想 对任意自然数,若为偶数,则除以 2,若为奇数,则乘以 3 再加 1. 如此反复操作,最终必得到 1.

例如,$7 \to 22 \to 11 \to 34 \to 17 \to 52 \to 26 \to 13 \to 40 \to 20 \to 10 \to 5 \to 16 \to 8 \to 4 \to 2 \to 1$.

关于这个问题,还没有得到证明. 不过,一个明显的事实是,只要某一步到达 2^n,就必然会走向 1. 而当 n 为偶数时,$2^n - 1$ 又必然是 3 的倍数,即 $2^{2n} = 3(1 + 2^2 + \cdots + 2^{2n-2}) + 1$,或者说,当得到的奇数具有 $1 + 2^2 + \cdots + 2^{2n-2}$ 形式时,也已经必然会走向 1. 看来 $3x+1$ 问题正确的可能性是很高的.

四、神奇的 1089

任意选取一个三位数(个位与百位数字不能相等)A,把该数倒序排列为另一个数 B,用两数相减得到一个三位数 $m = |A - B|$(不足三位时前面补 0),把 m 倒序排列得到另一个三位数 n. 计算 $m+n$,看结果如何.

没错!不管一开始选的 A 是什么,最后的结果都一样,$m + n = 1089$.

为什么呢?假设三位数 $A = 100a + 10b + c$,$a \neq c$,那么 $m = |A - B| = 99|a - c|$. 也就是说,m 一定是 99 的倍数. 不超过三位数的 99 的倍数只有 99,198,297,…,990 这 10 个数,容易知道,它们变换的结果都是 $m + n = 1089$.

变出你的年龄

随便叫上一位观众,不经意间问下他的年龄. 然后请观众自己随便想出一个三位数 a(个位与百位数字不能相等),把该数倒序排列为另一个数 b,用两数相减得到一个三位数 $m = |a - b|$(不足三位时前面补 0),把 m 倒序排列得到另一个三位数 n,计算 $m + n$,用 $m + n$ 减去一个数,最后的结果是那个观众的年龄.

请问,最后要减的那个数如何确定?你可否把这个魔术改编得更加精彩?

第二节　勾股定理与勾股数趣谈

> 几何学有两大珍宝，其一是毕达哥拉斯定理，另一个是黄金分割．前者我们可以比之为黄金，后者我们可以比之为宝石．
>
> ——开普勒

一、勾股定理

三角形是平面几何中最简单的直边封闭图形，许多平面图形乃至立体图形的计算和应用都可以归结为三角形来解决．在三角形中，直角三角形是一类极其重要的特殊三角形，也是人类最早认识和感兴趣的一类三角形．任何三角形都可以分解为两个直角三角形．关于直角三角形三边长度的关系，有著名的勾股定理．

勾股定理　直角三角形斜边长的平方等于两直角边长的平方和，即

$$x^2 + y^2 = z^2. \tag{8.1}$$

反过来，三边长满足上述关系的三角形，也一定是直角三角形．

这是人类认识最早、关注最多、证明最多、应用最广的一个定理．勾股定理作为数学中的第一个重要定理，与黄金分割一起，被誉为几何学的两大珍宝．

什么是"勾、股"？我国古代学者把直角三角形较短的直角边称为"勾"，较长的直角边称为"股"，斜边称为"弦"．

1. 勾股定理的历史

在西方，传说这个定理是由古希腊的毕达哥拉斯学派发现的，因而被称为**毕达哥拉斯定理**．据传，当时毕达哥拉斯学派发现这个定理时，信徒们异常高兴，为此杀了一百头牛以表庆贺，因此又称为"百牛定理"．其实，有许多真凭实据表明，早在毕达哥拉斯（见图 8.2）之前，许多民族都在一定程度上发现了直角三角形的这一重要关系．"毕达哥拉斯定理"之名之所以得以公认，是因为现代数学与科学来源于西方，西方数学与科学来源于古希腊，古希腊流传下来的最古老的著作是欧几里得的《几何原本》，而《几何原本》中称该定理为毕达哥拉斯定理．

图 8.2　毕达哥拉斯

作为几何学的两大珍宝之一，勾股定理在古代世界各民族的实践活动中都不同程度地得到认识．有确凿的证据表明，四大文明古国古代中国、古印度、古埃及、古巴比伦，都对勾股定理有一定程度的认识．特别值得提出的是古代中国和古巴比伦．

在古代中国，成书于公元前1世纪左右的《周髀算经》是一部较早记载勾股定理的著作．据载，公元前1100年左右，商高提供了被称为"勾股术"的测量天有多高、地有多大的方法："数之法出于圆方，圆出于方，方出于矩，矩出于九九八十一（泛指数学计算）．故折矩，以为勾广三，股修四，径隅五……"这里最后一句的意思是说，在方尺上截取勾宽为三、股长为四，则这端到那端的径长（弦长）为五．从这里可以看到，我国人民那时就已掌握了直角三角形勾三、股四、弦五的基本规律，因此我国人民又称勾股定理为"商高定理"．《周髀算经》中还记载了陈子（公元前六七世纪人）测量地球到太阳距离时提道："勾股各自乘，并而开方除之，得斜至日"，这应是对勾股定理的完整叙述．在中国后来的其他数学著作《九章算术》《缉古算经》等中，还记载了其他一些具体的整数边长的直角三角形，并有一定的讨论．公元3世纪初，我国数学家赵爽（约182—250）在《周髀算经注》中给出了勾股定理的一般形式和几何证明，其中还附了一张证明勾股定理的**"弦图"**．

最令人吃惊的是，1945年，人们在对古巴比伦留下的一块泥板文书（普林顿322号，如图8.3所示）的研究中发现，那里竟清楚地记载着15组具有整数边长的直角三角形的边长．该泥板现收藏于美国哥伦比亚大学．据考证，泥板文书的年代为公元前1900—前1600年．这表明，古巴比伦人认识勾股定理至少有将近4000年的历史．

图8.3　古巴比伦泥板文书普林顿322号

普林顿322号中的15组整数边长的直角三角形边长列表（修正版）如表8.1所示．

表8.1　普林顿322号中的15组整数边长的直角三角形边长列表（修正版）

x	119	3367	4601	12709	65	319	2291	799	481	4961	45	1679	161	1771	56
y	120	3456	4800	13500	72	360	2700	960	600	6480	60	2400	240	2700	90
z	169	4825	6649	18541	97	481	3541	1249	769	8161	75	2929	289	3229	106

2．勾股定理的重要性

勾股定理是证明方法最多的一个定理，已公开发表的证明方法超过370种．1940年，美国数学家卢米斯（Loomis）在他的《毕达哥拉斯命题》第2版中，收集了勾股定理的370种证明方法并加以分类，其重要性不言而喻．归纳起来，勾股定理的重要性主要体现如下：

（1）勾股定理是联系数学中最基本也最原始的两个对象——数与形的第一个定理．没有勾股定理，也就没有平面上两点间距离公式，也就不会有一般欧几里得空间上两点间距离公式，不会有微积分，不会有一般度量空间的概念与理论，也就没有当今的数学．

（2）勾股定理导致了不可通约量的发现，深刻揭示了有理数与量的区别，导致了无理数的发现,促进了数系的发展.

(3) 勾股定理开始把数学由实验数学(计算与测量)阶段转变到演绎数学(推理与证明)阶段.

(4) 勾股定理的三边长关系式是最早得到完满解答的不定方程,它也导致了包括费马大定理在内的各式各样的不定方程的研究.

尼加拉瓜在1971年发行了一套十枚纪念邮票,主题是世界上"十个最重要的数学公式",勾股定理位列其中. 甚至还有人提出过这样的建议:在地球上建造一个大型装置,以便向可能来访的"天外来客"表明地球上存在智慧生命,最适当的装置就是一个象征勾股定理的巨大图形,因为人类相信,一切有知识的生物都必定知道这个非凡的定理,用它来做标志最容易被外来者识别. 美国宇航局在1972年3月2日发射的星际飞船"先锋10号"就带着证明勾股定理的"出入相补图"飞向太空.

二、从几何观点看勾股定理

勾股定理包含几何与代数两个方面. 在几何方面,一个正实数的平方代表了以此数为边长的正方形的面积. 勾股定理表明:以直角三角形斜边为边的正方形面积等于分别以两直角边为边的正方形面积之和. 这一思想引出了勾股定理的多种证明,《几何原本》命题47中给出的证明(见图8.4),其方法就起源于这一思想. 许多几何证明是形象直观的,下面给出几种证明方法.

1. 几何原本的证明

欧几里得的《几何原本》是用公理方法建立演绎数学体系的典范. 本证明取自《几何原本》第一卷命题47.

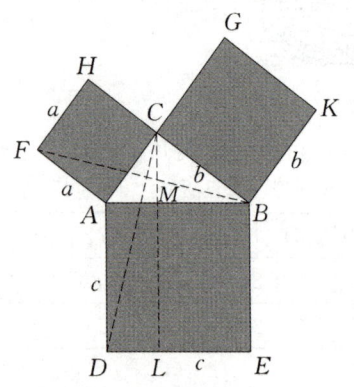

图 8.4 几何原本的证明

作三个边长分别为 a,b,c 的正方形,把它们拼成如图8.4所示的形状,使 H,C,B 三点在一条直线上,联结 BF,CD. 过点 C 作 $CL \perp DE$,交 AB 于点 M,交 DE 于点 L,则 $\triangle FAB \cong \triangle CAD$,从而两者面积相等.

由于

$$S_{\triangle FAB} = \frac{1}{2}a^2, \quad S_{\triangle CAD} = \frac{1}{2}S_{矩形 ADLM},$$

因此矩形 $ADLM$ 的面积 $S_{矩形 ADLM} = a^2$. 同理可证,矩形 $MLEB$ 的面积 $S_{矩形 MLEB} = b^2$. 所以

$$c^2 = S_{正方形 ADEB} = S_{矩形 ADLM} + S_{矩形 MLEB} = a^2 + b^2.$$

这种证法是现存的最古老的证明之一,它随《几何原本》在世界上广泛流传,成为两千年来几何学教科书中的通用证法. 这个证明很精彩,证明中只用到面积的两个基本观念:

(1) 全等形的面积相等.

(2) 一个图形分割成几部分,各部分面积之和等于原图形的面积.

2. 弦图

赵爽,又名婴,字君卿,东汉末至三国时期吴国人. 他在为《周髀算经》作注时,在

《勾股圆方图注》中画出了以直角三角形的弦（斜边）c 为边的正方形——**弦图**（见图 8.5）. 这里他以 a, b 为直角边（$b>a$），以 c 为斜边作 4 个全等的直角三角形，把这 4 个直角三角形拼成如图 8.5 所示形状，其中直角三角形的面积 $\frac{1}{2}ab$ 称为**朱实**，中间边长为 $b-a$ 的小正方形的面积 $(b-a)^2$ 称为**黄实**. 他写道："案弦图，又可以勾股相乘为朱实二，倍之为朱实四，以勾股之差自乘为中黄实，加朱实四，亦成弦实." 用式子表达就是

$$c^2=(a-b)^2+4\times\frac{1}{2}ab=a^2-2ab+b^2+2ab,$$

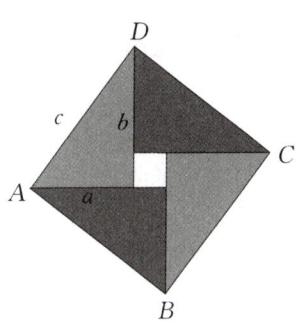

图 8.5　赵爽的弦图

故 $c^2=a^2+b^2$，这就证明了勾股定理.

赵爽的这个证明可谓别具匠心，极富创新意识. 他用几何图形的截、割、拼、补来证明代数式之间的恒等关系，既具严密性，又具直观性，为中国古代以形证数，形数统一，代数和几何紧密结合、互不可分的独特风格树立了一个典范.

3. 美国总统的证明

美国众议员加菲尔德（Garfield，1831—1881）（见图 8.6）在 1876 年给出勾股定理一个如图 8.7 所示的证明，发表在《新英格兰教育杂志》上. 由于他于 1881 年成为美国第 20 任总统，故该证法引起关注.

图 8.6　加菲尔德

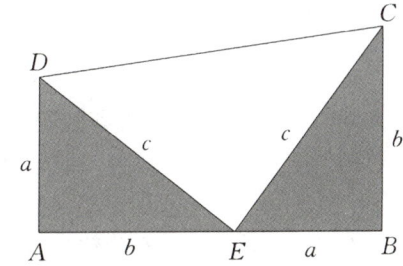

图 8.7　加菲尔德的证明

以 a, b 为直角边，c 为斜边作两个全等的直角三角形，则每个直角三角形的面积等于 $\frac{1}{2}ab$. 把这两个直角三角形拼成如图 8.7 所示形状，使 A, E, B 三点在一条直线上.

由于 Rt$\triangle EAD \cong$ Rt$\triangle CBE$，有 $\angle ADE=\angle BEC$；又 $\angle AED+\angle BEC=90°$，从而 $\angle DEC=90°$，所以 $\triangle DEC$ 是一个等腰直角三角形，面积等于 $\frac{1}{2}c^2$.

又由于四边形 $ABCD$ 是一个直角梯形，它的面积等于 $\frac{1}{2}(a+b)^2$，由此知

$$\frac{1}{2}(a+b)^2=2\times\frac{1}{2}ab+\frac{1}{2}c^2,$$

即 $a^2+b^2=c^2$.

加菲尔德的这种证法利用了梯形的面积公式，简明易懂.

4. 勾股定理的出入相补证明

我国三国魏晋时期数学家刘徽，在魏景元四年（263 年）为古籍《九章算术》做注释．在此著作中，他提出以"出入相补"的原理来证明勾股定理．后人称该图为"青朱入出图"．这个证明是剪贴的方式以形证数，他把勾股为边的正方形上的某些区域剪下来（出），移到以弦为边的正方形的空白区域内（入），三出三入，结果刚好填满，完全用图解法就解决了问题（见图 8.8）．

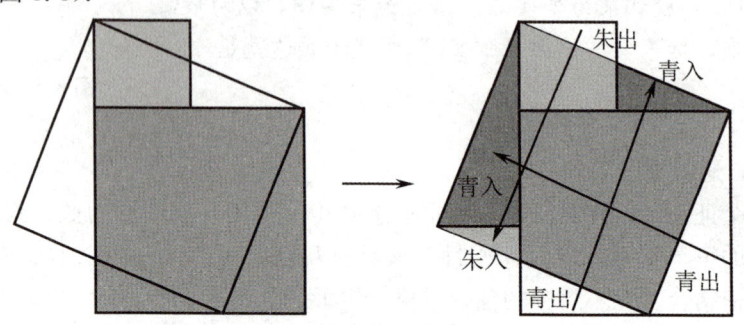

图 8.8　青朱入出图

出入相补法是中国古代数学家常用的一种证法，它操作性强，简明易懂．读者也可以利用另外的割法，得到不一样而本质相同的其他证明．

三、从代数观点看勾股定理——勾股数与不定方程

作为三角形的三条边长，其数值可以是任意正实数．然而，人们更关心的是边长为整数的情况．西方人把满足

$$x^2 + y^2 = z^2$$

的三整数组 (x, y, z) 称为**毕达哥拉斯数组**，我们称之为**勾股数（组）**．

这是人们从代数方面来认识与研究勾股定理．上述方程也是人类第一个充分研究过并给予完满解答的不定方程，具有重要意义与价值．

谈到不定方程，不能不提到古希腊数学家、代数学鼻祖丢番图．他是第一个系统而广泛研究不定方程的数学家．关于他的一生人们知之甚少，只知道他在亚历山大住过几年．

对于上述关于勾股定理而形成的不定方程，一个简单而明显的事实是：如果 (a, b, c) 是一组解，即勾股数，则对于任意整数 k，(ka, kb, kc) 也是一组勾股数．这说明，勾股数如果存在，就有无穷多组，而要求所有的勾股数，只需要寻求那些三数互素的**素勾股数**．应当注意的是，在勾股数中，三边长互素意味着三边长两两互素；反过来，三边长中有两边长互素也就意味着三边互素，这一点不难由方程 $x^2 + y^2 = z^2$ 直接看出．因此，要判断一组勾股数是否是素勾股数，只需要看其是否有两边长互素即可．

一个自然的问题是：素勾股数有多少？一个，还是多个？有限多个，还是无穷多个？素勾股数有没有统一的表达式？

显然，$(3, 4, 5)$，$(5, 12, 13)$ 都是素勾股数，这说明素勾股数不止一个．那么，素勾股数有没有统一的表达式呢？从数学发展的角度来看，找出这样的表达式是一个质的飞跃．公元前 6 世纪的毕达哥拉斯学派就已找到了一个表达式，即

$$\begin{cases} a=m, \\ b=\dfrac{1}{2}(m^2-1), \\ c=\dfrac{1}{2}(m^2+1), \end{cases} \tag{8.2}$$

其中 m 为奇数. 验证它的正确性不难, 但发现它并不容易. 这一表达式也说明了素勾股数有无穷多组. 表 8.2 列出了最初的几组素勾股数.

表 8.2　毕达哥拉斯学派的素勾股数组

$a=m$	3	5	7	9	11	13	15
$b=\dfrac{1}{2}(m^2-1)$	4	12	24	40	60	84	112
$c=\dfrac{1}{2}(m^2+1)$	5	13	25	41	61	85	113

公元前四五世纪, 主要进行几何学体系和几何学基础研究的柏拉图学派也得到一个类似的表达式:

$$\begin{cases} a=m, \\ b=\dfrac{1}{4}m^2-1, \\ c=\dfrac{1}{4}m^2+1, \end{cases} \tag{8.3}$$

其中 m 是 4 的倍数. 例如, $(8,15,17)$ 就是一组这样的素勾股数.

但是, 不论是毕达哥拉斯学派的表达式, 还是柏拉图学派的表达式, 都未能包含所有的素勾股数. 例如,

$$65^2+72^2=4225+5184=9409=97^2,$$

即 $(65,72,97)$ 是一组素勾股数, 但不能由上述两个表达式表出. 事实上, 毕达哥拉斯学派得到的勾股数中弦比股大 1, 而柏拉图学派得到的勾股数中弦比股大 2.

丢番图在研究二次不定方程时, 对勾股数问题进行了进一步研究, 给出了如下法则:

若 m,n 是两个正整数, 且 $2mn$ 是完全平方数, 则

$$\begin{cases} a=m+\sqrt{2mn}, \\ b=n+\sqrt{2mn}, \\ c=m+n+\sqrt{2mn} \end{cases} \tag{8.4}$$

是一组勾股数.

值得一提的是, 在早于丢番图三四百年的我国古代数学巨著《九章算术》中, 也记载了一组求勾股数的公式:

$$\begin{cases} a=mn, \\ b=\dfrac{1}{2}(m^2-n^2), \\ c=\dfrac{1}{2}(m^2+n^2), \end{cases} \tag{8.5}$$

其中 $m>n$, 且奇偶性相同. 与丢番图同时代的我国魏晋时期数学家刘徽, 在公元 263 年对

《九章算术》注释时用几何方法对这一公式进行了严格证明．这一结果是迄今为止人们对勾股数的最为完美的表示之一．毕达哥拉斯学派的表达式是此处 $n=1$ 的特例．

公元 7 世纪初，印度数学家给出了全部素勾股数的下述统一表达式：

$$\begin{cases} a=2mn, \\ b=m^2-n^2, \\ c=m^2+n^2, \end{cases} \tag{8.6}$$

其中 m，n 互素，且奇偶性不同．我国清代数学家罗士琳（1789—1853）也给出了同样的表达式．下面给出该表达式的证明．

1) 上述公式中每一个数组都是素勾股数．

首先，直接验证可以知道，它们都是勾股数．

其次，要证明 (a,b,c) 中三数互素，只需要证明 $(b,c)=1$ 即可．

反证法：由于 m，n 互素，且奇偶性不同，有 $(m,n)=1$，从而 $(m^2,n^2)=1$，而且 $b=m^2-n^2$ 与 $c=m^2+n^2$ 都是奇数．如果 $(b,c)\neq 1$，则 m^2-n^2 与 m^2+n^2 有公共奇素数因子 p，$p\mid(m^2+n^2)$ 且 $p\mid(m^2-n^2)$，从而 $p\mid 2m^2$，且 $p\mid 2n^2$，由此知 $p\mid m^2$，且 $p\mid n^2$，这与 $(m^2,n^2)=1$ 矛盾，结论得证．

2) 任一素勾股数均可以由上述公式表出．

注意到，素勾股数中勾股两数不可能同时为偶数，也不可能同时为奇数，因此必然为一奇一偶，从而弦为奇数．设 (a,b,c) 是一组素勾股数，即

$$a^2+b^2=c^2,$$

且 $(a,b,c)=1$，可以设 b，c 为奇数，从而 $\dfrac{c+b}{2}$，$\dfrac{c-b}{2}$ 均为整数，而且两者互素．由

$$\left(\dfrac{c+b}{2}\right)\left(\dfrac{c-b}{2}\right)=\dfrac{c^2-b^2}{4}=\left(\dfrac{a}{2}\right)^2$$

是完全平方数，知 $\dfrac{c+b}{2}$，$\dfrac{c-b}{2}$ 均为完全平方数，记

$$\dfrac{c+b}{2}=m^2, \quad \dfrac{c-b}{2}=n^2,$$

则容易验证，所述表达式成立．

四、勾股数的特殊性质

根据勾股数的统一表达式 (8.6)，可以导出勾股数许多美妙的性质，例如：

(1) 不存在勾股同是奇数而弦为偶数的组合．

(2) 勾股中必有一个数是 3 的倍数．

(3) 勾股中必有一个数是 4 的倍数．

(4) 勾股弦中必有一个数是 5 的倍数．

(5) 弦与勾股中某一数之和、之差均为完全平方数．

(6) 弦与勾股中某一数之算术平均为完全平方数．

以上各条性质中，第 1，2，3，5，6 条都可以从素勾股数的表达式直接看出．对于第 4 条，注意到任何一个自然数的平方要么是 5 的倍数，要么是模 5 余 ± 1，因此，如果 m^2，n^2 之一是 5 的倍数，则 $a=2mn$ 是 5 的倍数；如果 m^2，n^2 都不是 5 的倍数，若余数相同，

则 $b=m^2-n^2$ 是 5 的倍数, 若余数相异, 分别为 1 和 −1, 则 $c=m^2+n^2$ 是 5 的倍数.

具有整数边长的三角形一直是一个有趣的话题, 而由勾股定理表现的直角三角形是其中最有趣的. 下面举例说明.

1. 边长随你选

除 1 与 2 外, 每一个自然数都可以作为整数边长直角三角形的一个直角边边长.

实际上, 对于奇数 A, 总是可以将 A 写成两数之积 (因子可以是 1), 令大数为 $m+n$, 小数为 $m-n$, 显然可以通过联立方程简单地解出 m, n 的值, 此时取

$$\begin{cases} a=2mn, \\ b=m^2-n^2=A, \\ c=m^2+n^2, \end{cases} \tag{8.7}$$

则 A 是一条直角边边长, 由此可以得到一组素勾股数. 例如, $A=7=7\times 1$, 得 $m=4, n=3$, 相应的勾股数为 $(24, 7, 25)$.

这样一来, 对所有大于 2 的形如 $2(2k+1)=4k+2$ 的偶数, 如 6, 10 等, 都可以作为一组 (非素) 勾股数的一元. 例如, $A=14=2\times 7$, 则 $(48, 14, 50)$ 是一组 (非素) 勾股数.

对于偶数 $A=4k$, 令 $2k=mn$, 可以假定 m, n 奇偶性不同且互素 (可以是 1), 于是取

$$\begin{cases} a=2mn=A, \\ b=m^2-n^2, \\ c=m^2+n^2, \end{cases} \tag{8.8}$$

则 A 是一个直角边边长, 由此可以得到一组素勾股数. 例如, $A=8=2\times 4\times 1$, 得 $m=4, n=1$, 相应的勾股数为 $(8, 15, 17)$.

通常, 对于一个给定的自然数, 以它为直角边边长的三角形可以有多个, 这是由于上述 m, n 可以有多种取法.

2. 姐妹边长

1) 一直角边长与斜边长为连续整数的直角三角形 (见表 8.3).

表 8.3 一直角边长与斜边长为连续整数的直角三角形举例

a	3	5	7	9	11	13	15
b	4	12	24	40	60	84	112
c	5	13	25	41	61	85	113

2) 两直角边长为连续整数的直角三角形.

盲目地去寻找这样的三角形并非易事, 但一个最简单的、大家都熟悉的勾股数 $(3, 4, 5)$ 就是一组. 可以依靠这一特殊勾股数, 按如下较简单的方法来寻找其他此类三角形. 方法是: 对于已知的一组此类勾股数, 设其母数 (勾股数表达式中的 m, n 称为勾股数的母数) $m>n$, 可以证明, 以 $2m+n$ 与 m 为母数可以产生另一组此类勾股数.

例如, $(3, 4, 5)$ 的母数为 $m=2, n=1$, 于是, 以 5, 2 为母数产生的勾股数为 $(21, 20, 29)$; 以 12, 5 为母数产生的勾股数为 $(119, 120, 169)$.

3. 平方数边长

在整数边长直角三角形中，各种边长均可能为平方数，而且还存在一边长为平方数且另两边长为连续整数的直角三角形（见表 8.4、表 8.5、表 8.6）.

表 8.4 斜边（最大边）为平方数的直角三角形

m, n	4, 3	12, 5	24, 7	40, 9
$a = 2mn$	24	120	336	720
$b = m^2 - n^2$	7	119	527	1519
$c = m^2 + n^2$	25	169	625	1681

表 8.5 最小边为平方数且另两边为连续整数的直角三角形

m, n	5, 4	13, 12	25, 24	41, 40
$b = m^2 - n^2$	9	25	49	81
$a = 2mn$	40	312	1200	3280
$c = m^2 + n^2$	41	313	1201	3281

表 8.6 中等长边为平方数的直角三角形

m, n	9, 8	2, 1	25, 18	49, 32
$b = m^2 - n^2$	17	3	301	1377
$a = 2mn$	144	4	900	3136
$c = m^2 + n^2$	145	5	949	3425

切出勾股定理

由于在平面上两个相似图形的面积之比等于相对应的线段长度之比的平方，所以勾股定理不仅可以改述为"以一个直角三角形的两条直角边为边所作的正方形的面积之和等于以其斜边为边所作的正方形的面积"，也可更一般地表述为"以一个直角三角形的两条直角边为一边所作的图形的面积之和等于以其斜边为一边所作的相似图形的面积"，这里的图形可以是半圆，也可以是三角形、五边形、六边形等.

考虑 Rt△ABC（见图 8.9），在斜边 AB 上作高 CD，就把△ABC 切割为两个分别以两条直角边为边的与之相似 Rt△ACD 和△CBD，自然有

$$S_{\triangle ABC} = S_{\triangle ACD} + S_{\triangle CBD}.$$

这就证明了勾股定理.

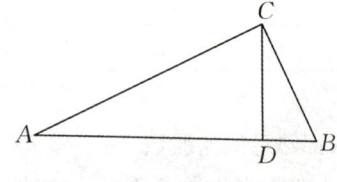

图 8.9 切割法证明勾股定理

你还能提出其他通过简单切割、拼补、折叠等变换方法证明勾股定理的方法吗？

第三节　悖论及其对数学发展的影响

逻辑是不可战胜的，因为要反对逻辑还得使用逻辑．
　　　　　　　　——布特鲁（Boutroux，1880—1922）

让她无法说"No"的约会

一次，美国滑稽大师加德纳根据哈佛大学数学教授贝克先生告诉他的办法，成功地邀请了一位年轻姑娘一起吃晚饭．

加德纳对这姑娘说："我有三个问题，请你对每个问题只用'Yes'或'No'回答，不必多做解释．第一个问题是：你愿意如实地回答我的下面两个问题吗？"

姑娘答："Yes!"

"很好，"加德纳继续说，"我的第二个问题是，如果我的第三个问题是'你愿意和我一道吃晚饭吗'，那么，你对这后两个问题的答案是否一致呢？"

可怜的姑娘不知如何回答是好．因为不管她怎样回答第二个问题，她对第三个问题的回答都是肯定的．那次，他们很愉快地在一起吃了一顿很好的晚饭．

事实上，如果她回答"Yes"，那么表明她对第三个问题与第二个问题的答案一致，也就是"Yes"，意味着她同意与他一起共进晚餐．如果她回答"No"，那么说明她对第三个问题的答案与此不同，那也是"Yes"，同样表明她同意这次约会．

加德纳问题的巧妙之处在于，他把第二和第三个问题嵌套在一起，犹如数学中的复合函数．于是，姑娘对第二个问题的回答就不可避免地包含了两层意思：一个是对第二个问题本身的回答，另一个是对两者关系的回答．这种圈套设计巧妙，使姑娘无法拒绝．

一、悖论的定义与起源

在"让她无法说'No'的约会"这个故事中，姑娘陷入了滑稽大师的圈套"不能自拔"．这种现象让人感觉迷惑，不知所措．在数学与哲学中，有一种称为"悖论"的语句，更让人惊奇：它是亦真亦假，真假难辨！

1. 悖论的定义

"悖论"（paradox）的字面意思是荒谬的理论，然而其内涵远没有这么简单，它是在一定理论系统前提下看起来没有问题的矛盾．

关于悖论，存在着各种不同的说法，目前还没有非常权威性的定义．在日本数学会的《数学百科辞典》中，关于悖论词条的描述为：所谓**悖论**，是指这样一个命题 A，由 A 出发，可以推出一个命题 B，但从这个命题 B，却会出现如下自相矛盾的现象，即若 B 为真，则推出 B 为假；若 B 为假，又会推出 B 为真．

悖论不是孤立存在的，任何一个悖论在实质上都包含在某一个理论体系之中．悖论涉及数学、哲学、逻辑学、语义学等许多不同的领域，在具体表现上也有各种不同形式，总体来看主要有以下三种：

(1) 一个论断看起来好像肯定错了，但实际上却是对的（佯谬）.

(2) 一个论断看起来好像肯定是对的，但实际上却错了（似是而非的理论）.

(3) 一系列推理看起来好像无懈可击，可是却导出了逻辑上的自相矛盾.

悖论不同于通常的诡辩或谬论．诡辩、谬论可以通过已有的理论说明其错误的原因，是与现有理论相悖的．而悖论虽感其不妥，但从它所在的理论体系中，不能阐明其错误的原因，是与现有理论相容的．悖论是在当时解释不了的矛盾.

看一个诡辩的例子，有一个关于"讼师和他徒弟的约定"的故事讲道：

一个讼师招收徒弟时约定，徒弟学成后第一场官司如果打赢，则交给师傅一两银子，如果打输，就可以不交银子．弟子满师后却无所事事，迟迟不参与打官司．讼师得不到银子，便和这位弟子打官司．弟子却不慌不忙："这场官司如果我打赢了当然不给您银子，如果打输了按照约定也不交给您银子."

其实，这是一种诡辩，很容易找到其错误原因：当他官司打赢时，他按照官司本身的规则不给银子，当他官司打输时，他又按照入师时的约定不给银子．两者采用了不同的标准．事实上，老讼师也可以按照相反的诡辩方法：当徒弟官司打赢时，按照收徒时的约定可以得到银子，打输时，按照官司本身的规则也应该得到银子，从而这场官司不论输赢都可以得到银子.

在许多情况下，悖论蕴含真理，但常被人们描绘为倒置的真理．它在"荒诞"中蕴含着哲理，可以给人以智慧的启迪，给人以奇异之美感.

悖论富有魅力，既让人乐在其中，又使人焦躁不安，欲罢不能．深入其中，可以启发思维，回味无穷.

数学历史中出现的悖论，为数学的发展提供了契机.

2. 悖论的起源

关于悖论的起源问题，一般认为，悖论早在古希腊时期就出现了，有两种不同的说法.

起源之一：芝诺悖论（公元前 5 世纪）.

芝诺（Zeno，约公元前 490—前 425）出生于意大利南部的埃利亚城，是古希腊埃利亚学派的主要代表人物之一．他是古希腊著名哲学家巴门尼德（Parmenides，约公元前 515—前 5 世纪中叶以后）的学生．他否定现实世界的运动，信奉巴门尼德关于世界上真实的东西只能是"唯一不动的存在"的信条．在他那个时代，人们对空间和时间的看法有**两种截然不同的观点**：一种观点认为空间和时间无限可分，运动是连续而又平顺的；另一种观点则认为时间和空间是由一小段一小段不可分的部分组成的，运动是间断且跳跃的．芝诺悖论是针对上述两种观点而提出的．他关于运动的四个悖论，被认为是悖论的起源之一．

其中前两个悖论针对连续时空观,后两个悖论则针对间断时空观.

1) 运动不存在(见图 8.10).

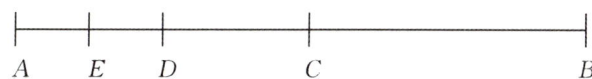

图 8.10 运动不存在

芝诺指出:一物体要从 A 点到达 B 点,必先抵达其 $\frac{1}{2}$ 处之 C 点;同样,要到达 C 点,必先抵达其 $\frac{1}{4}$ 处之 D 点;而要到达 D 点,又必先抵达其 $\frac{1}{8}$ 处之 E 点. 如此下去,它必定要先到达无穷多个点,这在有限时间内做不到,因此运动不可能存在.

据说,在芝诺做关于运动不存在这个悖论的演讲时,当时的一个反对者,哲学家第欧根尼(Diogenēs,约公元前 412—前 324),在气急之下也只是在听众席前默默地走来走去.

问题:要到达无穷多个位置,是否就需要无限长的时间?

2) 阿喀琉斯追不上乌龟.

阿喀琉斯与乌龟赛跑,阿喀琉斯的速度是乌龟速度的 10 倍. 如果让乌龟先行 100 米,阿喀琉斯开始追赶;等到阿喀琉斯走了 100 米时,乌龟又走了 10 米;等到阿喀琉斯再走过 10 米时,乌龟又走了 1 米……阿喀琉斯永远也追不上乌龟.

问题:无穷多个时间段,是否就是无限长的时间?

3) 飞矢不动.

"飞着的箭静止着". 飞箭在任一瞬间必然静止在一个确定的位置上,所以,箭一直是静止的.

问题:什么叫作运动?

4) 运动相对性.

三个物体 A,B,C 依次等距并行排列,B 不动,A 以匀速左行,C 以同样的速度匀速右行. 于是,在 B 看来,A(相对于 B)运动一个长度单位所用的时间,等于在 C 看来,A(相对于 C)运动两个长度单位所用的时间. 悖论:一半时间等于整个时间.

问题:运动是相对的.

起源之二:说谎悖论(约公元前 6 世纪).

说谎悖论是一个语义上的悖论. 多年来通过对它的分析、研究,逐步澄清了语言学在逻辑、语义上存在的混乱和不清,推动了逻辑学、语义学的发展. 说谎悖论产生较早,也被认为是悖论的起源之一.

1) 埃庇米尼得斯悖论.

公元前 6 世纪,克里特岛上的哲学家埃庇米尼得斯(Epimenides)说:"所有的克里特人都是说谎者."

如果假定说谎者永远说谎,并假定所有克里特人要么都说谎,要么都讲真话,这句话就是一个悖论. 这是因为:如果这句话是真的,由于埃庇米尼得斯本人也是克里特人,他应是说谎者,于是他说的上述话就应该是假的;如果这句话是假的,也就是说埃庇米尼得斯在说谎,因此所有的克里特人都是说谎者,他说的上述话就应该是真的.

如果没有前述假定，这句话并不构成悖论．但在公元前 3 世纪，欧几里得把上述语句修改为："我正在说谎．"这便是一个标准的悖论．

2）柏拉图悖论．

A：下面 B 的话是假的；

B：前面 A 说了真话．

3）二难论．

鳄鱼问孩子的母亲：你猜我会不会吃掉你的孩子，猜对了我就不吃，猜错了我就吃掉他．

母亲说：你是要吃掉我的孩子的．

问题：鳄鱼能否吃掉孩子？

二、悖论对数学发展的影响——三次数学危机

从哲学上来看，矛盾无处不在，即便以确定无疑者著称的数学也不例外．

数学中充满矛盾：正与负、实与虚、圆与方、直与曲，有限与无限、连续与离散、常量与变量、具体与抽象，指数与对数、微分与积分、乘方与开方、收敛与发散，等等．在整个数学发展史上，始终贯穿着矛盾的产生、斗争与解决．当矛盾激化到涉及整个数学基础时，就产生了数学危机．在数学发展史上，一般认为从公元前 6 世纪古希腊的毕达哥拉斯学派算起，到 20 世纪初，经历了三次数学危机．第一次数学危机发生在公元前 470 年左右，由无理数的发现所导致；第二次数学危机发生在 18 世纪，是由于实用但不够严密的微积分产生的；1902 年，英国数学家罗素关于集合的悖论的发表，标志着第三次数学危机的到来．每一次数学危机的出现，都源于数学新思想与传统思想的激烈冲突，都是以数学悖论的出现为特征．要消除悖论，就要对旧理论加以审视，找出矛盾根源，建立新的理论体系．当矛盾消除、危机解决时，往往又给数学带来新的内容、新的进展，扩大了对数学对象、理论与方法的认识，以致带来革命性的变化．

1. 第一次数学危机

公元前 5 世纪，无理数的发现，导致了数学的第一次危机．

1）毕达哥拉斯学派的"万物皆数"信条．

数学是研究数与形的科学．远在文字出现之前，人类祖先就已经有了数的概念．人类最早认识的是自然数．

公元前 6 世纪，古希腊的毕达哥拉斯学派坚信：任何一条线段的长度都可以表示为两个整数之比，世界上除整数和分数（有理数）外，再也没有别的数．这就是第六章提到的"万物皆数"信条的自然解释．毕达哥拉斯学派信奉"万物皆数"这一信条，认为宇宙中的一切现象都能归结为"数"——有理数．因此，所有的几何量：长度、面积、体积等均可以由整数或整数之比来表示，或者说任何两个量之间都是"可公度"的——可以找到一个较小的量去用整数公度它们．当时他们信奉这一信条是有其充分根据的：他们已经清楚，**有理数全体具有稠密性与和谐性**．因此，毕达哥拉斯学派自然地认为，（有理）数就是所有的量．

2）无理数的发现与第一次数学危机．

毕达哥拉斯学派一个最重要的研究成果就是毕达哥拉斯定理，即勾股定理．按照这一

定理，直角边边长为1的等腰直角三角形的斜边长作为一个几何量也应该是一个分数．可是，毕达哥拉斯和他的门徒费了九牛二虎之力也找不到这个分数．该学派有个成员叫希帕索斯（Hippasus），他对这一问题很感兴趣．希帕索斯花费很多时间苦心钻研这类问题，最终发现边长为1的正五边形的对角线的长度，也是一个人们还没有认识的新数，就是现在所说的"无理数"．

像直角边边长为1的等腰直角三角形的斜边长$\sqrt{2}$这样的几何量，却不是一个数（=量），这自然是一个悖论，后人把它叫作**毕达哥拉斯悖论**．这一悖论的出现，动摇了毕达哥拉斯万物皆数的信条，推翻了毕达哥拉斯学派的基础，引起了毕达哥拉斯学派的恐慌，直接导致了数学的第一次重大危机．

据说当时毕达哥拉斯学派为了维护该学派的威信，下令严密封锁希帕索斯的发现．希帕索斯由于泄露了这一秘密而被追杀，流浪国外数年．后来，在地中海的一条海船上，毕达哥拉斯的信徒们发现了希帕索斯，他们残忍地把希帕索斯扔进海中，结束了希帕索斯的生命．希帕索斯为发现真理而献出了宝贵的生命，成为第一次数学危机的殉葬品．但是希帕索斯的发现却是淹没不了的，它以顽强的生命力被广为流传，迫使人们去认识和理解自然数及其比值是不能包括一切几何量的．

3）第一次数学危机的产物——公理几何与逻辑的诞生．

毕达哥拉斯悖论把"离散"与"连续"的问题突出显现出来．整数实际上是表示离散的量，可度比实际上是站在把每个量看作单位量的离散的集合的基础上表示两个离散量的关系．但是，现实的量除离散量外，还存在着连续量．由此看来，毕达哥拉斯悖论是由于主观认识上的错误而造成的．

希帕索斯的发现，一方面促使人们进一步去认识和理解无理数，扩大了人类的认知范围；另一方面也引出了新的观念，导致了公理几何学和古典逻辑的诞生．

大约在公元前370年，古希腊数学家、毕达哥拉斯学派的欧多克斯（Eudoxus，约公元前408—前355）建立了新的比例理论，标志着这一悖论的彻底解决，同时无理数得以普遍承认，数学向前推进一大步．欧多克斯的理论和德国数学家戴德金于1872年给出的无理数的解释与现代解释基本一致．

第一次数学危机也表明，直觉和经验不一定靠得住，推理证明才是可靠的，这是一次观念的革新．在此以前的各种数学，无非都是"算"，也就是提供算法．例如，泰勒斯预测日食，利用影子距离计算金字塔高度，测量船只离岸距离等，都属于计算技术范围．从此，希腊人开始重视几何的演绎推理，并由此建立了几何的公理体系．这是数学思想上的一次巨大革命．

2. 第二次数学危机

数学史上把18世纪微积分诞生以来在数学界出现的混乱局面叫作数学的第二次危机．17世纪建立起来的微积分理论在实践中取得了成功的应用，大部分数学家对于这一理论的可靠性深信不疑．但是，当时的微积分理论主要是建立在无穷小分析之上的，而后来发现无穷小分析是包含逻辑矛盾的．这就是所谓的"**贝克莱悖论**"．粗略地说，贝克莱悖论可以表述为"无穷小量究竟是否为0"的问题：就无穷小量的实际应用而言，它必须既是0又不是0，但从形式逻辑的角度看，这无疑是一个矛盾，因而产生悖论．

1) 微积分的建立.

进入 17 世纪，科学技术发展迅猛，给数学提出了四类问题：

(1) 瞬时速度问题；

(2) 曲线的切线问题；

(3) 函数极值问题；

(4) 求积问题（曲线长度、图形面积等）.

这四类问题吸引了大批数学家去研究，产生了新的数学工具——坐标解析几何，进而使微积分的产生由必要成为可能. 17 世纪末，在众多数学家多年工作的基础上，英国数学家牛顿和德国数学家莱布尼茨分别独立地建立了微积分. 当时牛顿研究的叫作**流数法**，在 1669 年建立，1711 年发表；莱布尼茨建立的是**微积分算法**，在 1673—1676 年建立，1684 年发表. 应当指出，在牛顿和莱布尼茨之前，有关微积分的思想方法就已经部分地形成了，而且由此思想部分地解决了一些实际问题. 牛顿、莱布尼茨对微积分的主要贡献表现在以下四个方面：

(1) 澄清概念——特别是建立导数（变化率）的概念；

(2) 提炼方法——从解决具体问题的方法中提炼、创立出普遍适用的微积分方法；

(3) 改变形式——把概念与方法的几何形式变成解析形式，使其应用更广泛；

(4) 确定关系——确定微分和积分互为逆运算.

牛顿、莱布尼茨对微积分的贡献，与欧几里得对欧几里得几何的贡献相当，他们都是数学史上最伟大的数学家. 微积分的建立具有划时代意义，它使得人们可以研究各个领域所涉及的物体运动的速度、加速度、曲线的切线以及所围成的区域的面积等，使数学从常量数学时代进入变量数学时代，极大地推动了整个科学技术的发展.

2) 贝克莱悖论与第二次数学危机.

微积分建立之后，很快在许多方面找到了有效应用，引起科学界极大的关注. 但是在很长时期内其内容是十分粗糙的，它的一些定理和公式在推导过程中前后矛盾，使人难以接受，这种矛盾集中体现在对无穷小量的理解与处理中. 微积分的基本思想就是无穷小（这与我国古代刘徽割圆术的思想是一致的），因此对无穷小量的理解与处理中出现的矛盾使得微积分的基础出现了危机.

我们通过给定的函数 $y = x^2$ 来看看牛顿是怎样对无穷小量进行处理的. 对此函数有

$$y + \mathrm{d}y = (x + \mathrm{d}x)^2 = x^2 + 2x\mathrm{d}x + (\mathrm{d}x)^2, \qquad (8.9)$$

从而

$$\mathrm{d}y = 2x\mathrm{d}x + (\mathrm{d}x)^2. \qquad (8.10)$$

忽略式中的 $(\mathrm{d}x)^2$，得到 $\mathrm{d}y = 2x\mathrm{d}x$，因此 $\dfrac{\mathrm{d}y}{\mathrm{d}x} = 2x$.

在上述推导过程中，有两点突出矛盾：首先，在式 (8.10) 中，他把无穷小量看作可以忽略不计的 0，去掉包含它的项，然后他又把无穷小量看作不等于 0 的项作分母进行除法运算，最后得到希望的公式. 这表明，在同一个式子中，他对无穷小量 $\mathrm{d}x$ 的处理前后矛盾.

$\mathrm{d}x$ 到底是什么？它究竟是不是 0？这引起了极大的争论. 牛顿对此也无法给出合理的

解释，这使他十分困惑. 这就是所谓的**微积分悖论**. 这个悖论是 1734 年爱尔兰主教贝克莱 (Berkeley，1685—1753) 在致分析学者的一封公开信中提出的，故又称为**贝克莱悖论**. 这个悖论的出现，导致了第二次数学危机.

3) 第二次数学危机的产物——微积分的严密化与集合论的建立.

为了解决第二次数学危机，数学家做了大量工作. 危机的最终解决是在 100 年之后的 19 世纪，它以法国数学家柯西建立，并由德国数学家魏尔斯特拉斯完善的严格的极限理论为起点，以严密的实数理论建立为标志. 危机的解决不仅促进了集合论的诞生，并由此把数学分析的无矛盾问题归结为实数系统的无矛盾问题，为 20 世纪的数学发展奠定了坚实基础.

19 世纪 20 年代，法国数学家柯西把有极限的，特别是以 0 为极限的变量概念作为微积分的起点，从而把极限原理和无穷小量、无穷大量原理综合起来. 其基本线索是：变量、函数→变量的极限→无穷小量、无穷大量→函数的连续性概念→导数的定义、性质、应用→积分的定义、性质、应用等. 其中起关键作用的是极限概念. 这样微积分理论的基础完全建立在严格的极限理论之上，从而使微积分有一个可以被大多数数学家接受的逻辑基础. 但在柯西的极限定义中，尚有许多不严格的地方，如"无限趋近""想要多么小就多么小""一个变量趋于它的极限"等之类的表述不是严格的逻辑叙述，而是依靠了运动、几何直观的东西.

德国数学家魏尔斯特拉斯进一步改进了柯西的工作，把微积分奠基于算术概念的基础上. 他认为"一个变量趋于一个极限"的说法还留有运动观念的痕迹，如果把变量简单地解释为字母，字母可以取遍指定集合中的任何一个数，这样一来，运动的观念就不见了. 魏尔斯特拉斯用 ε-δ 语言给函数极限的定义做了精确的阐述. 具体定义如下.

极限定义 若任给 $\varepsilon>0$，存在一个正数 δ，使得当 $|x-x_0|<\delta$ 且 $x\neq x_0$ 时，都有 $|f(x)-A|<\varepsilon$，则称 $f(x)$ 在 $x=x_0$ 处有极限 A.

把极限理论建立在 ε-δ 准则之上就使极限理论精确化，而且这是用可靠的静态关系去描述动态现象. 事实上，在上述定义中，$f(x)$ 代表了一个潜无限的过程，而 A 则是这一过程的结果，即实无限性的表现. 因此，所谓 ε-δ 准则，实质上就是过程和结果之间联系的反映，而依据这一准则，就可以通过对过程的分析来把握相应的结果. 而这种动态过程是通过 ε-δ 这种静态的有限量为路标来刻画的. 用 ε-δ 语言定义函数的极限，实质上就是用相对稳定的方式来描述一个变量的运动变化情况. 这具体反映在 ε 的任意给定上，给定 ε 反映了运动的相对静止，它静态描述了函数 $f(x)$ 的特征；但是 ε 又是任意的，可以取 ε 的一系列趋于零的正数，这一系列的"静态"描述恰好反映了函数 $f(x)$ 的"动态"特性. 像放电影一样，一系列的静态画面使人有动态的感觉.

在严格的极限理论中，极限是作为一种"定义对象"出现的，而不再被看成相应结果的直接表现. 这样一来，作为一个单独从过程来考察的极限理论，就不再包含任何直接的矛盾.

正是第二次数学危机，促使数学家深入探讨数学分析的基础——**实数理论**. 19 世纪 70 年代初，德国数学家魏尔斯特拉斯、康托尔、戴德金等独立地建立了实数理论. **极限理论**又是建立在实数理论基础上的，从而使数学分析奠定在严格的实数理论的基础上，并进而推动了**康托尔集合论**的诞生.

3. 第三次数学危机

第三次数学危机产生于 19 世纪末到 20 世纪初，当时正是数学空前兴旺发达的时期. 19 世纪 70 年代康托尔创立的集合论成为现代数学的基础，是产生第三次数学危机的直接来源. 1902 年，英国数学家、逻辑学家、哲学家罗素发表的**罗素悖论**标志着第三次数学危机的到来.

1) 康托尔集合论的建立.

19 世纪后期，以微积分为主的高等分析学，以多项式、矩阵和行列式为主的高等代数，以及以射影几何为主的高等几何学已经发展得十分完备. 在此基础上，数学向着更具普遍意义的结构数学和抽象数学的方向发展，出现了泛函分析、抽象代数、拓扑学，以及建立在它们的基础和交叉之上的一些新的数学分支. 德国数学家康托尔在 1874—1885 年间建立了集合论，成为现代数学的基础. 由于数学的许多基本问题都归结为集合论问题，集合论很快引起了数学界的极大重视，得到了快速发展与广泛应用，也促进了法国著名的布尔巴基结构数学学派的形成.

2) 罗素悖论与第三次数学危机.

由于康托尔集合论解决了数学基础的问题，所以 1900 年在巴黎召开的国际数学家大会上，庞加莱宣称："数学的严格性，看来直到今天才算是实现了."事实上，当时的数学界为此而喜气洋洋，一片乐观. 可是仅仅两年之后，1902 年罗素构造了一个集合，说明集合论是自相矛盾、不相容的！这就是所谓的**罗素悖论**.

罗素悖论 令集合 R 为所有不以自己为元素的集合所组成的集合，即 $R=\{x \mid x \notin x\}$，那么作为一个集合，$R \in R \Leftrightarrow R \notin R$.

这显然构成一个悖论！集合是集合论中最基础的概念之一，康托尔把**集合**定义为满足一定属性的一切事物的全体，并把其中的事物叫作该集合的**元素**. 在集合论中康托尔坚持一个基本原则：一个元素要么属于该集合，要么不属于该集合，两者必居其一. 罗素正是严格按照康托尔的这种原则来定义 R 的，却得到"$R \in R$ 的充要条件是 $R \notin R$"的荒唐结论. 这一悖论，使刚刚平静的数学界又掀起轩然大波. 当罗素把这一消息告诉德国数学家弗雷格（Frege, 1848—1925）时，弗雷格大为伤心. 他说："一个科学家所遇到的最不合心意的事，莫过于是在他的工作即将结束时，其基础却崩溃了，罗素先生的一封信正好把我置于这个境地."整个数学界也为之大震，许多大数学家大惊失色，不知所措. 事实上，在罗素提出罗素悖论之前，已经出现了布拉里-福蒂"**最大序数悖论**"（1897 年）和康托尔"**最大基数悖论**"（1899 年）. 可是这两个悖论涉及的概念较多，没有引起大家注意. 罗素悖论则不同，它仅涉及集合的最基础概念，明确暴露了集合论理论体系内部的矛盾，冲击了数学基础的研究工作，它不仅关系到集合论本身，还涉及逻辑推理，直接在数学界产生了灾难性的影响，导致了数学的第三次危机.

3) 对数学发展的影响——ZFC 公理集合系统的建立.

罗素认为解决集合悖论的关键在于确定这样的条件，在这种条件下，使相应的集合存在. 罗素指出了分析这种条件的三种可能方向："量性限制理论""曲折理论""非集合理论". 后来悖论研究基本上按着罗素所指引的方向前进.

为了解决这一悖论,演化出了逻辑主义、直觉主义和形式主义等数学学派,产生了集合论的公理化. 1908 年,德国数学家策梅洛 (Zermelo,1871—1953) 等建立了第一个集合论公理化系统,可以视作量性限制理论的一个具体体现. 策梅洛认为,悖论的出现是由于使用了太大的集合,因此必须对康托尔的朴素集合论加以限制,限制到足以排除悖论,同时要保留这个理论所有有价值的东西. 策梅洛等研究的结果,后来经弗伦克尔 (Fraenkel,1891—1965) 等的努力,形成了 ZF 系统. 在这个系统中能把布拉里-福蒂悖论、康托尔悖论等予以排除. 如果在 ZF 系统中再加上选择公理,就构成 ZFC 系统,只要这个系统无矛盾,那么严格的微积分理论就能在 ZFC 公理集合论上建立起来. 然而 ZFC 系统本身是否有矛盾至今还没有得到证明. 因此,不能保证这一系统中不会出现新的悖论. 数学家庞加莱说:"我们建造了一个围栏来放养羊群,以防止它们被狼侵害,但我们不知道在围栏中是否已经有狼."

作为对罗素悖论的研究与分析的一个很重要的间接结果是,1931 年由奥地利数学家哥德尔(见图 8.11)得到的哥德尔不完备性定理.

哥德尔不完备性定理 任意足以包含自然数算术的形式系统如果是无矛盾的,则它一定包含着这样一个命题,该命题与其否定在该系统中都不能被证明,亦即该系统是不完备的.

图 8.11 哥德尔

这一定理是数理逻辑发展史上的重大研究成果,是数学与逻辑发展史上的一个里程碑. 它也说明悖论不可避免,从方法论角度来研究和解除悖论具有重要意义.

三、常见悖论欣赏

1. 语义学悖论

1) 永恒性撒谎者悖论.

人们根据说谎悖论构造了如下的"永恒性撒谎者悖论":

"在本页本行里所写的这句话是谎话."

由于上行中除这句话本身外别无它话,因此,若该话为真,则要承认说话之结论,从而推出该话为假. 反之,若该话为假,则应肯定该话结论的反面为真,从而推出该话为真.

这个悖论的症结在于:做论断的话与被论断的话混为一谈. 要排除这种悖论在于语言的分层,这正是语义学所研究的内容.

2) 意料之外的考试.

20 世纪 40 年代初,一位教授宣布:下周的某一天要进行一次"意料之外的考试",没有一个学生能在考试那天之前推测出(意料出)考试的日期.

一个学生证明了:考试不会在最后一天进行,否则在倒数第二天晚上就可以推测出考试的日期. 以此类推,考试不能在任何一天进行. 因此,考试是不存在的. 而事实上教授确实在这一周内进行了一次考试.

问题的症结在于:能够断定日子的考试都应是意料之内的考试,"意料之外的考试"本身就不能意料(推测). 不去意料,那么在任何一天进行的考试都是"意料之外(=没能推测出）的考试".

此悖论的实质在于：概念（认识）的完成性与过程性（发展可能性）的绝对对立.

3）学者的预言.

印度一个预言家的女儿在一张纸上写了一件事（一句话），让预言家预言这件事在下午三点钟以前是否发生，并在一张卡上写上"是"或"否"，以代表他的判断.

该预言家在此卡片上写了一个"是"字.

他的女儿在纸上写的一句话是："在下午三点钟以前，你将在此卡片上写上一个'否'字."事实上，预言家不论写"是"还是写"否"，结论都与他的判断相反.

该悖论的实质与谎言悖论相同，症结都在于语义的自我否定.

2. 由无穷导致的悖论

人类认识上的一个最大障碍是从有限到无穷的过渡. 悖论的起源芝诺悖论与此有关，第一次数学危机中的无理数悖论的本质也在于此. 事实上，整数是容易理解的，有理数作为两个整数之比，是有限小数或无限循环小数，也是清晰的，可以理解的，但无理数作为无限不循环小数，不能通过对整数进行有限次四则运算表达出来，让人很难了解其真面目. 即便到了近代，微积分建立之后，无穷的问题仍然在数学界引起了混乱，令数学家烦恼不已. 这种混乱一直延续着，直到1821年柯西点明了其中的关键. 事实上，有限事物的很多直观性质到了无限多事物的时候不再成立，例如，有限多的事物总可以排序、有头有尾，有限的整体总大于部分，等等. 于是，当人们把有限的观念简单地应用于无穷的时候，就可能产生悖论. 以下是几个著名的例子.

1）关于时空的悖论.

"一盏灯，打开 1 分钟，关闭 $\frac{1}{2}$ 分钟；再打开 $\frac{1}{4}$ 分钟，关闭 $\frac{1}{8}$ 分钟；再打开 $\frac{1}{16}$ 分钟，关闭 $\frac{1}{32}$ 分钟……一直下去. 问两分钟结束时，灯是开着还是关着？"无论从实验和逻辑上都无法确定，但事实上又必须有一种确定的状态：开或关.

类似的问题还有："设有两车相距 20 千米，两车以同速、匀速 10 千米/小时相对而行. 一只飞虫在两车之间以 20 千米/小时来回飞行. 问两车在中点相遇时，飞虫面向哪一方？飞虫共走了多少路程？"这里"飞虫共走了多少路程"的问题是容易回答的，困难在于飞虫面向哪一方，又是一个无限次的不断变化而又似乎必有确定状态的问题. 它其实就像询问数学问题：判断函数 $\sin\frac{1}{x}$ 在 $x=0$ 的右侧是什么符号？一方面，由于实数的完备性，在 $x=0$ 的右侧没有最靠近它的点；另一方面，函数 $\sin\frac{1}{x}$ 以 $x=0$ 为振荡间断点，它既没有左极限，也没有右极限，问题是不可判定的.

有趣的是上述问题的反问题："三者同时从中点出发，两车相背而行，当两车到达两端时，飞虫在何处？"答案是：可以在任何一点. 这个奇怪的答案，其实可以通过反向思维来得到：在两车以 100 千米/小时匀速相对而行时，不论飞虫从两车之间任何一点出发，以 200 千米/小时匀速来回飞行，最终两车必在中点相遇，而此时飞虫必在中间，因此，再倒回时又会回到其开始的任意出发点.

2）伽利略悖论.

1638 年，伽利略指出如下事实：如果在正整数和正整数的平方数之间建立如下的一一对应：

$$1, \quad 2, \quad 3, \quad \cdots \quad n, \quad \cdots$$
$$\updownarrow \quad \updownarrow \quad \updownarrow \quad \cdots \quad \updownarrow \quad \cdots \qquad (8.11)$$
$$1^2, \quad 2^2, \quad 3^2, \quad \cdots \quad n^2, \quad \cdots$$

这样一来，整体和部分就相等了．但是，人们的传统观念总认为"整体大于部分"，却不知道这只能适用于有限量，而不能应用于无穷量．因此，上述论证就被看成一个悖论．这就是**伽利略悖论**.

3）关于集合的悖论.

集合论的创立人，德国数学家康托尔受"有限集的幂集的元素个数一定大于该有限集本身的元素个数"的启发，研究了无限集的类似问题，得到了集合论的重要定理——康托尔定理.

康托尔定理 任何集合 A，由它的一切子集构成的集合（称为 A 的幂集）记为 2^A，则其基数的关系为 $\overline{\overline{2^A}} > \overline{\overline{A}}$，即 2^A 与 A 之间不能建立一一对应关系．

推论 没有最大的基数.

悖论 1（康托尔最大基数悖论） 令 A 是一切集合之并所构成的集合，则其基数是最大的．

悖论 2（罗素悖论） 设 $R = \{x \mid x \notin x\}$，则 $R \in R \Leftrightarrow R \notin R$.

这两个悖论的根源都在于康托尔在进行集合定义时太过随意．

罗素悖论的通俗化：

理发师悖论（1918 年） 一天，萨维尔村的理发师挂出一块招牌"必给而且只给村子里不给自己理发的人理发"．于是有人问他："您的头发谁给理呢？"理发师顿时哑口无言．

这个悖论是罗素悖论的通俗的、有故事情节的表述．这里存在着一个不可排除的"自指"问题．因此，无论这个理发师怎么回答，都不能排除内在的矛盾．这与语义学悖论实质相当.

4）关于无穷级数的悖论（17 世纪末 18 世纪初）.

数的有限和到无限和（级数）的过渡，产生了很多困扰．把有限个数相加时，有两点是毋庸置疑的：第一，和是存在的；第二，不管有多少项，都满足交换律．但是，当无穷多项相加（无穷级数）时，这两点都出了问题．19 世纪，法国数学家柯西第一个创立了正确的无穷级数理论，他敏锐地发现了他以前的数学家没有发现的两点：第一，和不一定存在；第二，条件收敛的级数不满足交换律，如果改变其中项的顺序，可以得到能想到的任何结果．对于根本不存在的东西，若假定它存在，其结果必然引起混乱．对于不满足交换律的级数，如果在计算时交换了某种次序，也必然会得到不可思议的结论．以下两个悖论分别代表了这两种情况．

下面这个简单的例子最初见于捷克哲学家波尔查诺（Bolzano，1781—1848）所著《无穷悖论》一书．对于如下由 1 和 -1 交替出现的**波尔查诺级数**

$$1-1+1-1+1-1+\cdots+1-1+\cdots, \qquad (8.12)$$

甲、乙、丙采用三种不同方法，得出三种不同答案：$0,1,\dfrac{1}{2}$.

甲从第一个数开始进行两两分组的归纳计算，答案是 0，即

$$1-1+1-1+1-1+\cdots+1-1+\cdots = (1-1)+(1-1)+\cdots+(1-1)+\cdots$$
$$= 0+0+\cdots+0+\cdots = 0. \quad (8.13)$$

乙把第一个数单独成组，之后进行两两分组的归纳计算，答案是 1，即

$$1-1+1-1+1-1+\cdots+1-1+\cdots = 1-(1-1)-(1-1)-\cdots-(1-1)-\cdots$$
$$= 1-0-0-\cdots-0-\cdots = 1. \quad (8.14)$$

丙用代数方法，设该级数和为 x，则可以算出 $x=1-x$，得到答案是 $\dfrac{1}{2}$，即

$$x = 1-1+1-1+\cdots+1-1+\cdots$$
$$= 1-(1-1+1-1+\cdots+1-1+\cdots) = 1-x. \quad (8.15)$$

其实，最先得出 $\dfrac{1}{2}$ 这个答案的人比波尔查诺要早 100 年，是一位叫格兰迪（Grandi，1671—1742）的意大利人．他给了一个牵强附会的理由来解释这个答案：父亲给两个儿子留下一块宝石，可是这块宝石不能分开，于是决定兄弟俩轮流保存这块宝石，一年换一次，结果相当于两人都有 $\dfrac{1}{2}$ 块宝石.

悖论原因：级数不收敛（和不存在）.

与级数（8.12）不同，无穷级数 $\sum\limits_{n=1}^{\infty}\dfrac{(-1)^n}{n}$ 是收敛的（有固定的和，经过严格的计算知道，这个级数的和是 $\ln 2$）．设其和为 A，则

$$A = \left(1-\dfrac{1}{2}\right)+\left(\dfrac{1}{3}-\dfrac{1}{4}\right)+\left(\dfrac{1}{5}-\dfrac{1}{6}\right)+\cdots > \dfrac{1}{2}. \quad (8.16)$$

但另一方面，对其进行简单的（代数）组合处理，就有

$$A = 1-\dfrac{1}{2}+\dfrac{1}{3}-\dfrac{1}{4}+\cdots$$
$$= \left(1+\dfrac{1}{3}+\dfrac{1}{5}+\dfrac{1}{7}+\cdots\right)-\left(\dfrac{1}{2}+\dfrac{1}{4}+\dfrac{1}{6}+\cdots\right)$$
$$= \dfrac{1}{2}\left(1+\dfrac{1}{3}+\dfrac{1}{5}+\dfrac{1}{7}+\cdots\right)+\dfrac{1}{2}\left(1+\dfrac{1}{3}+\dfrac{1}{5}+\dfrac{1}{7}+\cdots\right)-\dfrac{1}{2}\left(1+\dfrac{1}{2}+\dfrac{1}{3}+\dfrac{1}{4}+\cdots\right)$$
$$= \dfrac{1}{2}\left(1-\dfrac{1}{2}+\dfrac{1}{3}-\dfrac{1}{4}+\cdots\right)$$
$$= \dfrac{1}{2}A. \quad (8.17)$$

由此导出 $A=0$，这是一个矛盾！又是一个悖论.

悖论原因：条件收敛级数不满足交换律.

5）关于几何的悖论.

意大利数学家托里拆利（Torricelli，1608—1647）将曲线 $y=\dfrac{1}{x}$（$x\geqslant 1$）围绕着 x 轴旋转一周，得到小号状图形（见图 8.12，局部）．他算出这个小号的表面积是无穷大，而

体积却是 π. 这明显有悖于人的直觉：体积有限的物体，表面积应该是有限的！这是一个悖论.

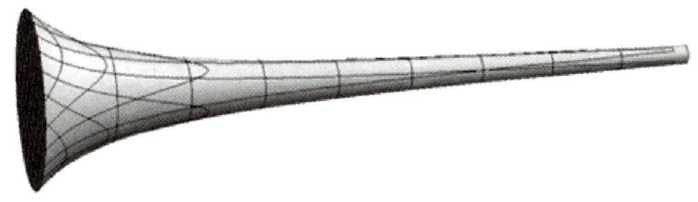

图 8.12　托里拆利小号

3. 由虚数导致的悖论

人类认识论上的另一个障碍是从实到虚的过渡. 实数的一些性质到虚数时不再成立，例如，实数可以比较大小，实数的平方总非负，等等. 于是，当人们把实数的观念简单地应用于虚数时，就可能产生悖论. 以下是几个著名的例子.

1) 关于方程的悖论.

16 世纪，意大利数学家卡尔达诺得到了三次方程 $x^3 = ax + b$ 的卡尔达诺公式解

$$x = \sqrt[3]{\frac{b}{2} + \sqrt{\left(\frac{b}{2}\right)^2 - \left(\frac{a}{3}\right)^3}} + \sqrt[3]{\frac{b}{2} - \sqrt{\left(\frac{b}{2}\right)^2 - \left(\frac{a}{3}\right)^3}}. \tag{8.18}$$

同一时期的另一位意大利数学家邦贝利将其用于具体的方程 $x^3 = 15x + 4$，得到一个虚数解

$$x = \sqrt[3]{2 + \sqrt{-121}} + \sqrt[3]{2 - \sqrt{-121}} = \sqrt[3]{2 + 11\mathrm{i}} + \sqrt[3]{2 - 11\mathrm{i}}. \tag{8.19}$$

但直接计算可知 $x = 4$ 与 $x = -2 \pm \sqrt{3}$ 共三个实数是它的全部解，怎么会有虚数解呢？其实，上述形式的虚数解本质上都是实数.

2) 关于对数的悖论.

1702 年，瑞士数学家伯努利对函数 $\dfrac{1}{x^2 + 1}$ 求积分得到

$$\int \frac{\mathrm{d}x}{x^2 + 1} = \int \frac{\mathrm{d}x}{(x + \mathrm{i})(x - \mathrm{i})} = \frac{1}{2\mathrm{i}} \int \left(\frac{1}{x - \mathrm{i}} - \frac{1}{x + \mathrm{i}}\right) \mathrm{d}x = \frac{1}{2\mathrm{i}} \ln \frac{x - \mathrm{i}}{x + \mathrm{i}} + C. \tag{8.20}$$

问题是 $\ln \dfrac{x - \mathrm{i}}{x + \mathrm{i}}$ 是什么？特别地，当 $x = 0$ 时，$\ln(-1)$ 是什么？对此，伯努利与莱布尼茨讨论了 16 个月.

伯努利认为，$\ln(-1)$ 是实数，理由是

$$\frac{\mathrm{d}x}{x} = \frac{\mathrm{d}(-x)}{-x}, \quad \int \frac{\mathrm{d}x}{x} = \int \frac{\mathrm{d}(-x)}{-x},$$

从而有

$$\ln(-x) = \ln x, \quad \ln(-1) = \ln 1 = 0.$$

而且按照对数运算法则也能得到

$$2\ln(-1) = \ln(-1)^2 = \ln 1 = 0.$$

另一方面，莱布尼茨认为，$\ln(-1)$ 是虚数，理由如下：

(1) 当 $a > 0$ 时，$\ln a$ 取遍所有实数，因此，当 $a < 0$ 时，$\ln a$ 必是虚数；

(2) 若 ln(-1) 是实数，则 $\ln i = \frac{1}{2}\ln(-1)$ 也是实数，这是荒谬的；

(3) $\ln(1+x) = x - \frac{x^2}{2} + \frac{x^3}{3} - \cdots$ 在 $x = -2$ 处发散，故 ln(-1) 不可能是实数.

瑞士数学家欧拉说："长期以来，这个悖论使我们感到痛苦不堪."他在 1749 年解决了这个难题，其关键在于他导出了欧拉公式，进而得到

$$e^{i(\pi + 2k\pi)} = -1, \tag{8.21}$$

从而知道 ln(-1) 是多值虚数.

4. 概率"悖论"

作为研究随机现象的一门重要科学，概率论在自然科学、社会科学、工程技术、军事科学及工农业生产等诸多领域中都发挥了不可或缺的作用. 但是，由于随机现象的不确定性，单凭人们的直觉往往会得出错误的判断，在日常生活或博弈中有许多有趣的现象，通过概率论的方法可以给出科学的但却与直觉相悖的结论，我们姑且称之为概率"悖论"——尽管它们并不是严格意义下的真正悖论. 这里给出几个著名的例子供读者欣赏.

1) 三门问题.

在一个幸运中大奖的比赛中，参赛者会看见三扇关闭的门，其中一扇的后面有一辆汽车，选中后面有汽车的那扇门可赢得该汽车，另外两扇门后面则各藏有一只山羊. 当参赛者选定了一扇门，但未去开启它的时候，节目主持人开启剩下两扇门的其中一扇，露出其中一只山羊. 主持人其后会问参赛者要不要换另一扇仍然关上的门. 问题是：换另一扇门能否增加参赛者赢得汽车的概率？

如图 8.13 所示，假如参赛者一开始选中的是 1 号门，而主持人打开 3 号门后露出一只山羊. 有人认为，三扇门后有汽车的概率是一样的，都是 $\frac{1}{3}$，换与不换不会影响中奖率；也有人认为，在打开 3 号门后，知道汽车只能藏在 1，2 号门后，其概率都是 $\frac{1}{2}$，换与不换也不会影响中奖率. 但事实上，实践可知，换了中奖概率更大！实际上，不换的中奖率确实是 $\frac{1}{3}$，但更换的中奖率则是 $\frac{2}{3}$. 这是因为，当参赛者选中 1 号门后，留下 2，3 号两扇门供主持人控制. 这时参赛者的中奖率是 $\frac{1}{3}$，主持人的中奖率为 $\frac{2}{3}$. 当主持人打开藏有山羊的 3 号门后，汽车在 2 号门的概率就是 $\frac{2}{3}$. 所以，应该更换选择 2 号门.

图 8.13 三门问题

2) 生日悖论.

如果在一个群体中有 366 人, 根据抽屉原理知道必然有两人生日相同. 但如果只有 365 人, 就有可能所有人生日都不相同, 人数越少, 有人生日相同的可能性越小, 这是十分容易理解的. 但一个只有 30 位同学的班级里, 如果有人跟你打赌其中有两人生日相同, 你是否敢于应战呢? 直觉告诉你, 生日有 365 种可能, 30 人中有两人生日相同的可能性一定很小. 但事实上, 人数达到 23, 两人生日相同的概率就超过 50%, 这可以由下式看出:

$$P(23 \text{ 人生日全不相同}) = \frac{365}{365} \times \frac{364}{365} \times \frac{363}{365} \times \cdots \times \frac{343}{365} = 49.27\%. \qquad (8.22)$$

23 人生日全不相同的概率为 49.27%, 从而至少两人生日相同的概率为 50.73%. 如果人数达到 57, 则存在两人生日相同的概率就达到 99%.

3) 贝特朗箱子悖论.

有如图 8.14 所示的三个箱子, 每个箱子都有上、下两层, 中间由隔板隔开, 箱子顶部和底部均可打开. 如果三个箱子中分别放有两块金条、两块银条、一金一银, 现在随机打开一个箱子, 如果看到的是金条, 那么, 这个箱子的另一侧装的是金条的概率有多大?

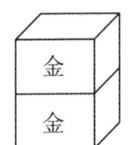 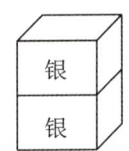 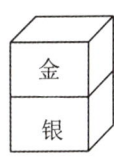

图 8.14 贝特朗箱子悖论

如果你的回答是 $\frac{1}{2}$, 那么你又错了! 实际上是 $\frac{2}{3}$. 你能说清其中的道理吗?

5. 经济学的悖论——阿罗选举悖论

民主制度认为投票制度是最有效率的政府制度, 可是阿罗 (Arrow, 1921—2017) 偏偏提出了一个"投票悖论"(也称为阿罗悖论), 对投票制度的可靠性提出了质疑.

假设有 A, B, C 三个候选人, 要求选举人把候选人按优劣排成一个顺序. 民意测验结果是: 三种选票结果 A>B>C (A 好于 B, B 好于 C; 含义下同), B>C>A, C>A>B 皆为总数的三分之一, 因此, 三者地位相同.

但是 A 分析道: 较喜欢 A, 而不喜欢 B 的占三分之二; 而较喜欢 B, 却不喜欢 C 的也占三分之二, 因此 A 是最受欢迎的人. 当然, B, C 两位候选人也可以以同样的理由说明自己是最受欢迎的人. 这就形成了悖论.

此悖论形成的原因是: "好、恶"没有传递性, 结论应是不确定的. 阿罗悖论导致了不确定性定理的提出, 指出了投票制度的缺陷, 即个人理性并不一定导致集体理性.

阿罗曾经根据这一经济学悖论及其他逻辑原理证明: 一个十全十美的选举系统在原则上是不可能实现的. 他因此获得 1972 年诺贝尔经济学奖.

四、如何看待悖论

1. 悖论形成的原因

悖论的形成通常有两个方面的原因. 一是认识论方面的因素, 是由主观认识的局限性或错误造成的，也就是它们的构造中隐含着某些错误的前提，这类悖论被称为"内涵悖论"，如毕达哥拉斯悖论．另一种是方法论方面的因素，其前提并没有明显错误，但经过严格的逻辑分析之后得出两个互相矛盾的命题的悖论，这类悖论被称为"逻辑悖论"，如罗素悖论．

1）认识论方面的因素．

主观认识上的错误是可能造成悖论的一种原因，具体地说，由于人的认识的局限性，任何已经建立起来的认识或理论都必然具有一定的局限性和一定的适用范围，即它们只是相对真理．如果忘记这点而将某种认识或理论无限制地加以应用，就会脱离实际．对于由此产生的具体悖论，由于科学的不断发展，将在新的理论体系中得到解决，但又会在新的情况下出现新的悖论．前面提到的悖论中，多数是由于这一原因产生的，如毕达哥拉斯悖论、伽利略悖论、关于方程的悖论、关于对数的悖论等．

2）方法论方面的因素．

主观思维方法的形式化特性与客观事物的辩证性产生矛盾而造成悖论．由于主观思维方法上的形而上学或形式逻辑化的方法的限制，客观对象的辩证性在认识过程中常常遭到歪曲：对立统一的环节被绝对分离、片面夸大，以致达到了绝对、僵化的程度，从而辩证的统一就变成了绝对的对立；而如果再把它们机械地重新联结起来，对立环节的直接冲突就不可避免，从而产生悖论．例如，康托尔造集的任意性就容易产生悖论．

2. 对待悖论的态度

产生悖论是不可避免的．数学中悖论的历史也说明了这一点：已有的悖论消除了，又产生新的悖论．人的认识是发展的，所以只要有悖论，迟早能获得解决．产生悖论—解决悖论—又产生新的悖论，这是一个无穷反复的过程，这个过程也是数学思想获得重要发展和突破的过程．

为了消除悖论，只能是提高主观认识，克服认识过程中的局限性．就数学而言，就是发展数学，使之更加完善，更符合客观实际．例如，只要认识到"全体大于部分"仅适用于有穷集合，而不适用于无穷集合，有关无穷的悖论就排除了．悖论不是闲谈的趣闻，它预示着更新的创造和未来．在某种意义上，悖论推进了科学的进程，激发了科学家的热情．

欣赏与思考

1元＝1分？

近两年网上不断传出如下的"悖论"以说明货币贬值：

1元＝100分＝10分×10分＝0.1元×0.1元＝0.01元＝1分．

细心的朋友不难发现其中的猫腻，但也确实有不少人迷惑不解．但如果我们换个角度去看，把货币单位换作长度单位，也许你就容易看出问题所在了：

1米＝100厘米＝10厘米×10厘米＝0.1米×0.1米＝0.01米^2．

问题出在对单位的不正确处理上！

第四节 数学与魔术

数学是幻术所绝对必需的.

——阿格里帕（Agrippa，1486—1535）

数学与魔术

魔术是指能够产生特殊幻影的戏法. 魔术种类繁多，但无一例外都需要场景、道具和科学原理，产生不可思议的穿越、位移、漂浮、变形、创造、消失、读心等奇幻效果.

魔术表演或多或少都有一定的障眼法，或通过技术与速度，或通过器材与场景，或通过心理与语言暗示，转移观众的视线或注意力，因此，魔术有"假"的成分. 但魔术既是艺术，也是科学，所有魔术都蕴含着科学的道理，它集合了数学、物理、化学等多种元素.

数学作为一种技术和理论，其方法和结果可以用来设计许多魔术. 总体来讲，通过数学设计的魔术大多利用了数学中的规律性和不变性，得到的往往是"读心""预测"等奇幻效果. 它的奇妙之处在于，在千变万化的过程中，看起来一个过程不可控、结果不可知的事情，却奇迹般地得到不可思议的结果.

以数学技术设计魔术，有广泛的可移植性，其道具不仅可以是数字、图形，还可以是火柴棒、扑克牌、棋子、石子等.

抽象的数字，带你走进一个魔幻的世界.

一、有与无——二进制游戏

像十进制一样，二进制也是一种记数方法. 在二进制记数中，只使用两个符号 0 和 1，逢二进一. 把 1，2，3 分别记作 1，10 和 11，4 则记作 100. 一般地，在一个表达式中，从右向左第 1，2，3，$\cdots$，n 位的 1 分别代表 2^0，2^1，2^2，$\cdots$，2^{n-1}，例如，

$$1011001101 = 2^9 + 0 + 2^7 + 2^6 + 0 + 0 + 2^3 + 2^2 + 0 + 2^0. \tag{8.23}$$

从上述记数规则中可以看到，2^0，2^1，2^2，$\cdots$，2^{n-1} 分别相当于从右向左第 1，2，3，$\cdots$，n 位位置的权重，如果某一位数字是 0，则无此权重，如果是 1，则有此权重. 所以，1 和 0 代表了两种状态：有和无. 利用这种含义，可以设计一些魔术或游戏.

姓氏读心术　下面列出了百家姓的前64个姓氏，后面附有6个表格（见表8.7），各罗列了其中的32个姓氏．只要告诉表演者该姓氏在表8.7的哪些表格中出现了，表演者无须观看表格就知道该姓氏是什么．

01赵，02钱，03孙，04李，05周，06吴，07郑，08王，09冯，10陈，11褚，12卫，13蒋，14沈，15韩，16杨，17朱，18秦，19尤，20许，21何，22吕，23施，24张，25孔，26曹，27严，28华，29金，30魏，31陶，32姜，33戚，34谢，35邹，36喻，37柏，38水，39窦，40章，41云，42苏，43潘，44葛，45奚，46范，47彭，48郎，49鲁，50韦，51昌，52马，53苗，54凤，55花，56方，57俞，58任，59袁，60柳，61酆，62鲍，63史，64唐．

表8.7　姓氏表

赵	孙	周	郑	冯	褚
蒋	韩	朱	尤	何	施
孔	严	金	陶	戚	邹
柏	窦	云	潘	奚	彭
鲁	昌	苗	花	俞	袁
酆	史				

(a)

钱	孙	吴	郑	陈	褚
沈	韩	秦	尤	吕	施
曹	严	魏	陶	谢	邹
水	窦	苏	潘	范	彭
韦	昌	凤	花	任	袁
鲍	史				

(b)

李	周	吴	郑	卫	蒋
沈	韩	许	何	吕	施
华	金	魏	陶	喻	柏
水	窦	葛	奚	范	彭
马	苗	凤	花	柳	酆
鲍	史				

(c)

王	冯	陈	褚	卫	蒋
沈	韩	张	孔	曹	严
华	金	魏	陶	章	云
苏	潘	葛	奚	范	彭
方	俞	任	袁	柳	酆
鲍	史				

(d)

杨	朱	秦	尤	许	何
吕	施	张	孔	曹	严
华	金	魏	陶	郎	鲁
韦	昌	马	苗	凤	花
方	俞	任	袁	柳	酆
鲍	史				

(e)

姜	戚	谢	邹	喻	柏
水	窦	章	云	苏	潘
葛	奚	范	彭	郎	鲁
韦	昌	马	苗	凤	花
方	俞	任	袁	柳	酆
鲍	史				

(f)

可以想象，如果不通过特殊的技术，即便表演者记住了每个表格中的姓氏情况，当他面对不同的情况进行组合而确定姓氏时，也是十分费脑筋的工作．那么这里的秘密在哪儿呢？原来这些表格是按照二进制的原理设计的．每一个姓氏对应一个编号，每一个编号有一个二进制表示，根据二进制表示中的相应位是0还是1，确定该姓是否放入相应的表格．例如，范的编号为46，二进制表示为101110，从右到左第2，3，4，6位为1，其他位为0，于是范姓就只出现在表8.7中(b)，(c)，(d)，(f)表格中．表演时，当你说出你的姓氏出现在表8.7中的(b)，(c)，(d)，(f)时，表演者只需要算出这些表格对应的权重之和$2^1+2^2+2^3+2^5=2+4+8+32=46$，然后根据标号46对应的姓氏，就知道你的姓氏为范．

二、奇与偶——托儿也如此低调

数学中的奇偶性是小学生就知道的内容．一个自然数非奇即偶，奇数加1变偶数，偶数加1变奇数．利用奇偶性也可以设计一些魔术．

数字读心术 表演者拿出一张打印好的数字表格（见表 8.8），把表格交给台下的观众席，请观众轮流在表格中圈出自己喜欢的数，可以圈一个，也可以圈多个. 然后，请观众随机推举一位观众 A（使观众确信 A 不是表演者的托儿），让 A 在表格中选择一个尚未被他人选择的数圈住（此过程向表演者保密），最后观众把表格传到台上交给表演者，表演者看一下表格，即可知道 A 最后圈定的是哪一个数.

表 8.8 读心术数据表

01	02	③	04	⑤	06	07	⑧	09
10	11	12	⑬	14	⑮	16	17	⑱
⑲	⑳	21	22	23	24	㉕	26	27
28	29	㉚	31	32	㉝	34	㉟	36
37	38	39	40	㊶	42	43	44	45
㊻	47	㊽	㊾	50	㊿	㊾(52)	53	54
55	㊽(56)	57	58	59	60	61	(62)	(63)
64	65	66	67	(68)	69	70	71	72
73	74	75	76	77	78	79	(80)	81
82	(83)	84	85	86	87	(88)	89	(90)
•			•				•	

这个魔术的不可思议之处在于：第一，这张表格中的数据并没有明显的可以利用的特殊信息；第二，观众圈数的整个细节表演者是看不到的，表演者只看到了被圈出的数的整体情况. 如果没有托儿，表演者似乎不可能分辨出哪个观众圈的具体情况，也就不可能知道 A 圈的是哪个数.

看来，应该有托儿才对. 问题是，谁是托儿呢？A 有没有可能是托儿呢？其实，从 A 的随机推举过程，就可以排除 A 是托儿，退一步讲，即便 A 是托儿，A 也无法事先与表演者约定自己最后圈出哪个数，因为在 A 之前已经经过多位观众圈数，A 只能在他人没有圈过的数中去圈. 所以，如果有托儿，那么托儿应该在 A 之前出现. 问题又来了，之前出现的托儿，如何控制最后 A 的选择呢？这真是一个无法想通的事情.

该读心术的奥秘在于，谁也想不到的倒数第二位观众是托儿，他按照表演者交给的技术进行圈数，之后交给最后的 A. 整个过程揭秘如下：

（1）表格交给观众后，表演者要求观众在表格中圈出自己喜欢的数.

（2）托儿在进行圈数时，先把每一行圈出的数进行调整，保证每行圈出奇数个，再对列进行调整：如果某列已经圈出奇数个，该列不做任何标记；如果某列只圈出了偶数个，则在该列下方点个黑点（如表 8.8 的第 1，4，8 列）. 最终保证每行每列圈出的数和黑点数总和都是奇数（见表 8.8）.

（3）A 不论圈哪一个数，都会改变该数所在的行和列中圈出数（包括黑点）的个数的奇偶性，表演者只需要在出现偶数的交叉点上报出这个数即可.

这个魔术需要注意的是，一开始的表格为偶数行、奇数列，否则无法确保最后每行每列都圈出（含黑点）奇数个．另外，该魔术可以有许多其他变形，例如用扑克牌做道具．

三、序与数——你俩的秘密我知道

这是一个被称为心灵感应的扑克牌魔术．

心灵感应 魔术师请三位观众甲、乙、丙上台，魔术师下台回避．魔术师请甲将一副扑克牌随意洗开，让乙在其中随意抽出五张牌交给丙，请丙将这五张牌中的一张交给甲，剩余四张放到桌面上．魔术师返回台上，看了一眼桌面上的四张牌，马上就知道丙交还甲的那张牌的花色和点数．

这个魔术的奇妙之处在于，甲洗牌、乙抽牌、丙选牌，丙交还甲的那张牌，三人谁也无法事先确定．难道三位都是托儿？一般来讲这是不可能的．看来，这个信息只能在丙交给甲那张牌之后才确定，而且一定有托儿存在，问题是谁是托儿？托儿如何把这个信息传递给魔术师呢？从表演结果来看，单靠肢体语言把牌面的花色、点数信息都提供出来几乎是不可能的．

其实，这个魔术是一个纯粹的数学游戏，最初由美国麻省理工学院一位数学博士发明．从表演过程看，魔术师唯一依赖的是丙放在桌面上的四张牌，而最终决定那张牌的也是丙．由此可以想象，丙是可能的托儿．但是由于丙事先和事后都不能与魔术师通过语言沟通这张牌的信息，所以只能通过桌面的四张牌提供信息．

既然魔术的玄机在这四张牌上，那么丙是如何通过这四张牌告诉魔术师第五张牌的花色和大小的呢？有人会想到排列组合，四张不同的扑克牌一共有 24 种排列方式，但一副扑克牌拿掉 4 张后，还剩 48 张，用 24 种排列方式无法表示这 48 种可能性．不过这个分析提供了一个可能的思路，只是单靠排列还差一半的信息．事实上，丙通过第一张提供了花色信息，通过另外三张排列提供了点数的信息．

第一，如果不计大小王，任取五张牌，必然有两张花色相同，丙只需要把这两张中的一张交给甲，另一张留下来放在四张牌中的最上面，向魔术师透露花色信息．

第二，所有的牌都是有顺序的，不同的点数可以比较大小，相同的点数也可以根据花色规定大小，如黑桃最大，红桃次之，然后是梅花、方片，大王最大、小王第二，于是 54 张牌就可以严格地按大小排序．四张牌中，除第一张告诉花色之外，另外三张可以按照六种不同的排序告知六个不同的数字：小中大为 1，小大中为 2，中小大为 3，中大小为 4，大小中为 5，大中小为 6．例如，三张牌：黑桃 9＞红桃 3＞方片 3，排成"红桃 3－方片 3－黑桃 9"就代表 3，排成"黑桃 9－红桃 3－方片 3"就代表 6．

第三，虽然六种排列方式可以分别代表六个数字 1，2，3，4，5，6，可是扑克牌一共有 13 个数，六个数字如何表示 13 个数呢？关键之处是，如图 8.15 所示，将 13 张扑克牌从小到大排成一圈，任何两个数，如果从小到大间隔大于 6，那么顺着从大到小间隔就不超过 6．例如，顺时针看 2 到 9 走 7 步，但从 9 到 2 走 6 步．点睛之笔在于：对于丙手中的两张同花色牌，在第一步时选取适当的牌交给甲，使得留下的那张牌既透露花色信息，也当作为点数信息的起点，再根据情况摆出一个 1～6 的数，例如，起点是 3，摆出 6，结果就是 9．

具体操作如下：

（1）丙手中的五张牌中，如果两张花色相同的牌点数分别记为 m，n，$m<n$，若 $n-m\leqslant 6$，

则交给甲 n，留下 m，把这张牌放在第一张，另外三张摆出 $n-m$ 放在其下面；若 $n-m>6$，则交给甲 m，留下 n，把这张牌放在第一张，另外三张摆出 $13+m-n$ 放在其下面.

（2）魔术师看到丙摆出的四张牌后，确认第一张牌的花色为甲手中牌的花色，并以该牌的点数作为基数，加上另外三张牌摆出的数字，若得数超过了 13，则将和数减去 13，以此结果作为甲手中牌的点数.

图 8.15 扑克牌圈

在这个魔术中，如果乙抽到的五张牌中有大王或小王，则可能无法保证有两张花色相同的牌出现，此时丙可以把大王或小王交给甲，两者可以约定其他"通信"方式来透露这个结果，例如，把牌正面散开排放代表大王，反面散开排放代表小王.

这个五张纸牌的魔术曾经被很多人誉为"最精彩的数学魔术"，让很多人领略到了神秘数学中的乐趣.

观点："数"来自两个看起来截然不同的现象：量和序（规模与位置），是记录"数量"与"顺序"的符号，其表现不唯一，要点在于"可区别、可对比"，"数字"仅是其中的一种. 对任何若干个不同的"事物"，可以对它们按照不同"顺序"进行各种不同的排列，每一个排列都可以代表一个数.

第八章思考题

1. 为什么一个三位或四位数，对其连续做"最大减最小"变换（或称卡普雷卡变换），最后会变到一个常数？
2. 试分析 123 黑洞的必然性.
3. 简述悖论产生的原因.
4. 说明第一次数学危机对数学发展的影响.
5. 说明第二次数学危机对数学发展的影响.
6. 说明第三次数学危机对数学发展的影响.

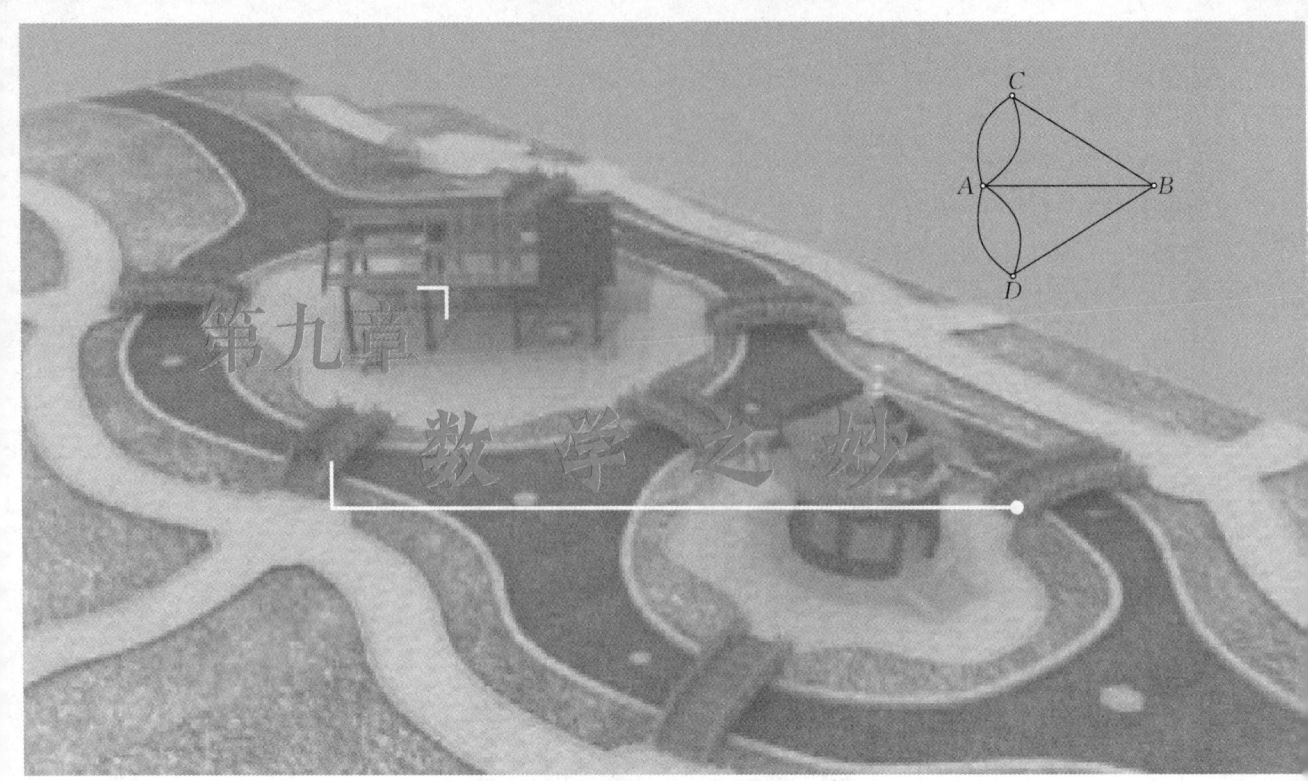

第九章 数学之妙

数学之妙　出神入化

　　数学,虽然极其抽象,但被广泛而有效地应用于人类社会的各个领域,其根本原因不仅是其对象为万物之本,更在于其思想方法的深刻性、可靠性与普适性.

　　人类原本能够准确认识的对象只能是有限的、静止的、平直的、离散的,但现实中人们又无法避免无限的、运动的、弯曲的、连续的对象.数学方法为人类认识这些对象提供了有效的可靠手段,奇妙无比,威力无限.

　　数学归纳法是沟通有限和无限的桥梁,要解决的是与自然数相关的无穷的问题,但该方法只关注两点:一个是起点,一个是传递关系.数学归纳法有多种变形,使其适用更广,威力更大.

　　处理一批看起来毫无关系的对象,往往要用穷举的方法,但当对象多到一定程度,穷举就几乎无法操作.数学中的抽屉原理和一笔画定理为此类问题提供了巧妙的处理方法.

　　纯粹的研究整数内在性质与规律的数论,看起来是无用的数学,但在现代密码理论中却派上了大用场,仅仅是关于因子分解的问题,就为密码理论建立了一个安全保险箱.

　　数学方法以静识动、以直表曲、以反论正、以点知线,尽显神奇之威.

第一节　数学归纳法原理

在数学中，我们发现真理的主要工具是归纳和类比．

——拉普拉斯

万丈高楼平地起

南北朝时，一位印度法师将一部寓言式图书《百喻经》带到中国，并翻译成汉语．其中有一篇题为《三重楼寓》的寓言写道：

一位富翁看到别人建了一座三层楼房，富丽堂皇，宽敞舒适，就萌发一个想法："我的钱财并不比他少，为什么不能建一座这样的楼房呢？"于是他请来工匠，问能否建一座一样的豪华楼房．那座房子本来就是这位工匠建造的，当然没有什么问题．于是富翁就请工匠为他设计、施工．工匠很快做好了规划设计，打好地基，并从地面一块一块地往上砌砖．富翁见了，很是纳闷，问道："你这是在造什么样的房子呀？"工匠答道："造你想要的三层楼啊！"富翁连忙强调道："我不要下面的两层，你只给我建造最上面一层就行了．"工匠解释说："这是不可能的．没有第一层怎么建第二层，不建第二层又如何建造第三层呢？"对工匠的解释，富翁还是不理解，并依然固执己见，楼房最终未能建成．

这样一则讽刺寓言说明了做任何事情都要打好基础．在数学上有一个广泛使用的方法：数学归纳法，它所基于的原理也如此：首先要从头做起，其次做好前一步才能够接着做下一步．许多关于自然数的性质都可以通过这一方法得以证明．

一、数学归纳法及其理论基础

"数与形"为万物之本，万事万物的变化及其关系都最终表现为数量关系、位置关系等．因此以"数与形"为基本研究对象的数学必然会经常涉及有关自然数的命题．对于这种命题，由于自然数有无限多个，人们无法像对有限事物那样一个接一个地验证下去，而数学归纳法则为之提供了一个科学有效的方法，它是沟通有限和无限的桥梁．

"数（shù）"起源于"数（shǔ）"，源自"序"，自然数是数出来的，是用以计量事物件数或表示事物次序的数，是人们认识的所有数中最基本的一类，它们由1开始，一个接一个，组成一个无穷集合．

为了使数的系统有严密的逻辑基础，19 世纪的数学家建立了自然数的两种等价的理论——自然数的序数理论和基数理论，使自然数的概念、运算和有关性质得到严格的论述.

序数理论由意大利数学家佩亚诺（Peano，1858—1932）（见图 9.1）提出. 1889 年，佩亚诺在其名著《算术原理新方法》中，用两个不加定义的概念"1"和"后继者"及四个公理来定义自然数集. 两年后，他创建了《数学杂志》，并在这个杂志上用数理逻辑符号写下了这组自然数公理，且证明了它们的独立性.

佩亚诺自然数公理 自然数集 $\mathbf{N}$ 是指满足以下条件的集合：

(1) $\mathbf{N}$ 中有一个元素，记作 1；

(2) $\mathbf{N}$ 中每一个元素 n 都能在 $\mathbf{N}$ 中找到一个元素作为它的后继者 n^+，1 不是任何元素的后继者；

图 9.1 佩亚诺

(3) 不同元素有不同的后继者；

(4)（归纳公理）$\mathbf{N}$ 的任一子集 M，如果 $1 \in M$，并且只要 n 在 M 中就能推出 n 的后继者 n^+ 也在 M 中，那么 $M = \mathbf{N}$.

其中第四条归纳公理是数学归纳法原理的理论基础.

佩亚诺自然数公理中所谓一个数 n 的"后继者 n^+"，从序的观点就是 n 后面的那个数，从基的观点看，就是比 n 多 1 的那个数，即 $n^+ = n + 1$.

需要说明的是，"0"是否包括在自然数内，这个问题目前尚存在争议. 不过，在数论中，通常认为自然数从 1 开始，在集合论中，则认为自然数从 0 开始. 原国家技术监督局发布的 GB3102.11—93《物理科学和技术中使用的数学符号》中把 0 列入自然数，目前中小学教材中规定 0 为自然数.

根据归纳公理，可以给出如下广泛有用的数学归纳法原理.

数学归纳法原理 设 P_n 是与自然数相关的一种命题. 如果

(1) 当 $n = 1$ 时命题 P_1 成立，

(2) 假设当 $n = k$ 时命题 P_k 成立，可以证明当 $n = k + 1$ 时命题 P_{k+1} 也成立，

那么命题 P_n 对所有自然数 n 都成立.

按照归纳公理，令 M 是使得命题 P_n 成立的那些自然数 n 的集合，条件（1）说明，$1 \in M$，而条件（2）说明，由 $n \in M$ 可以导出 $n^+ \in M$，因此 $M = \mathbf{N}$，即命题 P_n 对所有自然数 n 都成立. 事实上，这一原理比佩亚诺自然数公理更早出现，法国数学家帕斯卡在 17 世纪最先以明确的形式加以应用，其正确性显而易见. 数学归纳法广泛应用于关于自然数的各种命题中，但有时也用以解决一些不明显涉及自然数的其他问题.

有了数学归纳法，在证明一个包含无限多个对象的问题时，不需要也不可能逐个验证下去，只要能明确肯定两点：一是问题所指的第一个对象成立，二是假定某一个对象成立时，则它的下一个也必然成立. 这两条合起来就足以证明原问题.

依赖于自然数的命题在数学中普遍存在，用数学归纳法证明这类命题，两步缺一不可. 第一步是奠基，是基础；第二步是归纳. 数学归纳法是沟通有限和无限的桥梁，使人类实现了从有限到无限的飞跃.

二、数学归纳法的变形

在考虑对所有自然数都成立的问题中，归纳法原理的两个前提缺一不可. 没有第一条，

就无法保证"$n=1$"时的正确性,而第二条则是说明这种性质可以从 1 开始一个一个地传递下去. 若是为着其他的不同目的,数学归纳法还可以有许多不同形式.

1. **第一个条件中不一定从"1"开始**

数学归纳法原理变形 1 设 P_n 是与自然数相关的一种命题. 如果

(1) 当 $n=k_0$ 时命题 P_{k_0} 成立,

(2) 假设当 $n=k$ ($k \geqslant k_0$) 时命题 P_k 成立,可以证明当 $n=k+1$ 时命题 P_{k+1} 也成立,

那么命题 P_n 对所有自然数 $n \geqslant k_0$ 都成立.

例如,n 边形内角和问题,n 要从 3 开始.

2. **第二个条件也可以修改**

数学归纳法原理变形 2 设 P_n 是与自然数相关的一种命题. 如果

(1) 当 $n=1$ 时命题 P_1 成立,

(2) 假设当 $1 \leqslant n \leqslant k$ 时,由命题 P_n 成立可以证明当 $n=k+1$ 时命题 P_{k+1} 也成立,

那么命题 P_n 对所有自然数 n 都成立.

例如,有两堆棋子,数目相等. 两人玩耍,每人每次可以从其中一堆中取任意多颗棋子,但不能同时从两堆中提取,规定取得最后一颗棋子者为胜. 求证:后取者可以必胜.

3. **第一、二个条件都可以修改**

数学归纳法原理变形 3 设 P_n 是与自然数相关的一种命题. 如果

(1) 当 $n=1, 2, \cdots, k_0$ 时命题 P_n 成立,

(2) 假设当 $n=k$ 时命题 P_k 成立,可以证明当 $n=k+k_0$ 时命题 P_{k+k_0} 也成立,

那么命题 P_n 对所有自然数 n 都成立.

这一命题相当于将全体自然数按顺序每 k_0 个一组,排列为 $A_1, A_2, \cdots, A_n, \cdots$,其中 $A_n = \{(n-1)k_0+1, (n-1)k_0+2, \cdots, (n-1)k_0+k_0\}$,然后对集合列 $A_1, A_2, \cdots, A_n, \cdots$ 使用数学归纳法.

例如,求证方程 $x+2y=n$ 的非负整数解的组数为 $\frac{1}{2}(n+1)+\frac{1}{4}[1+(-1)^n]$. 一般地,方程 $x+my=n$ 的非负整数解的组数为 $\left[\frac{n}{m}\right]+1$,其中 $\left[\frac{n}{m}\right]$ 表示商 $\frac{n}{m}$ 的整数部分.

4. **跷跷板归纳法**

数学归纳法原理变形 4 设 A_n, B_n 是与自然数相关的两种命题. 如果

(1) 当 $n=1$ 时命题 A_1 成立,

(2) 假设当 $n=k$ 时命题 A_k 成立,可以证明命题 B_k 也成立,

(3) 假设当 $n=k$ 时命题 B_k 成立,可以证明当 $n=k+1$ 时命题 A_{k+1} 也成立,

那么命题 A_n, B_n 对所有自然数 n 都成立.

例如,假设数列 $\{a_n\}$ 满足:$a_{2n}=3n^2, a_{2n-1}=3n(n-1)+1, n=1, 2, 3, \cdots$,$S_m=a_1+a_2+\cdots+a_m$,求证:$S_{2n-1}=\frac{1}{2}n(4n^2-3n+1), S_{2n}=\frac{1}{2}n(4n^2+3n+1)$.

跷跷板归纳法又叫作**螺旋式数学归纳法**,它涉及的是两串与自然数相关的命题,对于三串、四串以至更多串的情形同样有相应的螺旋式数学归纳法.

5. 逆向归纳法

数学归纳法原理变形 5 设 P_n 是与自然数相关的一种命题. 如果

(1) 存在一个递增的无限自然数序列 $\{n_k\}$, 使命题 P_{n_k} 成立,

(2) 假设当 $n=m$ 时命题 P_m 成立, 可以证明当 $n=m-1>0$ 时命题 P_{m-1} 也成立,

那么命题 P_n 对所有自然数 n 都成立.

例如, 算术平均与几何平均不等式

$$\sqrt[n]{a_1 a_2 \cdots a_n} \leqslant \frac{a_1+a_2+\cdots+a_n}{n} \tag{9.1}$$

的证明. 当 $n=2$ 时, 直接用差平方公式 $(\sqrt{a_1}-\sqrt{a_2})^2 = a_1+a_2-2\sqrt{a_1 a_2} \geqslant 0$ 即得结论, 由此便得

$$a_1 a_2 \leqslant \left(\frac{a_1+a_2}{2}\right)^2. \tag{9.2}$$

当 $n=4$ 时分别对 a_1, a_2 与 a_3, a_4 应用式 (9.2) 得

$$a_1 a_2 \leqslant \left(\frac{a_1+a_2}{2}\right)^2, \quad a_3 a_4 \leqslant \left(\frac{a_3+a_4}{2}\right)^2, \tag{9.3}$$

再利用式 (9.2), 有

$$a_1 a_2 a_3 a_4 \leqslant \left(\frac{a_1+a_2}{2}\right)^2 \left(\frac{a_3+a_4}{2}\right)^2 = \left[\left(\frac{a_1+a_2}{2}\right)\left(\frac{a_3+a_4}{2}\right)\right]^2$$
$$\leqslant \left[\left(\frac{\frac{a_1+a_2}{2}+\frac{a_3+a_4}{2}}{2}\right)^2\right]^2 = \left(\frac{a_1+a_2+a_3+a_4}{4}\right)^4, \tag{9.4}$$

即 $n=4$ 时结论成立.

重复这一方法可以证明命题对一个递增无穷数列 $n=2, 2^2, 2^3, \cdots, 2^k, \cdots$ 都是正确的 (对 k 用数学归纳法).

为证明命题对所有自然数成立, 只需证明: 假设当 $n=m$ 时命题成立, 则当 $n=m-1>0$ 时命题也成立. 事实上, 如果

$$\sqrt[m]{a_1 a_2 \cdots a_m} \leqslant \frac{\sum_{i=1}^m a_i}{m}, \tag{9.5}$$

则对 $a_1, a_2, \cdots, a_{m-1}$, 记 $A = \frac{a_1+a_2+\cdots+a_{m-1}}{m-1}$, 便有

$$\sqrt[m]{a_1 a_2 \cdots a_{m-1} A} \leqslant \frac{a_1+a_2+\cdots+a_{m-1}+A}{m}, \tag{9.6}$$

即 $\quad a_1 a_2 \cdots a_{m-1} A \leqslant \left(\frac{a_1+a_2+\cdots+a_{m-1}+A}{m}\right)^m = \left[\frac{(m-1)A+A}{m}\right]^m = A^m, \tag{9.7}$

由此即得

$$a_1 a_2 \cdots a_{m-1} \leqslant A^{m-1} = \left(\frac{a_1+a_2+\cdots+a_{m-1}}{m-1}\right)^{m-1}. \tag{9.8}$$

6. 双重数学归纳法

双重数学归纳法是解决含两个任意自然变量命题 $T(n, m)$ 的数学归纳法. 表述如下.

数学归纳法原理变形 6　设命题 $T(n,m)$ 是与两个独立的自然数 n,m 有关的命题. 如果

(1) $T(1,m)$ 对一切自然数 m 成立，$T(n,1)$ 对一切自然数 n 成立，

(2) 假设 $T(n+1,m)$ 和 $T(n,m+1)$ 成立时，可以证明 $T(n+1,m+1)$ 成立，

那么对所有自然数 n,m，命题 $T(n,m)$ 都成立.

三、数学归纳法在几何上的一个应用——二色定理

所谓二色定理，是指在一张纸上随意画一些直线，这些直线把这张纸分割成若干个区域. 二色定理断言：要对其进行涂色以便区分各个不同的区域，只需要两种颜色（如红色与蓝色）就够了（见图 9.2）.

亲自去画一画，会发现确实如此. 但是如何证明它？似乎与数学特别是自然数没有直接关系. 然而，确实可以用数学归纳法给予证明.

考虑画一幅地图所用直线的条数：如果只用一条直线，那么只能分出两个国家，两种颜色足够了；现在假设对所有用 n 条直线画出的地图，都只需要两种颜色，考虑一个由 $n+1$ 条直线画出的地图 M.

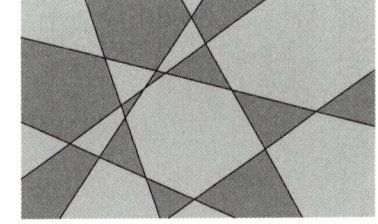

图 9.2　二色定理

对于这幅地图，从中抹去一条直线，此时剩下的地图是由 n 条直线画出的，自然可以由两种颜色——红色和蓝色——着色. 再把刚刚抹去的直线添上去，这条直线把整张纸分成两部分，刚才已经绘好颜色的国家中，有些也给分开了，有些则没有被分开. 在这条直线分成的两部分中，一半保留原来的着色，另一半中各个国家的颜色全部换掉：红换蓝，蓝换红. 于是，这个由 $n+1$ 条直线画出的地图 M 也只需要两种颜色就能区分各个国家了. 根据数学归纳法原理，任何由若干条直线画出的地图都只需要两种颜色就够了.

数学归纳法的妙用——数不尽的骆驼

一位画家招收三个弟子，为了测试徒弟对绘画奥妙掌握的程度，画家出了一道题目：要求三个弟子各自用最经济的笔墨，在给定大小的纸上画出最多的骆驼.

第一个弟子为了多画一些，他把骆驼画得很小、很密，纸上显示出密密麻麻的一群骆驼；第二个弟子为了节省笔墨，他只画骆驼头，从纸上可以看到许多骆驼；第三个弟子在纸上用笔勾画出两座山峰，再从山谷中走出一只骆驼，后面还有一只骆驼只露出半截身子.

三张画稿交上去，第三个弟子的画因其构思巧妙，笔墨经济，以少含多，而被认定为最佳作品. 为什么只画出一只半骆驼的这幅画会胜过画出许多骆驼的另外两幅画？原因在于：第一幅画虽然画出一群骆驼，但可以看出是很有限的；第二幅画只画骆驼头，既节省笔墨，又画出较多的骆驼，但仍然没有本质的变化；第三幅画就不同了，从山谷中走出的一只半骆驼，让人联想到山谷中紧跟的一只又一只的骆驼，似乎是无穷无尽的. 这里实际上是巧妙地利用了人们善于归纳与联想的思想，是数学归纳法原理的生活化.

第二节 反证法与抽屉原理

数学科学呈现出一个最辉煌的例子，表明不用借助实验，纯粹的推理能成功地扩大人们的认知领域.

——康德（Kant，1724—1804）

二桃杀三士

晏婴（公元前578—前500）是古代历史上齐国富有经验的政治家，他足智多谋，在有些事情的处理上用到了一些数学原理. 在《晏子春秋》里记载了一个"二桃杀三士"的故事：

齐景公有三名勇士，田开疆、公孙接和古冶子. 这三名勇士都力大无比，英勇善战，为齐景公立下过许多功劳. 但是他们也因此而目空一切，甚至连齐国宰相晏婴都不放在眼里. 晏婴对此极为恼火，便劝齐景公杀掉他们. 齐景公对晏婴言听计从，却心存疑虑，担心万一武力制服不了他们反被他们联合反抗. 晏婴于是献计于齐景公：以齐景公的名义奖赏三名勇士两个桃子，请他们论功请赏.

三名勇士都认为自己功劳很大，应该单独吃一个桃子. 于是，公孙接讲了自己的打虎功，拿了一只桃子；田开疆讲了自己的杀敌功，也拿了一只桃子. 两人正要吃桃的时候，古冶子讲了自己更大的功劳. 田开疆、公孙接觉得古冶子的功劳确实大过自己而羞愧不已，拔剑自刎. 古冶子见了，后悔不迭. 心想："如果放弃桃子隐瞒功劳，则有失勇士威严，但若争功请赏羞辱同伴，又有损兄弟义气. 如今两位兄弟都为此绝命，我独自活着还有何意义？"于是，古冶子一声长叹，拔剑结束了自己的生命.

晏婴采用借"桃"杀人的办法，不费吹灰之力除去了心腹之患，可谓是善于运用权谋. 汉朝的一首乐府诗曾不无讽刺地写道："……一朝被谗言，二桃杀三士. 谁能为此谋，相国齐晏子！"有趣的是，在这个故事中，晏婴除运用权谋外，还运用了数学中一个简单而有用的原理：抽屉原理.

一、反证法

反证法是"间接证明法"，是从否定命题的结论入手，并把对命题结论的否定作为推理的依据进行推理，导出与已知条件、已知公理或已知证明为正确的命题等相矛盾，矛盾的原因是假设错误，所以肯定了命题的结论，从而使命题获得了证明.

反证法依据的是逻辑思维规律中的"矛盾律"和"排中律".

矛盾律：在同一思维过程中，两个互相矛盾的判断不能同时都为真，至少有一个是假的.

排中律：两个互相矛盾的判断不能同时都为假，简单地说"A 或者非 A"必有一个正确.

据此，若假定结论错误而导出矛盾，则结论必然正确.

要证明 $0.99999\cdots=1$ 有许多方法可以使用，例如，用 $\frac{1}{9}=0.11111\cdots$，两边同时乘以 9；又如，用等比级数. 但大多都会涉及对无穷的处理. 如果用反证法，就可以避免无穷的困扰. 要证明 $0.99999\cdots=1$，只需要证明 $1-0.99999\cdots=0$. 如果 $1-0.99999\cdots\neq 0$，则 $1-0.99999\cdots>0$，存在 n，使得 $1-0.99999\cdots>\frac{1}{10^n}$，但是 $\frac{1}{10^n}+0.99999\cdots>1$，矛盾，故 $0.99999\cdots=1$.

二、抽屉原理的简单形式

利用反证法，可以证明一个重要的组合数学原理——抽屉原理，它是组合数学中一个最基本的原理，可以用来解决许多涉及存在性的组合问题.

抽屉原理 把 m 个物体放到 n 个抽屉中，如果物体数比抽屉数多（$m>n$），那么，必然有至少一个抽屉里放入两个或两个以上的物体.

抽屉原理又称为**鸽笼原理**或**狄利克雷原理**，由 19 世纪德国数学家狄利克雷（Dirichlet，1805—1859）（见图 9.3）最先明确提出和应用. 这个原理有两个简单变形：

（1）把多于 $m\times n$ 个的物体放到 n 个抽屉中，那么，必然有至少一个抽屉里放入 $m+1$ 个或 $m+1$ 个以上的物体.

（2）把无穷多个物体放到有限多个抽屉中，那么，必然有至少一个抽屉里放入无穷多个物体.

其中变形（1）的一般形式如下：

图 9.3 狄利克雷

抽屉原理 Ⅰ 把 m 个物体放到 n 个抽屉中，那么，必然有（至少）一个抽屉里放入至少 k 个物体. 这里

$$k=\begin{cases}\dfrac{m}{n}, & \text{当 }n\text{ 整除 }m\text{ 时,} \\ \left[\dfrac{m}{n}\right]+1, & \text{当 }n\text{ 不整除 }m\text{ 时.}\end{cases} \tag{9.9}$$

抽屉原理有广泛而神奇的应用. 在用抽屉原理解决实际问题时，关键是恰当地构造抽屉. 在"二桃杀三士"中，桃子是"抽屉"，只有两个，勇士是"物体"，却有三个. 物体数多于抽屉数，因而产生矛盾.

例如：

（1）在任意给定的 3 个整数中，必定有 2 个整数，其和是 2 的倍数.

（2）在任意给定的 5 个整数中，必定有 3 个整数，其和是 3 的倍数.

（3）在任意给定的 7 个不同的整数中，必有 2 个数，它们的和或差是 10 的倍数.

（4）在坐标平面上任意取 5 个整点（纵、横坐标都是整数），则必定存在其中 2 个整点，其连线的中点仍是整点.

（5）在一般 n 维欧几里得空间中，任意取 2^n+1 个整点，则必定存在其中 2 个整点，其连线的中点仍是整点.

(6) 在 3×4 的长方形中，任意放置 7 个点，必有 2 个点的距离不超过 $\sqrt{5}$.

(7) 边长为 1 的正方形中任意放入 9 个点，在以这些点为顶点的各个三角形中，必有一个三角形，它的面积不大于 $\frac{1}{8}$.

这些问题听起来很奇妙，甚至感觉不可思议，但利用抽屉原理可以简单地给出证明.

问题 (1)：把整数分为两类，奇数和偶数，构成 2 个抽屉，任意 3 个整数中，必有 2 个位于同一抽屉，这 2 数之和就是 2 的倍数.

问题 (2)：把整数分为三类，被 3 除余 1、余 2、余 0（整除），由此构造 3 个抽屉. 如果 5 个数三种情况都存在，则各取 1 个便可；如果 5 个数只出现不超过两种情况，则可以利用其中的两个抽屉，这 5 个整数必有 3 个位于同一抽屉，这 3 数之和就是 3 的倍数.

问题 (3)：任意整数除以 10 的余数，只能是 0，1，2，3，4，5，6，7，8，9 这 10 个数中的一个，可以从余数角度出发构造合适的抽屉. 由题目分析，要求构造 6 个抽屉，并且抽屉中的余数和或差只能是 0 或 10，这 6 个抽屉是 $\{0\}$，$\{5\}$，$\{1,9\}$，$\{2,8\}$，$\{3,7\}$，$\{4,6\}$，于是任意 7 个不同整数除以 10 后所得 7 个余数，任意放入这 6 个抽屉，其中必有一个抽屉包含其中 2 个不同的余数，落入前 2 个抽屉的 2 个整数之和、之差均是 10 的倍数，落入后 4 个抽屉的 2 个整数，如果余数相同，则之差是 10 的倍数，如果余数不同，则之和是 10 的倍数.

问题 (4)：在坐标平面各整点依据纵、横坐标的奇偶性可以分为 4 种情况：(奇，奇)，(偶，偶)，(奇，偶)，(偶，奇)，由此构造 4 个抽屉，于是 5 个整点必有至少 2 个位于同一抽屉，这 2 个整点连线的中点就是整点.

问题 (5)：与问题 (4) 类似，在一般 n 维欧几里得空间中的整点依据各坐标的奇偶性可以分为 2^n 种情况，由此构造 2^n 个抽屉，于是 2^n+1 个整点必有至少 2 个位于同一抽屉，这 2 个整点连线的中点就是整点.

问题 (6)：把 3×4 的长方形分割为 6 个 1×2 的长方形，由此构造 6 个抽屉，于是任意放置 7 个点，必有 2 个点落入其中一个 1×2 的长方形，其距离不超过该矩形对角线长度 $\sqrt{5}$.

问题 (7)：只要用对边中点的连线把正方形分成 4 个面积为 $\frac{1}{4}$ 的小正方形，把 9 个点放进 4 个小正方形内，有一个小正方形里至少有 3 个点，它们组成的三角形的面积不大于 $\frac{1}{8}$.

抽屉原理不仅在数学上应用很广，在日常生活中，利用抽屉原理也常常可以达到意想不到的效果.

三、聚会问题

1947 年，匈牙利数学竞赛中有这样一道试题，证明：在任何 6 个人中，一定可以找到 3 个人，他们或者互相都认识，或者互相都不认识.

这个问题乍看起来，似乎难以想象. 但是，也可以用抽屉原理来说明. 把这 6 个人分别记为 A，B，C，D，E，F. 从中随便找一个，如 A，把"与 A 认识""与 A 不认识"当作两个抽屉，把 B，C，D，E，F 放入这两个抽屉，至少有一个抽屉内放入 3 个或 3 个以上的人.

不妨假定在"与A不认识"这个抽屉内有至少3个人,如B,C,D.对于B,C,D这3个人,有两种可能:第一,3个人互相都认识,问题解决;第二,这3个人中至少有两个人不认识,如B与C,而B与C都与A不认识,故A,B,C这3个人互不认识.结论得证.

如果假定在"与A认识"这个抽屉内有至少3个人,也完全类似可以证明结论.

但是,如果人数从6改为5,结论就不一定成立.例如,A,B,C,D,E这5个人中,A与B,C与D,E与A,E与C分别认识,而没有其他的认识关系,就不能得出上述结论.

这道试题由于它的形式优美,解法巧妙,很快引起数学界的广泛兴趣,被许多国家的数学杂志转载,它的一些变形或推广,不断地被用作新的数学竞赛试题.

例如,1964年在莫斯科举行的国际中学生数学竞赛中有一道试题:

17个学者中每个学者都与其余学者通信,他们在通信中一共讨论了3个不同的问题,但每两个学者在通信中只讨论同一个问题.证明:至少有3个学者在彼此通信中都讨论同一问题.

这个问题就是聚会问题的直接推广.在17名学者中任取一名,如A,其余16名学者与他通信分别讨论3个问题中的某一个.根据抽屉原理,对于3个问题x,y,z,在16人中必有6个人与A讨论某一个问题,如x.如果这6个人中还有B与C两人也通信讨论x,则A,B,C这3个人都彼此讨论同一问题x,命题的结论获证.如果这6个人中没有任何两个人是互相讨论x的,则他们只讨论y与z两个问题.把两个讨论问题y的人看作互相认识,讨论问题z的人看作互不认识,就变成了匈牙利的那道数学竞赛试题,也就证明了命题的结论.

四、抽屉原理与计算机算命

计算机算命看起来挺玄乎,只要报出自己出生的年、月、日和性别,一按按键,屏幕上就会出现所谓性格、命运的语句,据说这就是"命".

其实这充其量不过是一种计算机游戏而已.用抽屉原理很容易说明它的荒谬.

如果人的寿命以100年计算,按出生的年、月、日、性别的不同组合数应为$100\times365\times2=73000$,把它作为抽屉数.我国现有14亿人口,把它作为物体数.根据抽屉原理,一定存在至少19100个人,他们的性别以及出生年、月、日都相同,尽管他们的出身、经历、天资、机遇可能各不相同,但计算机却认定他们都具有完全相同的命,这真是荒谬绝伦!

所谓计算机算命,不过是把人为编好的算命语句像中药柜那样事先分别一一存放在各自的柜子里,谁要算命,即根据出生的年、月、日、性别的不同组合,按不同的编码机械地到计算机的各个"柜子"里取出所谓命运的句子.这种把古代迷信罩上现代科学光环的勾当,是对科学的亵渎.

五、抽屉原理的推广形式

到目前为止,我们使用的抽屉原理,仅仅描述了问题的一个方面,即描述必有一个抽屉里"至少有多少个",但是,在实际生活中,除像"至少"这类问题外,还有"至多"这类问题.

抽屉原理Ⅱ 把m个物体放到n个抽屉中,那么,必然有(至少)一个抽屉里放入至多$\left[\dfrac{m}{n}\right]$个物体.

这个原理同样可以用反证法简单地证明.

第三节　七桥问题与图论

读读欧拉，　读读欧拉，　他是我们大家的老师．

——拉普拉斯

一、七桥问题

1. 七桥问题

18 世纪，位于现立陶宛境内的哥尼斯堡镇，普雷格尔河穿镇而过．河中有两个相邻的小岛，岛与岛、岛与陆地之间建有七座桥（如图 9.4 所示，A，C 为两岸；B，D 为岛屿）．

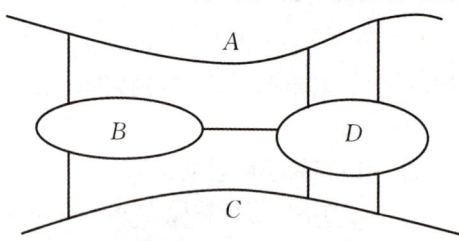

图 9.4　普雷格尔河上的岛与七座桥

当时，哥尼斯堡的居民经常到河边散步，或者去岛上购物．有人提出一个问题：一个人能否一次不重复地走遍所有的七座桥，最后回到出发点？

如果对七座桥沿任何路线都走一遍，至少有 5040 种走法．在这 5040 种走法中，是否有一种方法满足上述要求呢？对这个问题，当时谁也回答不了．这就是著名的"七桥问题"．

2. 欧拉的解答——一笔画问题

1736 年，当地一位小学教师写信给著名数学家欧拉，请教对七桥问题的解答，引起了欧拉的极大兴趣．欧拉用数学方法对七桥问题进行了深入的研究，他发现：

（1）这不是一个代数问题，代数问题研究量的大小、关系、运算等．

（2）这也不是一个平面几何问题，平面几何问题研究角度的大小、线段的曲直、长短等．

在这里：① 陆地、岛屿的形状与大小、桥梁的曲直与长宽均对问题的解答没有影响；② 该问题的解仅依赖陆地、岛屿、桥梁等的具体个数及其相互位置关系．因此，可以将陆地看作"点"，将桥梁看作"线"（见图 9.5）．

按照欧拉的思想，七桥问题转化为如下问题：

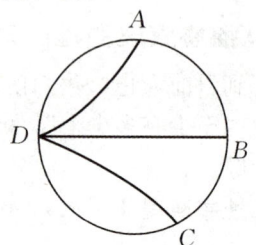

图 9.5　七桥问题的数学模型

一笔画问题　在图 9.5 中，能否从图上某一点开始，笔不离纸、不重复地画出整个图形？

这一重要思想,成为近代数学之一——图论的基础,同时也是近代数学——拓扑学的基础.

二、图与七桥问题的解决——一笔画定理

欧拉将七桥问题的解决归结为对由点和将它们之间的某些点两两连接起来的线构成的图形的研究. 数学上把这样的图形叫作**图**(graph),其中的点称为**顶点**,线称为**边**,顶点集记为 V(vertex),一个顶点记为 v,边的集合记为 E(edge),一条边记为 e. 一条边的两个端点都是顶点,但两个顶点之间未必有边相连. 如果 n 条边 e_1,e_2,$\cdots$,e_n 首尾相连组成一个序列,其中 e_i 连接顶点 v_i,v_{i+1}($i=1$,2,3,$\cdots$,n),称该序列为从端点 v_1 到端点 v_{n+1} 的链长为 n 的**链**. 两端点相同的链叫作**圈**. 如果一个图的任意两顶点之间都有链相连,称之为**连通图**. 把一个顶点 v 处引出边的条数称为该**顶点 v 的次数**,顶点次数为奇(偶)数的顶点叫作**奇(偶)点**.

结论 在任一图中,其所有顶点的次数总和是偶数. 在偶点处,边线有进有出,进出对应;在奇点处,必然有一条只进不出或只出不进的边,因而奇点的个数必为偶数.

欧拉通过研究该问题,给出了如下的一笔画定理.

1. 一笔画定理

定理(一笔画定理) 一个图 G 是一条链(可以一笔画)的充要条件是:G 是连通的,并且奇点的个数为 0 或 2. 当奇点数为 2 时,一个奇点为起点,另一个奇点为终点;当奇点个数为 0 时,任取一个顶点,它是起点,也是终点.

证明 必要性. 若 G 能一笔画(是一条链),则 G 必是连通的,而且只有在起点处的边才可能只出不进(奇点),也只有在终点处的边才有可能只进不出(奇点). 故 G 没有奇点或只有两个奇点.

充分性. 若 G 是连通的,并且奇点的个数为 0 或 2. 对顶点的总次数 $n=2k$(偶数)用数学归纳法证明 G 是一条链.

当 $n=2$ 时,G 是一条有两个顶点的线段,或一条有一个顶点的圈,因此是一条链.

假设当 $n=2k$ 时结论成立,考虑 $n=2(k+1)=2k+2$ 的情况.

如果该图没有奇点,则从中任意去掉一条边,设此边的两端点分别为 v_0,v_1,此时,该图仍然是连通的(因为其任一顶点处至少有两条边通过,去掉一条边后,还至少有一条边与其他顶点相连),而且,其顶点的次数总和为 $2k$,其中奇点数最多为 2. 此时剩余图可以从 v_0 出发到 v_1 结束一笔画. 再从 v_1 到 v_0,将去掉的那条边补上,从而原图可以一笔画.

如果该图有两个奇点 v_0,v_1,去掉 v_0 出发的一条边. 若 $d(v_0)>1$,则剩余图是一个奇点个数为 0 或 2、顶点次数总和为 $2k$ 的连通图,因而可以一笔画,从而原图也可以一笔画. 若 $d(v_0)=1$,则剩余图是一个奇点个数为 0 或 2、顶点次数总和为 $2k$ 的非连通图,除去 v_0 点后,该图是连通图,可以一笔画,因此原图也可以一笔画.

2. 应用于七桥问题

七桥问题是一个具有 4 个奇点的图,因此不能一笔画. 由此看出,一笔画定理给出了七桥问题的一个简洁而圆满的解决.

思考:如果再增加一座桥,对于八桥问题,结论如何?

可以证明，对于八桥问题，不论第八座桥修在什么地方，总是可以一笔画的。据说，后来人们在那里又增建一座桥梁。而如今，原来的七座桥只剩下三座了（见图 9.6）。

图 9.6 哥尼斯堡镇上保留至今的三座桥之一

三、图的其他基本概念与图的简单应用

图论作为数学的一个分支，如今已经形成一个比较成熟的理论体系。除前面介绍的图的最基本的概念外，下列概念在应用上是重要的。

(1) **顶点的相邻**：有边相连的两顶点。

(2) **环**：一个顶点 v 与其自身有边相连，这样的边叫作环。

(3) **k 重边**：两顶点之间有 k（$k \geq 2$）条边相连，这些边叫作 k 重边。

(4) **孤立点**：没有相邻点的顶点。

(5) **简单图**：既没有环，也没有重边的图。在简单图中，连接两顶点 v_1, v_2 的唯一一条边记为 (v_1, v_2)。

(6) **完全图**：任意两点均相邻的简单图。有 n 个顶点的完全图记为 K_n，其边数为 C_n^2。

(7) **树**：连通而无圈的图。

现实生活中很多问题可以通过图论来解决。把具体问题转化为图论问题的**基本思路**是：把各种事物抽象为点（顶点），把事物之间具有某种关系抽象为有一条边相连。

例1 某大型晚会，2021 人参加，每人至少认识另外一人，证明必有一人至少认识另外两人。

证明 把每一个人看成一个顶点 v_i, $i=1, 2, 3, \cdots, 2021$。如果某两人互相认识，则认为其相应的顶点之间有一条边，上述晚会构成一个图。问题归结为：证明必存在一个顶点 v_i，使 $d(v_i) > 1$。

事实上，由于每人至少认识另外一人，故总有 $d(v_i) \geq 1$。若结论不然，则对所有 i 有 $d(v_i) = 1$，从而 $\sum_{i=1}^{2021} d(v_i) = 2021$，这与总次数是偶数矛盾。

例2 某大型聚会，2020 人参加，其中至少有一人没有和其他人都握手。聚会中与每个人都握手的人数最多有多少？

解 把每一个人看成一个顶点 v_i, $i=1, 2, 3, \cdots, 2020$。如果某两人握手，则认为其相应的顶点之间有一条边，上述聚会构成一个图 G。现在的条件是，其中至少有一人没有和其他人都握手,即存在一个 i_0,$0 \leqslant d(v_{i_0}) \leqslant 2018$,问题是:最多有多少个 v_i,使 $d(v_i)=2019$?

事实上,上述条件说明,G 不是完全图,其边数最多为完全图 K_{2020} 的边数 C_{2018}^2-1,至少缺少的这条边所涉及的两个端点 v_{i_0},v_{j_0} 肯定没有与所有人握手,故与每个人都握手的人数最多有 $2020-2=2018$ 个.

例 3 9 名数学家相遇,其中任意 3 人中至少有 2 人有共同语言,每位数学家最多会讲 3 种语言. 证明:至少有 3 位数学家可以用同一种语言对话.

证明 把每一位数学家看成一个顶点 v_i,$i=1,2,3,\cdots,9$. 如果某两位数学家能用某种语言对话,则认为其相应的顶点之间有一条边,并涂上相应颜色. 问题是:证明至少存在 3 个顶点 v_i,v_j,v_k,使边 (v_i,v_j),(v_j,v_k) 同色.

考虑 v_1,分两种情况:

(1) v_1 与 v_2,v_3,$\cdots$,v_9 均相邻.

由于每位数学家最多会讲 3 种语言,故 8 条边 (v_1,v_2),(v_1,v_3),$\cdots$,(v_1,v_9) 至多有 3 种不同的颜色,因此由抽屉原理,至少有 3 条边是同色的,与此 3 边相关的 4 位数学家是有共同语言的.

(2) 存在 $j>1$,使 v_1 与 v_j 不相邻.

此时,不妨设 $j=2$,由于任意 3 人中至少有 2 人有共同语言,故 7 位数学家 v_3,v_4,$\cdots$,v_9 中的每一位必与 v_1,v_2 之一相邻,从而其中至少有 4 位与 v_1 或 v_2 相邻,不妨设 v_3,v_4,v_5,v_6 与 v_1 相邻,于是 4 条边 (v_1,v_3),(v_1,v_4),(v_1,v_5),(v_1,v_6) 至多有 3 种不同的颜色,因此由抽屉原理,至少有两条边是同色的,与此两边相关的 3 位数学家是有共同语言的.

注 若将 9 位数学家改为 8 位数学家,结论不真.

例 4 20 名网球运动员进行 14 场单打比赛,每人至少上场一次. 求证:必有 6 场比赛,其参赛的 12 名运动员各不相同.

证明 把每一位运动员看成一个顶点 v_i,$i=1,2,3,\cdots,20$. 如果某两位运动员进行一场比赛,则认为其相应的顶点之间有一条边,如此构成一个图 G. 根据条件知,边数为 14,且

$$d(v_i) \geqslant 1, \quad \sum_{i=1}^{20} d(v_i) = 28.$$

问题转化为证明至少有 6 条边的 12 个顶点是互不相同的.

在每个顶点 v_i 处抹去 $d(v_i)-1$ 条边(一条边可以同时在其两端点处抹去),抹去的边数不超过

$$\sum_{i=1}^{20} [d(v_i)-1] = 28-20 = 8$$

条,故剩下的图 G_1 至少有 $14-8=6$ 条边. G_1 中每个顶点的次数不超过 1,因此 6 场比赛参赛者各不相同.

第四节　数学与密码

数学是科学的女王，而数论是数学的女王.

——高斯

韦达破密码

在中国古籍《孙子兵法》之《谋攻篇第三》中有一句至理名言："知彼知己，百战不殆."这句话说明了在各种战争中对敌我双方充分了解的重要性.然而，了解自己容易，要了解敌人却非易事.为了自己不被了解，人们在战争中总是设法伪装自己，制造假象，迷惑敌人.于是伪装与反伪装、制造假象与揭露假象，就成为战争制胜的重要手段.通信中如何设置密码以及如何破解密码就是实现这种手段的一种具体方法.这两点都是依靠数学来实现的.

韦达是 16 世纪法国著名数学家，也是一个国务活动家.他在法国和西班牙战争中，对于法国的取胜起到了决定性的作用.当时西班牙军队使用非常复杂的密码进行通信联系，甚至公开用密码与法国国内的特务联系.虽然法国政府截获了一批秘密信件，由于无法破解其中的密码而难以了解其内容.当时法国国王亨利四世请求韦达帮助破译密码.韦达借助数学知识，揭开了密码的秘密，破译了一份数百字的西班牙密文.于是法国掌握了西班牙的军事秘密，用两年的时间将西班牙军队打败.韦达于 1603 年 12 月 13 日在巴黎逝世，享年 63 岁.

一、密码的由来

密码，并不是什么奇怪的东西.它只是按照"你知，我知，他不知"的原则组成的信号.一个国家的文字，对于一个不懂该文字的人来说就是一种密码.对于不懂汉语拼音的人来说，拼音就是代替汉字的一种密码.密码最基本的功能就是保密，不为外人所知.简单说来，密码由加密和解密两部分组成.加密就是通过某种算法对信息进行转换，这样原信息（叫作**明文**）就变成了**密文**，非授权人即使看到该密文信息，也不明白其实际意思.而合法的接收方可以通过**密钥**把密文转换成明文，这就是**解密**.

密码的历史源远流长.据史料记载，在古代中国、古埃及、古希腊、古罗马等，早在两千多年前就已经出现了密码书写.在文艺复兴时期的欧洲，密码被广泛用于政治、军事和外交. 16 世纪末期, 多数国家设置了专职的密码秘书, 重要文件都采用密码书写.

1832 年 10 月, 美国画家莫尔斯(Morse, 1791—1872)在乘船从法国返回美国途中, 看到一个青年医生在摆弄一块环绕着一圈圈绝缘铜丝的马蹄形铁块, 铜丝的通电可以产生对铁钉的吸引力, 而一旦断电则吸引力消失. 这就是电流的磁效应. 受此启发, 莫尔斯在 1844 年 5 月 24 日发明了一种被后人称为"莫尔斯电码"的电报码和电报机, 开始了无线电通信. 这种编码后来逐步应用于军事、政治、经济等各领域, 形成了早期的密码通信. 第一次世界大战时, 密码通信已十分普遍, 许多国家成立专门机构, 进一步研制和完备密码, 并建立了侦察破译对方密码的机关. 目前, 信息时代的到来, 密码已经成为人人离不开、处处都需要的工具, 其安全性也更加可靠.

在各种各样的通信传输过程中, 有些人会通过各种手段截取传输资料, 造成传输安全问题. 尤其是在科技高度发达的今天, 传送过程几乎无法保证安全. 于是人们就要在如何对内容加密上进行研究, 以保证即使对方截获传输资料, 也会由于不了解密码而不知所云.

二、密码联络原理与加密方法

加密或者用密码联络自古就有, 民间使用较多的所谓暗号就是最简单的表现形式. 暗号只是收发双方对某些具体内容进行的事先约定, 其方法只适用于特定时间内的特定内容, 不具有一般性. 但是暗号的基本思想是一般加密所共有的, 这就是"置换"或"代换"的思想——用一种形式取代另外一种形式. 在各种各样的通信中, 信息基本依靠文字来表达, 因而就要使用各种文字和语言, 而各种语言又都可以转化为数字, 如英文的莫尔斯电码, 中文汉字的电报码等. 从文字到数字的转换本身就是一种密码, 只不过这已经是公开的密码, 因此也就不具有保密性. 但是, 即便如此, 这种转换也是重要的.

文字转换为数字的优越性: 首先, 把各种复杂的文字用 10 个数字符号代替, 符号的简化便于通信传递; 其次, 各种文字转化为数字, 加密研究只针对数字进行, 大大地降低了加密难度.

无论何种加密传送, 其基本模式都是一样的.

信息传送基本模式: 把要传递的内容——明文, 按照密钥加密成密文; 将密文按照正常方式发送; 对方接收到密文后, 按照密钥解密再还原成明文.

加密的方法是人为产生的, 因此也就各种各样. "**代换**"或"**置换**"是自古以来普遍采用的加密思想, 早在罗马帝国时代就已经使用, 当时他们把 26 个字母分别用其后面的第 3 个字母来代替, 用"群"的记号就是如下的"矩阵":

$$G = \begin{bmatrix} a & b & c & d & e & \cdots & w & x & y & z \\ d & e & f & g & h & \cdots & z & a & b & c \end{bmatrix}.$$

这种代换方法是将上行的每个字母分别用下行的相应字母代替. 这样明文"hello"就变成了密文"khoor", 收到密文再转化为明文只需将每个字母换成其前面的第 3 个字母. 这种方法规律性太强, 很容易被破解. 后来, 人们采用一种变形的置换方法: 把字母或数字用其他字母或数字代换时没有明显的代换规律. 例如, 把 0, 1, 2, …, 9 这 10 个数字分别换成 3, 5, 6, 2 等, 即有

$$G = \begin{bmatrix} 0 & 1 & 2 & 3 & 4 & 5 & 6 & 7 & 8 & 9 \\ 3 & 5 & 6 & 2 & 7 & 4 & 8 & 1 & 9 & 0 \end{bmatrix}.$$

这种密码或其变种在第二次世界大战前被使用了很长一段时间．但是它也具有严重缺欠，因为在日常书面语言中，每个字母出现的频率是有区别的，当人们截取大量信息进行统计分析后，可以通过各个字母的出现频率推测出大体的代换法则，然后再经过检验调整，即可确定正确的代换法则，从而破解出所有信息．

三、RSA 方法与原理

密码通信中的加密与解密方法实际上是两个互逆的运算．数学中许多运算是本身容易而逆向困难．例如，乘法容易，除法困难；乘方容易，开方困难．用两个 100 位数相乘得到一个 200 位数，利用计算机轻而易举；但要把一个 200 位数分解为两个数的乘积，却极其困难．通行做法是用一个一个较小的数去试除，其工作量极其巨大．估算可知，要分解一个 200 位数，用每秒 10 亿次的电子计算机，大约需要 40 亿年．即使分解一个 100 位数，所花时间也要以万年计．这就给数学家一种启示：能否利用这种矛盾编制密码，使我方编码、译码轻而易举，而敌方破译却极端困难．

1978 年，美国三位电机工程师李维斯特（Rivest）、萨莫尔（Shamir）与阿德曼（Adleman）利用这个思想创造了一种编码方法，称为 RSA 方法．其本质是制造密码与破解密码的方法都是公开的，同时又可以公开编制密码所依赖的一个大数 N，这个 N 可由我方通过两个大素数 p，q 乘积而得到，而破解密码则必须依靠这两个素数 p，q．因此，要破解密码则必须首先分解大数 N，但这几乎是不可能的．

1. RSA 方法

RSA 方法可以公开用以制造密码与破解密码的方法，它依赖两个大素数 p，q，当然，不同的机构应当使用不同的 p，q．下面是其基本方法．

密钥制作：

（1）我方掌握两个大素数 p，q，由此造出一个大数 $N=pq$；

（2）选取一个较小的数 n，使得 n 与 $p-1$，$q-1$ 均互素；

（3）选取 m，使得 $mn-1$ 是 $(p-1)(q-1)$ 的倍数；

（4）对外公开我方的密钥：N 和 n．

m 与 n 的选取是容易做到的．m 是我方解除密码的唯一秘诀，绝不可以外传．敌方不了解 p，q，就难以分解出 p，q，因而也就不可能了解我方的唯一秘诀 m．

假如我方的朋友要向我方发送信息，他可以通过查到的我方的密钥 N 和 n，然后按照如下程序发送信息．

信息加密、发送、接收与解密：

（1）对方将要发送的信息（数）由明文 x 转化为密文 y，方法是：算出 x^n，设 x^n 被 N 除所得的余数为 y，用数论记号就是 $x^n \equiv y \pmod{N}$，y 就是密文；

（2）对方发送密文 y；

（3）我方收到密文 y 后，解密方法是：计算出 y^m，按照数论的知识便有 $y^m \equiv x \pmod{N}$，即 y^m 被 N 除所得的余数就是明文 x．

2. RSA 编码原理

问题的关键在于为什么能有 $y^m \equiv x \pmod{N}$？这依赖数论中的一个基本公式——欧拉

定理，它是费马小定理的推广形式.

欧拉定理　设 a，N 为正整数. 如果 $(a, N)=1$，则有
$$a^{\varphi(N)} \equiv 1 (\bmod N), \tag{9.10}$$
其中 $\varphi(N)$ 为欧拉函数，它代表在 $1, 2, 3, \cdots, N$ 中与 N 互素的正整数的个数.

根据欧拉定理，注意到当 $N=pq$ 时，$\varphi(N)=(p-1)(q-1)$，而上述选取的 m, n 满足 $mn=k\varphi(N)+1$，k 是正整数. 只需证明，对于任意正整数 x，有
$$y^m \equiv x^{mn} (\bmod N) \equiv x^{k\varphi(N)+1} (\bmod N) \equiv x (\bmod N). \tag{9.11}$$

事实上，如果 $(x, N)=1$，由欧拉定理，必有 $x^{k\varphi(N)} \equiv 1 (\bmod N)$，从而
$$x^{mn} \equiv x^{k\varphi(N)+1} (\bmod N) \equiv x (\bmod N). \tag{9.12}$$

如果 $(x, N)=p$，即 p 能整除 x，但 q 不能整除 x，即 $(x, q)=1$. 对 x, q 应用欧拉定理得 $x^{q-1} \equiv 1 (\bmod q)$，从而 $x^{k\varphi(N)+1}=x^{k(q-1)(p-1)+1} \equiv x (\bmod q)$；另一方面，显然有 $x^{k\varphi(N)+1}=x^{k(q-1)(p-1)+1} \equiv x (\bmod p)$，这是因为同余式两端都能被 p 整除. 以上两点表明，$x^{k\varphi(N)+1} \equiv x (\bmod pq) \equiv x (\bmod N)$.

如果 $(x, N)=q$，结论同样可证.

最后，如果 $(x, N)=N$，则 $N|x$，故 $x^{mn} \equiv 0 \equiv x (\bmod N)$. 结论得证.

3. 一个具体例子

用较小的素数 $p=3$，$q=11$ 来说明这种方法：此时 $N=33$，选取数 n，使得 n 与 $3-1$，$11-1$ 均互素，例如，选 $n=7$ 即可. 现在 $N=33$ 与 $n=7$ 是我方公开的密钥，任何人都可以按照这个密钥给我方发送信息.

为了选取 m，使得 $mn-1=7m-1=k(3-1)(11-1)=20k$，应有
$$m=\frac{k(p-1)(q-1)+1}{n}=\frac{20k+1}{7}, \tag{9.13}$$
也就是要选取适当的 k，使得 $20k+1$ 是 7 的倍数. 一般应使 k 尽可能小，以使 m 也较小. 取 $k=1$，得到 $m=3$. 这是我方的密钥. 当 p, q 非常大时，敌方是无法得知这个密钥的.

假设对方要发送的明文为 8，他可以利用查到的密钥 $N=33$ 与 $n=7$ 将明文 8 转化为密文：$8^7=2097152 \equiv 2 (\bmod 33)$，密文为 2. 然后将密文 2 发给我方.

当我方收到密文 2 时，按照密钥 $N=33$ 与 $m=3$ 把密文再转化为明文：$2^3=8 \equiv 8 (\bmod 33)$，明文为 8.

第九章思考题

1. 写出数学归纳法的一种变形.
2. 能否用数学归纳法研究诸如秃子、麦堆等问题？为什么？
3. 请用素数 $p=11$，$q=13$ 设计一个 RSA 编码规则，说明如何加密，如何解密.

第十章 数学之问

数学之问　简明深刻

　　问题是数学的心脏，是数学发展的动力．数学的历史就是数学问题的提出、探索与解决的历史．

　　通过一幕幕历史镜头生动地再现一些数学问题的缘起、产生、发展、争端，直至最终解决的各个历程，可以了解数学家如何提问、如何思考、关注什么、意义何在，对于正确认识数学的本质具有重要意义．

　　古代几何作图的三大难题历时两千余年，无数数学家为之费尽心血，最终在解析几何工具下得到解决．问题的解决说明了"他山之石，可以攻玉"的道理；问题的研究过程说明了问题的价值不仅在于问题的答案，更在于由此发现的新方法和新成果．

　　近代三大数学难题中，有的已经解决，有的尚未解决，有的通过机器得到了证明，但还期盼着逻辑证明．通过这些问题的提出、探索过程，可以深刻地体会到数学问题简单而又深刻的特点、数学问题解决过程的艰难、数学家为科学献身的精神．

　　七个千禧年数学难题，把我们带到现代数学的领地，使我们从中了解数学发展的最新动态，了解数学发展的主流．

数学问题——数学的心脏

1900年，德国著名数学家希尔伯特在巴黎国际数学家大会上发表了一个著名演讲，提出了23个未解决的数学问题，拉开了20世纪现代数学的序幕．在这个演讲中，他指出："只要一门学科分支能提出大量问题，它就充满着生命力；而问题缺乏则预示着独立发展的衰亡或终止．正如人类的每项事业都追求确定的目标一样，数学研究也需要自己的问题．正是通过这些问题的解决，研究者才能锻炼其钢铁般的意志，发现新方法和新观点，达到更为广阔和自由的境地．"几千年的数学发展史也无可争辩地说明，正是数学中源源不断的问题，才使数学充满生机，如今发展成为一个庞大的、具有极其重要地位的学科体系．

2000年5月24日，美国克雷数学研究所在巴黎法兰西学院宣布了七个"千禧年数学难题"，他们对每个问题悬赏一百万美元，其中庞加莱猜想已于近年得到解决．这些问题对21世纪数学的影响，虽然不敢说像希尔伯特在巴黎国际数学家大会提出的23个未解决的数学问题对20世纪的数学的影响那样深刻，但从目前来看，这些问题是被列入最有意思和最具挑战性的问题之中的．

由于数学发展中的问题无以计数，而且要预先判断一个问题的价值是困难的，常常是不可能的，人们只能根据问题解决过程或最终解决对科学的影响程度来做评价，因此要在这里非常恰当地选择有关问题并非易事．根据读者对象，本书选择问题的原则是：典型、重要、著名、合适．所谓典型，指问题或其解决过程具有较强的代表性；所谓重要，指问题、解法或结果对数学发展有重要影响和重大意义；所谓著名，指问题简单明了，容易理解，有较高的知名度；所谓合适，指问题及其解决过程适合具有初等数学基础的读者对象．按照这些原则，我们选取的范围为：古代几何作图三大难题（化圆为方、倍立方体、三等分角）；近代数学三大难题（费马大定理、哥德巴赫猜想、四色猜想）；千禧年七大数学难题中的前两个（庞加莱猜想和黎曼假设）．

第一节　古代几何作图三大难题

如果不知道远溯古希腊各代前辈所建立和发展的概念、方法和结果，我们就不可能理解近50年来数学的目标，也不可能理解它的成就．

——外尔（Weyl，1885—1955）

一、诡辩学派与几何作图

1. 辉煌的古希腊几何

几何学的研究对象是诸如"几何物体"和图形的几何量，是空间形式的抽象化；研究内容是各种几何量的关系与相互位置；研究方法是抽象的思辨方法，这是因为其对象的抽象性．例如，没有宽度的直线，是纯粹形式，不能通过实验进行研究．

公元前7世纪到公元前6世纪，希腊七贤之一的希腊科学之父泰勒斯成立爱奥尼亚学派，将几何学由实验几何学发展为推理几何学；公元前6世纪（约公元前580—前500），毕达哥拉斯学派将其进一步发展，发现了勾股定理、无理数；公元前5世纪，雅典的诡辩学派，主要研究几何作图问题，其遗留的著名的几何作图三大难题，延续了两千多年，直到19世纪才得到答案；公元前5世纪到公元前4世纪，柏拉图学派主要进行几何学体系和几何学基础方面的研究，使几何严密化，是欧几里得研究的基础；公元前4世纪，欧多克斯学派在数学中引入比例理论，发明了穷竭法；公元前3世纪，欧几里得对当时丰富的几何知识收集、整理，建立起影响后世两千多年的欧几里得几何学．

2. 诡辩（智人）学派与几何作图问题

公元前5世纪，以注重逻辑性而著称的雅典诡辩学派（又称智人学派），主要研究几何作图问题．他们的基本目的是培养与锻炼人的逻辑思维能力，提高智力，因此他们限定使用尽可能少的作图工具，以使人们多动脑筋，更好地锻炼人们精细的逻辑思维能力和丰富的想象力．图形由其边而界定，边又有直曲之分，直线（段）是最简单而又最基本的直边几何图形，而圆是最简单而又最完美的曲边几何图形．于是他们限定作图时仅使用能够画出直线和圆的两个基本工具——直尺（无刻度）和圆规，而且限定作图必须在有限步骤内完成，称之为**尺规作图法**．

诡辩学派研究的几何作图问题，部分来自民间传说，并遗留下了三大著名难题——化圆为方、倍立方体、三等分角．表面上看，这三个问题都很简单，似乎可用尺规作图完成，因此两千多年来吸引了许多人，进行了经久不息的研究．虽然发现这些问题只要借助于别的作图工具或曲线即可轻易地解决,但是仅用尺规进行作图始终未能成功. 1637 年,笛卡儿创立了解析几何,把几何问题转化为代数问题,这三个问题才最终在 19 世纪得到解决,其结论是:三大难题不可能用尺规作图实现.

二、三个传说

1. "化圆为方"——一个囚徒的冥想

公元 2 世纪的数学史家普鲁塔克(Plutarch,46—120)追记过一个古老的传说.

公元前 5 世纪,古希腊数学家、哲学家安纳萨格拉斯(Anaxagoras,约公元前 500—前 428)在研究天体过程中发现,太阳是个大火球,而不是所谓的阿波罗神. 由于这一发现有违宗教教义,安纳萨格拉斯被控犯下"亵渎神灵罪"而被投入监狱,判处死刑.

在监狱里,安纳萨格拉斯对自己的遭遇愤愤不平,夜不能眠. 深夜,圆月透过方窗照亮牢房,安纳萨格拉斯对圆月和方窗产生了兴趣. 他不断地变换观察的方位,一会儿看见圆形比正方形大,一会儿看见正方形比圆形大. 最后他说:"算了,就算两个图形的面积一样大好了."

于是,安纳萨格拉斯把"求作一个正方形,使它的面积等于一个已知圆的面积"作为一个尺规作图问题来研究. 一开始,他认为这个问题很简单,不料,他花费了在监狱的所有时间都未能解决. 由于当时希腊的统治者伯里克利(Pericles,约公元前 495—前 429)是他的学生,在伯里克利的关照下,安纳萨格拉斯获释出狱. 该问题公开后,许多数学家对此很感兴趣,但没有一个人成功.

这就是著名的"化圆为方"问题. 1882 年,德国数学家林德曼证明了 π 是超越数,从而证明不可能通过尺规作圆"化圆为方".

2. 瘟疫、祭坛与"倍立方体问题"

公元前 429 年,希腊雅典发生了一场大瘟疫,居民死去四分之一,希腊的统治者伯里克利也因此而死. 雅典人派代表到得罗的太阳神庙祈求阿波罗神,询问如何才能免除灾难. 一个巫师转达阿波罗神的谕示:由于阿波罗神神殿前的祭坛太小,阿波罗神觉得人们对他不够虔诚,才降下这场瘟疫,只有将这个祭坛体积放大为两倍,才能免除灾难.

人们觉得神的要求并不难做到. 他们认为,祭坛是立方体形状,只要将原祭坛每条边长延长一倍,新祭坛体积就是原祭坛体积的两倍. 于是,按照这个方案建造了一个大祭坛放在阿波罗神神殿前. 可是,瘟疫不但没有停止,反而更加流行. 人们再次来到神庙,讲明缘由,巫师说道:"他要求你们做一个体积是原来祭坛两倍的祭坛,你们却造出了一个体积为原祭坛 8 倍的祭坛,分明是在抗拒他的旨意,阿波罗神发怒了."

人们明白了问题所在,但是,他们绞尽脑汁,始终找不到建造的方法. 他们请教当时的有名数学家,数学家也毫无办法,这个问题就作为一个几何难题流传下来.

这就是著名的"倍立方体问题",又称为"得罗问题". 1837 年,法国数学家旺策尔(Wantzel,1814—1848)在研究阿贝尔定理的化简时,证明这个问题不能用尺规作图完成.

3. 公主的别墅与"三等分角问题"

公元前 4 世纪,托勒密一世定都亚历山大城. 亚历山大城郊有一片圆形的别墅区,圆心处是一位美丽公主的居室(见图 10.1). 别墅区中间有一条东西向的河流将别墅区划分

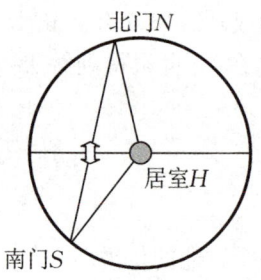

图 10.1 公主的别墅

两半,河流上建有一座小桥,别墅区的南北围墙各修建一个大门.这片别墅建造得非常特别,两大门与小桥恰好在一条直线上,而且从北门到小桥与从北门到公主居室的距离相等.

过了几年,公主的妹妹小公主长大了,国王也要为小公主修建一片别墅.小公主提出她的别墅要修建得像姐姐的一样,有河、有桥、有南门、北门,国王答应了.

小公主的别墅很快动工,但是,当建好南门,确定北门和小桥的位置时,却犯了难.如何才能保证北门、小桥、南门在一条直线上,并且北门到居室和小桥的距离相等呢?

研究发现,要确定北门和小桥的位置,关键是算出夹角 $\angle NSH$.记 a 为南门 S 与居室 H 连线 SH 与河流之间的夹角,通过简单几何知识可以算出

$$\angle NSH = \frac{\pi - 2a}{3}. \tag{10.1}$$

这相当于求作一个角,使它等于已知角的三分之一,也就是三等分一个角的问题.工匠们试图用尺规作图法定出桥的位置,却始终未能成功.

这就是著名的"三等分角问题".直到 1837 年才由法国数学家旺策尔给出否定的答案.

这些传说大多是无稽之谈,而且多种多样,不足为凭,但它们对问题的传播起到了推动作用.

实际上,这些问题的提出都非常自然,符合数学家的思维习惯.它们是诡辩学派在解决了一些作图题之后的自然引申.因任意角可以二等分,于是就想三等分;因以正方形对角线为一边作一正方形,其面积是原正方形面积的两倍,于是就想到立方倍积问题;因作了一些具有一定形状的图形使之与给定图形等面积,而圆和正方形是最简单的几何图形,这就很自然地提出了化圆为方问题.

三、三大作图难题的解决

化圆为方、倍立方体与三等分角问题,合称古代几何作图三大难题.这些问题看起来简单,为何却延续了两千多年呢?现在看一看其中的缘由.

直观地看,依靠所限定的作图工具——直尺和圆规(见图 10.2),所能发挥的作用有:

(1) 通过两点作直线;
(2) 定出两条已知非平行直线的交点;
(3) 以已知点为圆心,已知线段为半径作圆;
(4) 定出已知直线与已知圆的交点;
(5) 定出两个已知圆的交点.

17 世纪,法国数学家笛卡儿创立的解析几何将几何

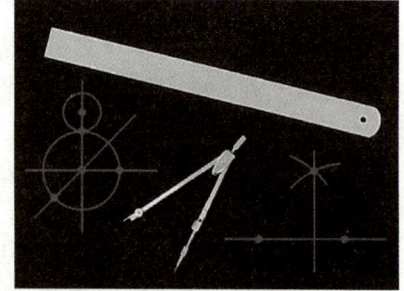

图 10.2 几何作图工具及其功效

问题转化为代数问题研究,从而也为解决三大难题提供了有效的工具.直线方程是线性(一次)的,而圆的方程是二次的,通过上述五种手段所能作出的交点问题,转化为求一次与二次方程组的解的问题.据此,简单的代数知识告诉我们,通过尺规作图法所能作出的交点的坐标只能是由已知点的坐标通过加、减、乘、除和正整数开平方而得出的数所组成.

据此即可判定一个作图题可否由尺规作图法来完成，具体来说：对于一个作图题，若所求点的坐标可用已知点坐标通过加、减、乘、除和正整数开平方的有限次组合而得出，这个作图题是可以通过直尺与圆规完成的；反之，如果所求点的坐标不可以表示成已知点坐标的加、减、乘、除和正整数开平方的形式，这个作图题便是尺规作图不能完成的.

在倍立方体问题中，要作出数值 $\sqrt[3]{2}$，在化圆为方问题中，要作出数值 $\sqrt{\pi}$，而 π 是一个超越无理数，故这些都无法通过直尺与圆规来实现.

在三等分角问题中，如果记 $b = \cos A$，要作出角度 $\dfrac{A}{3}$，也必作出相应的余弦值 $x = \cos \dfrac{A}{3}$，由三倍角公式

$$\cos A = 4\cos^3 \dfrac{A}{3} - 3\cos \dfrac{A}{3} \tag{10.2}$$

可知，x 是方程 $4x^3 - 3x - b = 0$ 的解. 除某些特殊的角度外，这个方程的根也无法通过直尺与圆规来实现.

克莱因 1895 年在德国数理教学改进社开会时宣读的一篇论文中，在总结前人研究成果的基础上，给出了古代几何作图三大难题不可能用尺规作图实现的简单而明晰的证法，从而使两千多年未得解决的疑问圆满解决.

正七边形问题也是不能用尺规作图的问题，称为古希腊第四几何难题，阿基米德证明了这个问题. 后来，人们发现正十一边形或正十三边形也都是不能用尺规作图得到的. 于是数学家猜想，凡是边数为素数（大于等于 7）的正多边形（如正七、正十一、正十三边形等）都不能用直尺和圆规作出. 但是，完全出乎数学界意料，1796 年，19 岁的德国青年数学家高斯给出了用直尺和圆规作正十七边形的方法. 更进一步，5 年以后，高斯又宣布了能否作任意正多边形的判据：

高斯判据 若 p 是素数，则当且仅当 p 是"费马素数"（p 是 $2^{2^n} + 1$ 形状的素数）时，正 p 边形可以用尺规作图.

在费马素数情形，当 $n = 2$ 时，就是正十七边形，当 $n = 3$ 时，就是正二百五十七边形，当 $n = 4$ 时，就是正六万五千五百三十七边形. 而 7，11 不是费马素数，因此正七边形、正十一边形不能用直尺和圆规作出. 后来，数学家黎西罗（Ricillo）给出了正二百五十七边形的完善作法，写满了整整 80 页纸. 另一位数学家盖尔美斯（Gailmes）按照高斯的方法，得出了正六万五千五百三十七边形的尺规作图方法，他的手稿装满了整整一只手提皮箱，至今还保存在德国的哥廷根大学. 这道几何作图题的证明之烦琐，可列世界之最.

由于解决了正十七边形的作图问题，高斯放弃了原来学习语言学的理想，立志为研究数学献出毕生精力. 高斯去世后，人们为了纪念他，在他曾学习过的哥廷根大学为他竖了一个纪念碑，碑座就是一个正十七棱柱.

四、"不可能"与"未解决"

前面我们看到，古代几何作图三大难题已经在 19 世纪被证明是不可能的. 但是，直到现在，还有许多数学爱好者陷入这些问题的研究. 尤其是三等分角问题，时常有人声称找到了解决办法. 一个主要的原因是把数学中的"不可能"与"未解决"混为一谈.

在日常生活中，我们许多情况下所指的"不可能"，意味着在现有条件或能力下是无法解决的，是不可能的，但会随着历史的发展由不可能变为可能. 这里的"不可能"等于"未解决". 例如，在没有发明电话之前，一个人在长沙讲话，在深圳的人们不可能听到，在没有飞机之前，要在 3 小时内从广州到达北京也是不可能的，但如今这些都已成为可能.

数学家不轻易断言"不可能"，数学中所说的"不可能"与"未解决"具有完全不同的含义. 所谓"不可能"，是指经过科学论证被证实在给定条件下永远是不可能的，它不会因时间的推移、社会的发展而发生改变. 而"未解决"则表示目前尚不清楚答案，有待进一步研究. 打一个形象的比喻："到木星上去"是一个未解决的问题，可以去研究解决的办法，但"步行到木星上去"则是一个不可能的事情.

许多人陷入这些问题研究的第二个原因是不了解问题的要求. 古代几何作图三大难题的不可能性在于两点：一是作图工具的限制；二是要三等分的角是任意角，而不是某些特定的角度. 如果没有这样的限制和要求，答案不仅存在，而且有许多种.

五、两千年历史的启示

古代几何作图三大难题经历了两千余年，凝聚了无数数学家的心血，最终在解析几何工具下得到解决，它给我们以下启示.

启示 1　他山之石，可以攻玉

对待未解决的数学难题，特别是历史长、影响深，得到过一些著名数学家钻研而尚未解决的那些著名问题，往往要用超常的方法才能解决.

启示 2　醉翁之意不在酒

问题本身的意义不仅在于这个问题的解，更在于一个问题的解决可望得到不少新的成果和发现新的方法.

启示 3　无心插柳柳成荫

古代几何作图三大难题开创了对圆锥曲线的研究，发现了一些有价值的特殊曲线，提出了尺规作图的判别准则，等等. 这些都比三大难题的意义深远得多！

第二节　费马大定理

精巧的论证常常不是一蹴而就的, 而是人们长期切磋累积的成果.

——阿贝尔

一、费马与费马猜想

1. 费马其人

费马（见图 10.3），法国数学家，1601 年 8 月 20 日出生于法国图卢兹. 大学法律系毕业，法院律师，业余时间研究数学，30 岁以后几乎把全部业余时间投入数学研究.

费马为人谦逊，淡泊名利，勤于思，慎于言，潜心钻研，厚积薄发. 他精通法语、意大利语、西班牙语、拉丁语、希腊语等，为他博览众书奠定了良好基础. 费马曾深入研究过韦达、阿基米德、丢番图等的著作，在解析几何、微积分、概率论和数论等方面都做出了开创性贡献，是解析几何、微积分与概率论的先驱，近代数论之父，17 世纪欧洲最著名的数学家之一.

图 10.3　费马

费马在世时，没有一部完整的著作问世，其大部分研究成果都是批注在他阅读过的书籍上，或者记录于与友人的通信中. 费马去世后，在众多数学家的帮助下，其儿子将其笔记、批注以及书信加以整理，汇编成两卷《数学论文集》，分别于 1670 年和 1679 年在图卢兹出版，费马的成果才得以广泛流传.

2. 费马大定理

古希腊数学家丢番图把他对不定方程整数解的研究写成一本书《算术》，1621 年，该书被巴歇（Bachet, 1581—1638）翻译成拉丁文出版并开始在欧洲流传. 后来，费马在巴黎的书摊上买到该书，引起他的浓厚兴趣. 此后，费马经常翻阅此书，并不时地在书页空白处写下批注.

1637 年，费马在该书第二卷关于方程

$$x^2 + y^2 = z^2 \tag{10.3}$$

的整数解的研究的命题 8 旁边空白处，用拉丁文写下一段具有历史意义的批注：

"将一个正整数的立方表示为两个正整数的立方和，将一个正整数的四次方表示为两个正整数的四次方和,或者一般地,将一个正整数的高于二次的幂表示为两个正整数的同一次幂的和,这是不可能的. 对此,我找到了一个真正奇妙的证明,但书页的空白太小,无法把它写下."

用式子来表达这段话就是费马猜想.

费马猜想 方程

$$x^n + y^n = z^n, \quad n \geq 3 \tag{10.4}$$

没有正整数解 (x, y, z).

费马去世后,费马的儿子在整理父亲遗物时发现了这一批注. 儿子翻箱倒柜,试图找到那个"奇妙的证明",但查遍藏书、遗稿和其他遗物,却一无所获. 费马的儿子将这一批注收入《数学论文集》,于 1670 年出版,很快引起了人们的极大兴趣. 之后,无数数学家付出无数艰辛努力,试图证明这一断言,也都没有成功.

这一猜想被后人称为**费马大定理**. 在没有找到证明的情况下,之所以称之为定理而不是猜想,是因为费马关于数论所叙述的很多结果都经后人证明是正确的,很少出现错误,人们相信它也应该是正确的;之所以称之为费马"大"定理,是对应于费马关于数论的另一个著名定理——**费马小定理**:若 p 为素数,而 a 与 p 互素,则 $a^{p-1} - 1$ 能被 p 整除.

二、无穷递降法:$n = 3, 4$ 时费马大定理的证明

1. $n = 4$ 时费马大定理的证明

费马是否真的给出过那个"奇妙的证明"? 三百多年无数人的艰辛努力似乎可以说明,他根本没有找到那个所谓的奇妙证明. 也许,就像成千上万的后来者一样,他自认为给出了证明但实际上搞错了,只不过,由于他本来就没有发表所谓的证明,即使后来发现错误,也没有必要或没有想到把原来的批注注销而已. 需要强调的是,在现存的费马著作中,除上述批注外,再也见不到关于这个定理的叙述或说明,但在其他地方多次提到方程

$$x^3 + y^3 = z^3, \tag{10.5}$$

$$x^4 + y^4 = z^4 \tag{10.6}$$

没有正整数解. 由此人们猜测,也许费马确实给出了这两种情形的证明,只是没有真正地写出来. 因为人们从他的手稿中发现了一些与此有关的信息,他发明了一种"无穷递降法",并用这种方法给出过一个定理:边长为整数的直角三角形的面积不是一个完全平方数. 用这种方法确实可以给出 $n = 3$ 和 $n = 4$ 时的证明.

1678 年和 1738 年德国数学家莱布尼茨和瑞士数学家欧拉各自用这种方法给出了 $n = 4$ 情形的证明. 欧拉的证明并不困难,关键在于利用素勾股数 (a, b, c) 的通用表达式 (8.6) 和费马的"无穷递降法",证明了方程

$$x^4 + y^4 = z^2 \tag{10.7}$$

没有正整数解,从而方程 (10.6) 更没有正整数解.

证明如下:反证法. 假如方程 (10.7) 有正整数解 $(x, y, z) = (a, b, c)$,则在正整数解中总有使数 c 最小者,从这组解 (a, b, c) 出发,可以导出一组新的正整数解 (a_1, b_1, c_1),而且 $c_1 < c$,这与 c 的最小性相矛盾,从而方程 (10.7) 没有正整数解.

事实上,假定 (a, b, c) 是方程 (10.7) 的这样一组解,由 c 的最小性容易知道

(a, b, c) 没有公共素因子, 从而 (a^2, b^2, c) 是一组素勾股数, 因此 a^2 与 b^2 一奇一偶. 不妨设 b^2 为偶数而 a^2 为奇数, 则根据素勾股数的表达式 (8.6), 有

$$\begin{cases} a^2 = m^2 - n^2, \\ b^2 = 2mn, \\ c = m^2 + n^2, \end{cases} \tag{10.8}$$

其中 m, n 互素且一奇一偶. 注意到 $m^2 = a^2 + n^2$, 从而 (a, n, m) 也是一组素勾股数, 而且弦长 m 是奇数, n 是偶数. 对此, 再次利用素勾股数的表达式 (8.6), 有

$$\begin{cases} a = m_1^2 - n_1^2, \\ n = 2m_1 n_1, \\ m = m_1^2 + n_1^2, \end{cases} \tag{10.9}$$

其中 m_1, n_1 互素且一奇一偶. 将式 (10.8) 中第二式改写为

$$\left(\frac{b}{2}\right)^2 = \frac{b^2}{4} = m\left(\frac{n}{2}\right), \tag{10.10}$$

由于 m, n 互素, n 是偶数, 得知 m 与 $\frac{n}{2}$ 互素, 从而式 (10.10) 意味着 m 与 $\frac{n}{2}$ 都是完全平方数. 据式 (10.9), 设

$$m = c_1^2, \quad \frac{n}{2} = m_1 n_1 = s^2, \tag{10.11}$$

其中 c_1, s 互素且 c_1 是奇数. 由 m_1, n_1 互素及式 (10.11) 的第二式知道 m_1, n_1 都是完全平方数. 设 $m_1 = a_1^2, n_1 = b_1^2$, 利用式 (10.11) 的第一式知, 式 (10.9) 的第三式可改写为

$$a_1^4 + b_1^4 = c_1^2, \tag{10.12}$$

故 (a_1, b_1, c_1) 是方程 (10.7) 的一组互素的新的正整数解, 但

$$c_1 < c_1^2 = m < m^2 + n^2 = c, \tag{10.13}$$

这与 c 的最小性矛盾. 结论得证.

2. $n = 3$ 时费马大定理的证明

1753 年, 欧拉再一次用费马无穷递降法的思想, 对 $n = 3$ 证明了费马大定理. 不过他的原始证明中有错误, 后来被高斯改进. 下面是他的证明的大体思路 (其中细节不详述).

反证法. 如果数组 (a, b, c) 是方程

$$x^3 + y^3 = z^3 \tag{10.14}$$

的一组两两互素的正整数解, 并不妨设它是所有这样的解中使 c 最小的一个, 则 a, b 必然同为奇数, 故可以假定

$$a = p - q, \quad b = p + q. \tag{10.15}$$

因 $p + q$ 和 $p - q$ 是奇数, 故 p, q 奇偶性不同且互素, 由此知

$$c^3 = a^3 + b^3 = 2p(p^2 + 3q^2). \tag{10.16}$$

从这里可以看出, 不可能 "p 是奇数, q 是偶数", 否则就有 c^3 能被 2 整除而不能被 8 整除, 这是不可能的事, 这样就有 $p^2 + 3q^2$ 是奇数. 由于 p 和 q 互素, 因此 $2p$ 与 $p^2 + 3q^2$ 要么互素, 要么有公因子 3.

例如，在第一种情况下，$2p$ 和 p^2+3q^2 互素，此时必然有 $2p$ 与 p^2+3q^2 一定都是完全立方数。于是欧拉把目光专注于形如 p^2+3q^2 的立方数。他证明的关键在于，对这样的立方数 p^2+3q^2，总可以求出整数 r,s，使

$$p=r^3-9rs^2, \quad q=3r^2s-3s^3, \tag{10.17}$$

从而

$$p^2+3q^2=(r^2+3s^2)^3. \tag{10.18}$$

利用这一结果，欧拉导出了方程（10.14）必还有另外一组互素的正整数解 (a_1,b_1,c_1)，而且 $c_1<c$，这与 c 的最小性相矛盾，从而费马三次方程（10.14）没有正整数解。

为了证明式（10.17），欧拉不自觉地使用了 p^2+3q^2 的下述形式的分解的唯一性：

$$p^2+3q^2=(p+q\sqrt{-3})(p-q\sqrt{-3}). \tag{10.19}$$

这一结论是在一百年之后才由德国数学家库默尔（Kummer，1810—1893）证明是对的，当时并没有人给出过证明。根据分解的唯一性，当 p^2+3q^2 是一个立方数时，其每个因子也是立方数，设

$$p+q\sqrt{-3}=(r+s\sqrt{-3})^3, \quad p-q\sqrt{-3}=(r-s\sqrt{-3})^3, \tag{10.20}$$

把式（10.20）中任一式展开就得到式（10.17），而其中两式相乘得到式（10.18）。

应当说明的是，如果方程

$$x^{mn}+y^{mn}=z^{mn} \tag{10.21}$$

有正整数解，则较低次的方程

$$x^n+y^n=z^n \tag{10.22}$$

也有正整数解。反过来，如果方程（10.22）没有正整数解，则方程（10.21）也没有正整数解。而每一个大于 2 的 n，要么有因子 4，要么有奇素因子，因此，**要证明费马大定理，只需要对 n 为奇素数时加以证明即可**。

1825 年，德国数学家狄利克雷和法国数学家勒让德分别独立地证明了 $n=5$ 的情形。1839 年，法国数学家拉梅（Lamé，1795—1870）证明了 $n=7$ 的情形。随着数值的增大，证明越来越复杂。

三、第一次重大突破与悬赏征解

1831 年，一位完全靠自学成才的法国女数学家姬曼（Germain，1776—1831）（见图 10.4），提出将费马大定理分成两种情况：

（1）n 能整除 x,y,z；

（2）n 不能整除 x,y,z。

图 10.4　姬曼

姬曼依靠自己的聪明才智，把结果向前推进了一大步：在 x,y,z 与 n 互素的前提下，证明了对所有小于 100 的奇素数，费马大定理成立。1847 年，德国数学家库默尔用一种精巧的证明方法，取消了上述 "x,y,z 与 n 互素" 的条件限制，实现了第一次重大突破。库默尔因此于 1857 年获巴黎科学院颁发的奖金 3000 法郎。

从费马提出这一猜想到库默尔解决到小于 100 的奇素数，前后经历了 200 年，使人们对这一问题不敢小看。

1816年，法国巴黎科学院首次为费马大定理设置征解大奖。在库默尔的证明之后，1850年和1853年，法国巴黎科学院又两次决定悬赏2000法郎，再度征求对费马大定理的一般证明。消息传出，群情振奋，重赏之下，证明取得一定进展，到1900年，n的数值从100推进到206，但并没有实质性的突破。

1900年，德国著名数学家希尔伯特在国际数学家大会上提出23个数学问题，其中第10个问题就包含了费马大定理。1908年，德国哥廷根科学院决定悬赏10万马克，限期100年，再次征求费马大定理的证明。1941年，雷麦（Raymer）证明当$n<253747887$时费马大定理在某些特殊情况下成立；1977年，瓦格斯达芙（Wagstaffe）证明当$n<125000$时费马大定理成立。尽管如此，它离我们所要追求的目标，依然十分遥远。

四、第二次重大突破

1983年，年仅29岁的德国数学家法尔廷斯（Faltings，1954— ）以几何为工具，实现了费马大定理的第二次重大突破，这一突破直接推动了10年后费马大定理的最后解决。这又一次说明了"他山之石，可以攻玉"。

首先，一个简单的事实是，方程
$$x^n+y^n=z^n \quad (n \geqslant 3)$$
的正整数解的可解性等价于方程
$$x^n+y^n=1 \quad (n \geqslant 3) \tag{10.23}$$
的正有理数解的可解性。即平面曲线（10.23）上是否存在纵、横坐标都是正有理数的**正有理点**问题。

平面曲线共分为三类：

（1）**有理曲线**：包括直线和所有二次曲线；

（2）**椭圆曲线**：特殊的三次曲线$y^2=x^3+ax+b$，其中，a,b是整数且$x^3+ax+b=0$没有重根；

（3）**其他曲线**：包括曲线$x^n+y^n=1 \ (n \geqslant 3)$等。

1922年，英国数学家莫代尔（Mordell）提出一个大胆的猜想。

莫代尔猜想　每条第三类曲线上都最多只有有限多个有理点。

1983年，法尔廷斯用相当高深的几何学知识证明了这一猜想，这似乎离费马大定理的最后证明已经不太遥远，因为费马大定理相当于要证明，对每个$n \geqslant 3$，曲线$x^n+y^n=1$上没有正有理点。

五、费马大定理的最后证明

刚才谈到，费马大定理相当于对每个$n \geqslant 3$，曲线$x^n+y^n=1$上没有正有理点。而法尔廷斯实际上已经证明，这样的曲线上最多只有有限多个有理点。两者之间尚有一定差距。但他的这一思想方法吸引了许多几何高手加入研究费马大定理的行列，为费马大定理的证明开辟了多条道路，其中德国数学家符雷（Frey）（见图10.5）偶然发现了一条蹊径：费马大定理与第二类曲线（椭圆曲线）有密切关系。

图10.5　符雷

关于椭圆曲线，有许多重要猜想，其中一个由日本数学家志村五郎（Goro Shimura，1930—2019）、谷山丰（Yutaka Taniyama，1927—1958）以及法国数学家韦依（Weil，1906—1998）在 1955 年提出的猜想，称为志村-谷山-韦依猜想.

志村-谷山-韦依猜想 有理数域上所有椭圆曲线都是模曲线.

1985 年，德国数学家符雷在一次会议上宣布：如果对某个 $n \geqslant 3$，费马大定理不成立，可以具体构造一个椭圆曲线，使志村-谷山-韦依猜想对这条曲线不成立. 当时，符雷的证明还不完整. 不久，法国著名数学家、菲尔兹奖得主塞尔（Serre，1926— ）提出了一个"关于模伽罗瓦表示的水平约化猜想"，可以填补符雷的不完整证明. 1986 年，美国数学家里贝特（Ribet）巧妙地证明了塞尔的这一猜想. 因此，符雷结论的逆否命题"若志村-谷山-韦依猜想成立，则对所有 $n>2$ 费马大定理成立"也是正确的. 这样一来，要证明费马大定理，只需要证明志村-谷山-韦依猜想就行.

图 10.6　怀尔斯

1986 年，出生于英国、工作在美国的青年数学家怀尔斯（见图 10.6）了解到符雷的这项工作后，借助于他对椭圆曲线研究的深厚功底，开始默默地瞄准这一问题，并刻苦钻研. 经过 7 年的艰苦努力，他于 1993 年基本上证明了志村-谷山-韦依猜想. 1993 年 6 月，在英国剑桥大学牛顿数学科学研究所举行了一个题为"岩泽建吉理论、模形式和 p-adic 表示"的学术会议. 在这个会议上怀尔斯应邀做了一系列演讲，演讲的题目是"椭圆曲线、模形式和伽罗瓦表示". 6 月 23 日，在其最后一个演讲结束时，怀尔斯推出了志村-谷山-韦依猜想对于半稳定的椭圆曲线成立. 于是他平静地宣布："我证明了费马猜想."这一振奋人心的消息不胫而走，许多媒体很快做了报道. 虽然在后来又发现某些漏洞，但是到 1994 年 9 月，其证明最终得到完善. 当年在瑞士苏黎世举行的国际数学家大会上，怀尔斯应邀做了一小时的报告，题目是"模形式与椭圆曲线"，一个长达 357 年的世界难题得以解决. 1994 年 10 月 25 日，怀尔斯向世界顶级数学刊物《数学年刊》提交了两篇论文，一篇是他的"模椭圆曲线和费马大定理"，另一篇是他与泰勒合作的补篇《某些海克代数的环论性质》. 1995 年 5 月，《数学年刊》用一整期的篇幅发表了这两篇文章.

费马大定理的证明是 20 世纪最伟大的数学成就之一. 怀尔斯因此获得美国国家科学院数学奖、欧洲奥斯特洛夫斯基奖、瑞典科学院肖克奖、法国费马奖，并获得了由沃尔夫基金会颁发的、号称数学诺贝尔奖的国际数学大奖——沃尔夫奖. 沃尔夫奖通常是奖励年长数学家，以奖赏其一生对数学做出的杰出贡献. 此次颁给一位年仅 43 岁的数学家，算是对这一成就的高度评价. 1997 年，怀尔斯又因此荣获美国数学会科尔奖，同年获得 1908 年德国哥廷根科学院悬赏的 10 万马克奖金. 1998 年 8 月，20 世纪的最后一次国际数学家大会在德国柏林隆重召开. 会议的重要议题之一是宣布本届（四年一度的）菲尔兹奖得主名单. 菲尔兹奖是与沃尔夫奖齐名的、号称数学诺贝尔奖的两项国际数学大奖之一，其惯例是只授予年龄不超过 40 岁的年轻数学家. 当时怀尔斯已经过了 45 岁生日，但是，鉴于他成功地证明了费马大定理，大会给他颁发了特别贡献奖. 在报道这一消息的简报上，记者诙谐地模仿费马的口吻写道："不过，这儿地方太窄，容纳不下他的证书."

2005 年 6 月，怀尔斯又获得邵逸夫数学科学奖，奖金 100 万美元.

费马大定理的证明扮演了类似珠穆朗玛峰对登山者所起的作用. 它是一个挑战, 在试图登上顶峰的刺激下推动了新的技巧和技术的发展与完善.

六、费马大定理的推广

在数学发展史上, 许多问题的解决意味着这一领域的终止, 但费马大定理不同, 在它被解决之后, 一批新问题接踵而至, 它们是比费马大定理更广泛的问题. 这里列举两个:

1. 费马-卡塔兰猜想

费马-卡塔兰猜想 若正整数 m, n, k 满足 $\dfrac{1}{m}+\dfrac{1}{n}+\dfrac{1}{k}<1$, 则不定方程

$$x^m + y^n = z^k \tag{10.24}$$

只有有限多个互素的正整数解组 (a, b, c).

1995 年, 有人找到了 10 个这样的解, 它们是

$1^m + 2^3 = 3^2$, $2^5 + 7^2 = 3^4$,

$2^7 + 17^3 = 71^2$, $3^5 + 11^4 = 122^2$,

$7^3 + 13^2 = 2^9$, $17^7 + 76271^3 = 21063928^2$,

$1414^3 + 2213459^2 = 65^7$, $9262^3 + 15312283^2 = 113^7$,

$43^8 + 96222^3 = 30042907^2$, $33^8 + 1549034^2 = 15613^3$.

2. 比尔猜想

比尔猜想 若正整数 m, n, k 至少为 3, 则不定方程

$$x^m + y^n = z^k \tag{10.25}$$

没有异于 $(2, 2, 2)$ 的正整数解组 (a, b, c).

比尔是一位银行职员, 他为此提供 5000 美元的征解奖金, 而且每延长一年, 奖金增加 5000 美元, 最高到 50000 美元.

第三节　哥德巴赫猜想

数学中的一些美丽定理具有这样的特性：它们极易从事实中归纳出来，但证明却隐藏得极深．

——高斯

一、数的分解与分拆问题

要说明哥德巴赫猜想的来龙去脉，应从数的分解与分拆说起．我们知道，早在古希腊时期，人们就有了关于自然数分解的算术基本定理．

算术基本定理　任一自然数都可以唯一分解为若干个素数之积．

也就是说，对于乘法来说，素数是构成自然数的基本元素．

对于加法来说，人们也可以研究自然数的构成：将一个自然数写成若干个较小的自然数之和，把这个过程叫作**数的分拆**．其结论是极其复杂的．例如，

$$5=5=4+1=3+2=3+1+1=2+2+1=2+1+1+1=1+1+1+1+1.$$

一般地，如果用 $p(n)$ 表示整数 n 的加法表示种数，则它往往是一个很大的数．例如：$p(1)=1, p(2)=2, p(3)=3, p(4)=5, p(5)=7, p(6)=11, p(7)=15, p(8)=22, \cdots$，$p(100)=190569292, \cdots, p(200)=3972999029388$（约 4 万亿）．

图 10.7　华罗庚

可见，如果不加以限制，这样的问题是复杂的，也没有太大意义．于是，人们研究各种限制下的整数分拆问题，这类问题被华罗庚（见图 10.7）称为**堆垒数论**．这方面的第一个正面结果就是将整数分拆为方幂和的问题．1770 年，法国数学家拉格朗日证明了：

每个正整数都是 4 个整数的平方和，也是 9 个整数的立方和，还是 19 个整数的四次方和．

对于这种形式的分拆，德国数学家希尔伯特证得：对任一正整数 k，都存在一个正整数 $c(k)$，使得每个正整数都是不超过 $c(k)$ 个正整数的 k 次方和．但是，他并不知道 $c(k)$ 的具体大小．

对于偶数，一个明显的分拆是可以写成两个奇数之和．而任意奇数都可以分解为若干个奇素数之积，因此可以肯定：每一个大于 4 的偶数都是若干（m）个奇素数的积加上另外若干（n）个奇素数的积．问题是，这里的"若干"能不能有个限度？德国数学家哥德巴赫（Goldbach，1690—1764）经过大量验算后提出猜想：这里的"若干（m 或 n）"都可以限制为 1．

二、哥德巴赫猜想

哥德巴赫（见图 10.8）毕业于哥尼斯堡大学，他本来是驻俄罗斯的一位公使，只是在业余时间研究数学，后任圣彼得堡科学院教授、院士．从 1729 年起，哥德巴赫和瑞士数学家欧拉经常通信讨论数学问题，这种联系长达 35 年之久．1742 年 6 月 7 日，住在圣彼得堡的哥德巴赫在给欧拉的信中提出：

图 10.8　哥德巴赫

"我不相信关注那些虽没有证明但很可能正确的命题是无用的．即使以后它们被验证是错误的，也会对发现新的真理有益，如费马的……我也想同样冒险提出一个猜想：如果一个整数可以写成两个素数的和，则它也是许多素数的和，这些素数像人们所希望的那么多……看来无论如何，任何大于 2 的数，都是 3 个素数的和（注：当时认为 1 也是素数）．例如：

4＝1＋1＋1＋1＝1＋1＋2＝1＋3；

5＝5＝4＋1＝3＋2＝3＋1＋1＝2＋2＋1＝2＋1＋1＋1＝1＋1＋1＋1＋1．"

同年 6 月 30 日，欧拉在给哥德巴赫的回信中指出："每一个大偶数都是两个奇素数之和，虽然我不能完全证明它，但我确信这个论断是完全正确的．"同时他还指出："每一个大于或等于 9 的奇数都是 3 个奇素数之和．"

这封信可以归结为两句话：

（1）每一个大于或等于 6 的偶数都是 2 个奇素数之和；

（2）每一个大于或等于 9 的奇数都是 3 个奇素数之和.

可见，（1）是基本的，（2）可以由（1）导出．因为每一个大于或等于 6 的偶数都是 2 个奇素数之和，那么每一个大于或等于 9 的奇数都是这样的偶数与 3 之和，必然是 3 个奇素数之和．第一个猜想就是我们提到的哥德巴赫猜想.

哥德巴赫猜想　每一个大偶数都可以写成一个奇素数加上一个奇素数，简称 1＋1.

哥德巴赫猜想引起了众多数学家和业余数学爱好者的极大兴趣，但它的证明极其困难，直到 19 世纪末的 160 年间，都没有取得实质性进展．毫无疑问，证明或否定哥德巴赫猜想，是对历代数学家智慧与功力的严峻挑战．它的魅力就在于：简单而艰深.

1900 年，德国数学家希尔伯特在关于数学问题的演讲中，把哥德巴赫猜想列入第八个问题的一部分．1921 年，英国著名数学家哈代在哥本哈根召开的国际数学会上说，哥德巴赫猜想的难度之大，可以与任何没有解决的数学问题相比拟.

三、哥德巴赫猜想的研究

1. 研究方向

希尔伯特的演说向人们进一步强调了哥德巴赫猜想的基础性、困难性和重要性．更多的数学家参与了这一问题的研究．1912 年，德国数学家兰道（Landau，1877—1938）在第五届国际数学家大会上指出："即使要证明较弱的命题：每一个大于 4 的偶数都是 m（m 是一个确定整数）个奇素数之和，也是现代数学力所不及的．"这为人们提供了一个研究方向．18 年后，苏联数学家史尼尔勒曼（Schnirelmann）证明，这样的 m 一定是存在的！

在对哥德巴赫猜想研究的路线上，人们还想出了一个办法，将偶数写成两个自然数之和，然后再想办法降低这两个自然数的素数因子的个数，如果这两个素数因子个数变成了 1 和 1，就是两个素数之和了．也就是说，先证明对于某个具体的 m,n，每一个大于 4 的偶数都是不超过 m 个奇素数的积加上另外不超过 n 个奇素数的积，简称 $m+n$．然后再一步一步地减小 m,n，最后降到 $m=n=1$ 时，就完成了证明．这个问题叫作**因子哥德巴赫问题**．这是哥德巴赫猜想的一个世纪以来的主要研究方向．

2．研究方法

20 世纪的数学家研究哥德巴赫猜想所采用的主要方法是**筛法**、**圆法**、**密率法**和**三角和法**等数学方法．解决这个猜想的思路是定量收缩、逐步逼近．

在各种方法中，"筛法"是最常用的，也是目前最为有效且获得最好结果的方法．最早的筛法是两千多年前古希腊学者埃拉托色尼寻求素数时创造的，称为**埃氏筛法**．现在的素数表基本上都是按此法编制的．其基本做法是：在纸上由 2 开始顺次写下足够多个自然数，将其中从 2^2 开始所有 2 的倍数都划掉，再将其中从 3^2 开始所有 3 的倍数都划掉，然后再将其中从 5^2 开始所有 5 的倍数都划掉……如此下去，则可以得到该范围内所有的素数．

在一般情况下，"筛子"可由满足一定条件的有限个素数组成，记作 B．被"筛"选的对象可以是一个由有限多个整数组成的数列，记作 A．如果把数列 A 经过"筛子" B 筛选后所留下的数列记作 C，那么简单地说，"筛法"就是用来估计数列 C 中整数个数多少的一种方法．

"筛法"是一种不断得到改进的方法．1920 年前后，挪威数学家布朗（Brun，1885—1978）对古典筛法做了改进，用新的筛法证明了 9+9，开辟了用"筛法"研究哥德巴赫猜想及其他数论问题的新途径．1950 年前后，塞尔伯格（Selberg，1917—2007）对古典筛法又做了改进，他利用求二次型极值方法创造了新的筛法，与布朗方法相比，这一方法更简单，而且得到的结果更好．1941 年，库恩（Kuhn）也提出"加权筛法"……之后便是接二连三的改进工作．

"圆法"是在 20 世纪 20 年代由英国数学家哈代与李特尔伍德（Littlewood，1885—1977）系统地开创与发展起来的研究堆垒素数论的方法．1923 年，他们利用"圆法"及未经证实的黎曼假设，证明了**奇数哥德巴赫猜想**，即"任一充分大的奇数都是三素数之和"．

20 世纪 30 年代，苏联数学家维诺格拉多夫（Vinogradov，1891—1983）创造了一种"三角和法"．1937 年，他利用"圆法"及他自己创造的"三角和法"基本上证明了奇数哥德巴赫猜想．

3．研究进展

1）兰道的方向．

1930 年，苏联 25 岁的数学家史尼尔勒曼创造了"**密率法**"，结合布朗方法，成功地证明了命题"每一个大于 4 的偶数都是 m 个奇素数之和"，还估计这个数 m 不会超过 800000．

史尼尔勒曼的成功，是当时哥德巴赫猜想研究史上的一个重大突破，这大大地激发了数学家向哥德巴赫猜想进攻的勇气，m 的数值估计也逐渐缩小，到 1976 年，m 的值缩小到 26．

2）因子哥德巴赫问题．

最先在这方面取得突破的是挪威数学家布朗，他于 1920 年用改进了的新的筛法，率先证明了 9＋9，随后，哥德巴赫猜想的证明节节开花，步步逼近，德国、英国、意大利、匈牙利、苏联分别做出了杰出工作. 1940 年，苏联数学家布赫斯塔勃（Buchstab）证明了 4＋4，1948 年，匈牙利数学家瑞尼（Renyi，1921—1970）证明了 1＋k，k 为常数.

1949 年后，华罗庚带领中国数学家在哥德巴赫猜想上做出了举世公认的重要贡献：1957 年，王元（1930—2021）证明了 2＋3；1962 年，王元、潘承洞（1934—1997）证明了 1＋4；1966 年，陈景润（1933—1996）证明了 1＋2，1973 年发表. 至此，离哥德巴赫猜想 1＋1 的证明只有一步之遥.

四、陈氏定理

1966 年 5 月，我国数学家陈景润（见图 10.9）经过 7 个寒暑的艰辛研究，依靠他超人的勤奋和顽强的毅力，克服了常人难以忍受的磨难，证明了 1＋2.

陈景润定理 每一个充分大的偶数都是一个素数加上另外不超过 2 个素数的积.

他的论文手稿长达 200 多页，经过压缩整理，1973 年，陈景润在《中国科学》杂志上正式发表了论文《大偶数表为一个素数及一个不超过两个素数的乘积之和》. 这一研究成果在国际数学界引起极大反响，在国内家喻户晓. 英国数学家哈伯斯坦姆（Halberstam）与德国数学家李希特（Richet）合著的数学专著《筛法》，原有 10 章，付印后见到陈景润的论文，便加入了第 11 章，章名为"陈氏定理"，并写信给陈景润，称赞他说："您移动了群山！"是的，陈氏定理离哥德巴赫猜想 1＋1 的证明只有一步之遥.

图 10.9　陈景润

虽然哥德巴赫猜想还没有最终被证明，但是，在数学家一次次的攻关过程中，产生了许多新方法、新理论. 从这个意义上讲，在向世界难题进军过程中所做的努力和尝试对数学的促进与推动，其意义要大于难题本身的最终解决.

五、附记

经过多年探索，目前国际数学界逐渐达成共识：也许单单利用现有的数学理论及工具无法证明哥德巴赫猜想，要想解决它，必须寻找到新的理论和工具. 哥德巴赫猜想是描述整数之间关系的一个猜想，但其论证可能要跳出整数现有性质的范围. 许多对其跃跃欲试的人都仍然视其为一般的整数问题，把世界难题简单化了.

回顾哥德巴赫猜想的研究历史，从 1742 年提出猜想到 1920 年，仅限于做一些数值上的验证工作，提出一些等价的关系式，或对之做一些进一步的猜测.

对哥德巴赫猜想研究的第一次重大突破是 20 世纪 20 年代获得的，1973 年陈景润发表 1＋2 之后，国际上又发表了包括我国学者王元、潘承洞、丁夏畦（1928—2015）在内的五个简化证明. 其间，中外数学家经过了大量艰苦卓绝的工作，虽然没有最终证明哥德巴赫猜想，但在半个多世纪的时间里，创造了许多解析数论的方法，获得了许多有意义的成果，大大丰富了数学理论.

从 20 世纪 70 年代末开始，数学家发现用现有的理论和方法，无法解决哥德巴赫猜想. 于是进入了寻求"一个全新思想"的探索阶段.

第四节　四色猜想

即使我们不能活着看见黎曼猜想、哥德巴赫猜想、孪生素数猜想、梅森素数猜想或奇完全数猜想的解决，然而我们看到了四色猜想的解决．从另一方面来说，未解决的问题未必就是根本不可能的，或许比我们一开始所想的要容易得多．

——盖伊（Guy，1916—2020）

一个国王的遗嘱

从前有个国王，因担心自己死后五个儿子会因争夺土地而互相残杀，临终立下一条遗嘱，并留下一个锦盒．遗嘱说，他死后请孩子们将国土划分为五个区域，每人一块，形状任意，但任一块区域必须与其他四块都有公共边界．如果在划分疆土时遇到困难，可以打开锦盒寻找答案．

国王死后，孩子们开始设法按照遗嘱划分国土，但绞尽脑汁，仍没能如愿划分．无奈之下，他们打开了国王留下的锦盒，在锦盒中他们只找到一封国王的亲笔信，信中嘱托五位王子要精诚团结，不要分裂，合则存，分则亡．

这个故事告诉我们，在平面上，使得任一区域都与其他四个区域有公共边界的五个区域可能是不存在的．因此，可以猜想：在平面上绘制任一地图，最多只要四种颜色就够了（见图10.10）．

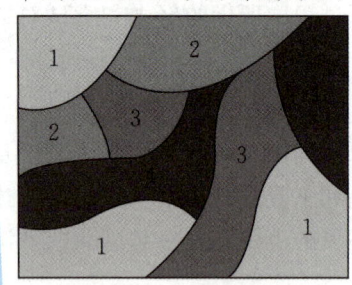

图 10.10　四色猜想

这一猜想，于 19 世纪由英国数学家正式提出，经过一百多年无数数学家的艰辛努力，在 1976 年由两位美国数学家用计算机完成了证明．一百多年来，数学家为证明这个猜想付出了艰苦的努力，所引进的概念与方法刺激了拓扑学与图论的产生和发展．

一、四色猜想的来历

大约在 1852 年，英国一名叫古斯里（Guthrie）的青年地图绘制工作者，在绘制英国各地的地图时发现，要有效地区分各个不同的国家和地区，一般至少需要四种颜色，但不论多么复杂的地图，只需要四种颜色就足够了．古斯里把这个想法告诉了当时正在大学数学系读书的堂兄．堂兄相信弟弟的发现是正确的，但无法从数学上给予证明或否定．于是，他将这个问题请教他的老师——著名数学家德·摩根．德·摩根认真研究了这一问题，他相信结论是正确的，但也未能对此做出证明.

为了引起其他数学家的关注，德·摩根（见图10.11）在1852年10月23日写信给英国三一学院的著名数学家哈密顿，信中在介绍了四色猜想之后写道："就我目前的理解，如果四个区域中的每一个都和其他三个区域相邻，则其中必有一个区域（见图10.12中的灰色区域）被其他三个区域包围，因而任何第五个区域都不可能与它相邻. 若这是对的，则四色猜想成立."德·摩根还画出了三个具体的图形来说明上述理解，并说："我越想越觉得这是显然的事情. 如果

图10.11　德·摩根

您能举出一个简单的反例来，说明我像一头蠢驴."哈密顿为此努力了13年，未果而终.

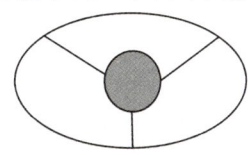

图10.12　德·摩根的图

1878年6月13日，英国数学家凯莱在伦敦数学会正式提出四色猜想. 1879年，他又向英国皇家地理学会提交一篇《关于地图染色》的短文，该文刊登在该学会会刊创刊号上，公开征求对四色猜想的解答. 该文肯定这个问题由已故数学家德·摩根提出，并指出了解决四色猜想的困难所在.

凯莱的论文引起了人们的重视，四色猜想因此才广泛流传开来.

二、艰难历程百余年

四色猜想提出后，引起国际数学界的广泛关注. 这个貌似简单的问题却难倒了无数数学家. 多人多次声称解决了这一猜想，但又很快被发现其证明是错误的.

1. 肯普的"证明"

最先声称证明了四色猜想的是英国律师肯普（Kempe，1849—1922）（见图10.13）. 肯普年轻时拜数学家凯莱为师学习数学，他阅读了凯莱关于地图染色的论文，并认真研究了凯莱所指出的证明困难所在，试图用一退一进的思想来克服这一困难.

所谓"退"，就是设法从 n 个区域的地图中去掉一个区域，使之化为具有 $n-1$ 个区域的地图. 所谓"进"，就是如果对具有 $n-1$ 个区域的地图可以用四色染色，进而证明，再添加所去掉的区域后的 n 个区域的地图也可以用四色染色.

在1879年，肯普声称证明了四色猜想. 虽然他的证明在11年后被人发现有漏洞，但颇具启发性. 其成功之处在于：

图10.13　肯普

（1）引入了正规地图的概念. **正规地图**是任一顶点处恰有三个区域相交的地图.

（2）证明了任一地图均可以修改为正规地图，修改前后不改变制图色彩数.

（3）指出了任一正规地图都必然有四种"不可避免组"（见图10.14）.

2. 希伍德的重要发现

在肯普"证明"四色猜想11年以后的1890年，年仅29岁的英国青年数学家希伍德（Heawood，1861—1955）在《纯粹数学与应用数学季刊》上发表题为《地图染色定理》的论文，指出了肯普在1879年所给证明中的错误.

同时，希伍德利用肯普的证明思想证明了五色定理.

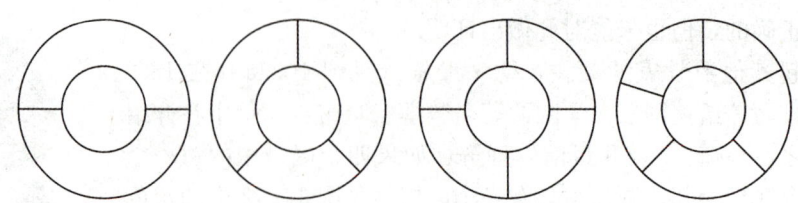

图 10.14 四种"不可避免组"示意图

五色定理 任何地图都可以用五种颜色正确染色.

希伍德一生主要研究四色猜想,在此后的 60 年里,他发表了关于四色猜想的七篇重要论文. 他在 78 岁退休之后继续研究,在 85 岁时提交了关于四色猜想的最后一篇论文.

3. 不可小看的四色猜想

五色定理的证明给了人们很大的信心,当时许多人都认为四色猜想是一个简单问题. 例如,物理学家爱因斯坦的数学导师、著名数学家闵可夫斯基(Minkowski,1864—1909)就认为这是一个显然的问题. 有一次他在课堂上偶然提到这个问题时说道:"地图着色问题之所以一直没有解决,是因为没有一流的数学家来解决它."接着,他胸有成竹地拿起粉笔在黑板上推导起来,结果没有成功. 他极不甘心,下一节课又继续尝试,依然没有进展. 一连几天都毫无结果. 有一天,天下大雨,他刚跨进教室,疲倦地注视着依旧写着他的"证明"的黑板,正要继续他的推导时,突然雷声大作,震耳欲聋. 他突然醒悟,马上愧疚地对学生说:"这是上天在责备我狂妄自大,我解决不了这个问题."从此以后,人们才真正认识到四色猜想不可小看,成为近代数学三大难题之一.

4. 四色猜想证明的进展

进入 20 世纪以来,数学家持续取得了一些成就. 1913 年,哈佛大学教授伯克霍夫给出了检查大构形可约性的技巧;1920 年,富兰克林证明当国家个数不超过 25 个时,四色猜想成立;1926 年,雷诺(Reynolds)证明当国家个数不超过 27 个时,四色猜想正确;1936 年,富兰克林再次把国家个数扩大到 31 个;1940 年,维纳(Wiener)把国家个数扩大到 35 个;1968 年,挪威数学家奥雷(Ole)和斯特普(Stemple)又把国家个数扩大到 40 个;1975 年,国家个数提高到了 52 个. 但这离关于所有地图都成立的四色猜想的解决仍然遥遥无期.

5. 四色定理的机器证明以及引起的争论与困惑

四色猜想难在哪里?难就难在,要解决四色猜想,需做出约 200 亿次逻辑判断. 而一个人即使每秒钟做一次逻辑判断,他要工作将近 700 年才能完成这些判断. 可见,如果没有超智慧的理论突破,单靠一个人的力量是不可能解决这一问题的.

肯普的思想,加上计算机的加盟,给四色猜想的解决带来了曙光. 1976 年,美国伊利诺斯大学的两位数学家阿佩尔(Appel)和哈肯(Haken)利用肯普的思想,通过建构一个包含 1936 个不可约构型的不可避免组,利用三台 IBM 360 型超高速电子计算机,耗时约 1200 小时,证明了四色猜想. 1976 年 9 月,美国数学会主办的《美国数学会通讯》上正式载文宣布这一消息. 1977 年 9 月,阿佩尔、哈肯和科赫(Koch)在《伊利诺斯数学杂志》第 21 卷上全文发表了他们关于四色猜想的改进证明,这里他们建构了一个包含 1482 个不可约构型的不可避免组. 这一消息震惊了整个数学界. 当天, 阿佩尔所在的厄巴纳邮局为了纪念这一创举与成功, 特别在当天发出的邮件上加盖了"Four Colors Suffice"的邮戳.

四色猜想的机器证明开辟了数学证明的广阔前景: 人类提供思想, 计算机提供计算与判断, 是理论方法与实验方法完美结合的一个典范. 这一证明意义重大, 它说明, 机器不仅可以进行计算, 也可以进行推理. 目前, 我国数学家吴文俊(1919—2017)、张景中等已经系统地建立了机器证明的理论方法, 并成功解决了许多问题. 吴文俊院士因其在机器证明方面的重大理论创新和关于拓扑学的重要贡献而荣获首届国家最高科学技术奖.

值得说明的是, 有不少人对四色猜想的机器证明提出异议: 一是程序难以检验; 二是错误无法识别. 因此, 探讨四色猜想的逻辑演绎证明仍是一项很有意义的工作.

三、欧拉公式

希伍德关于五色定理的证明, 除使用肯普的证明思想外, 还利用了欧拉公式这一重要工具. 欧拉公式是一个描述多面体的顶点个数 v、边线条数 e 以及面的个数 f 之间关系的公式. 而任一地图从着色的角度看均可以抽象为一个多面体.

关于多面体的顶点、边以及面的概念, 大家都有一个直观的认识与理解. 对于一个平面地图来讲, 其边界可能非常复杂, 不必是直线段. 但从地图着色的角度看, 边界是否是直线并不重要, 其作用仅在于"分割", 因此可以把其理想化为直线或较"光滑"的曲线. 下面给出地图中的有关概念.

一个面——任一个区域都叫作一个面, 整个地图的外部也叫作一个面.

一条边——每一个面的边界都是由若干条曲线段首尾相接构成的封闭曲线, 这里每一个曲线段叫作它的一条边.

一个顶点——每一条边有两个端点, 边的端点就叫作一个顶点.

在图 10.15 中, Ω 是一个面, 它有 3 条边. 从 A 经 a 到 B 的曲线是其中一条边, 但从 A 到 a 的曲线不是一条边. A, B, C 都是顶点, 但 a, b 点不是顶点.

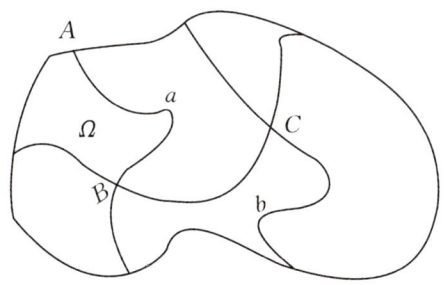

图 10.15 面、边、顶点

通常, 对于一个给定的地图, 虽然其面的个数 f 是确定的, 但是, 其边的条数 e 和顶点的个数 v 可以从不同的角度得到不同的数量. 注意到当把一条边看成首尾相接的两条边时, 边数和顶点数同时增加 1. 以下我们假定, 顶点是至少 3 个区域的公共交点.

在一张地图上, 不同的国家可以看作一个球面区域, 当把地图的外部也看成一个固定的国家时, 实际上是考虑一个完整的球面, 它是一个多面体, 其每一个区域可以看成它的一个面. 关于多面体, 其顶点数、边数、面数可以多种多样, 但是具有一种永恒的关系, 这就是下面的欧拉公式.

欧拉公式　对于任一给定的多面体，其面数 f、边数 e 和顶点数 v 有下列关系：
$$f-e+v=2, \tag{10.26}$$
其中 $f+v-e$ 叫作**欧拉示性数**．这是拓扑学中一个重要的量，对于给定的拓扑空间，其值是一个常数．在平面网络图上，它的值为 1，在空间多面体上，它的值为 2．

四、五色定理的证明

要证明五色定理，先证以下两个命题：

命题 10.1　任一地图均可以修改为正规地图，而不需增加制图色彩．

每个顶点处相交区域个数至少为 3，当某一个顶点处相交区域个数多于 3 时，在该顶点处按照图 10.16 方式添加一个区域，即可把一般地图修改为正规地图，同时不需要增加制图色彩．

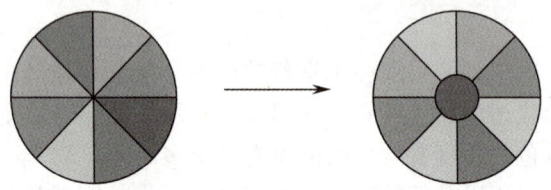

图 10.16　一般地图转化为正规地图

命题 10.2　在任一张正规地图中，必有一个区域的顶点数（边界数、相邻区域数）不超过 5．

事实上，如果区域数本身少于 6，则结论自然成立．一般情况下，记 f_k 为边界上恰有 k 个顶点的区域数（面数），则区域总数为
$$f=f_2+f_3+\cdots+f_k+\cdots. \tag{10.27}$$

容易知道，边界上有 k 个顶点的区域有 kf_k 条边界，而每条边界都连接着两个国家，从而边界总数 e 必满足
$$2e=2f_2+3f_3+\cdots+kf_k+\cdots. \tag{10.28}$$

同理知道，顶点总数 v 满足
$$3v=2f_2+3f_3+\cdots+kf_k+\cdots. \tag{10.29}$$

根据欧拉公式和上述三式可以得出
$$v+f=e+2,$$
$$6v+6f=6e+12=9v+12,$$

即
$$6f=3v+12,$$

故
$$6(f_1+f_2+\cdots+f_k+\cdots)=12+2f_2+3f_3+\cdots+kf_k+\cdots, \tag{10.30}$$

整理得
$$4f_2+3f_3+2f_4+f_5=12+f_7+2f_8+\cdots. \tag{10.31}$$

由于式 (10.31) 右端 $\geqslant 12$，故该式左边 $\geqslant 12$，因此至少有一个 $f_k>0$，$k\leqslant 5$．结论得证．

现在对地图中所含区域（国家）的个数用数学归纳法证明五色定理．

根据命题 10.1，只需对正规地图证明五色定理即可．

当国家个数 $f=2,3,4,5$ 时，结论是自明的．

假设当 $f \leq k$ 时五色定理成立，即对国家个数不超过 k 的地图，可以用五种颜色正确着色. 证明当 $f = k+1$ 时，也有同样结论. 根据命题 10.2 中的结论，这样的地图必有一个边数不多于 5 的国家. 只考虑这样的一个国家的边数为 5 的情况（其他情况更简单，证明从略）.

设 A 是这样的一个国家，考虑与 A 相邻的国家的情况.

断言：与 A 相邻的国家中，必然有两个国家是互不相邻的.

事实上，由于是正规地图，任一顶点处相交的国家个数为 3，通过分析不难发现，与 A 相邻的国家，不外乎图 10.17 中的三种情况之一.

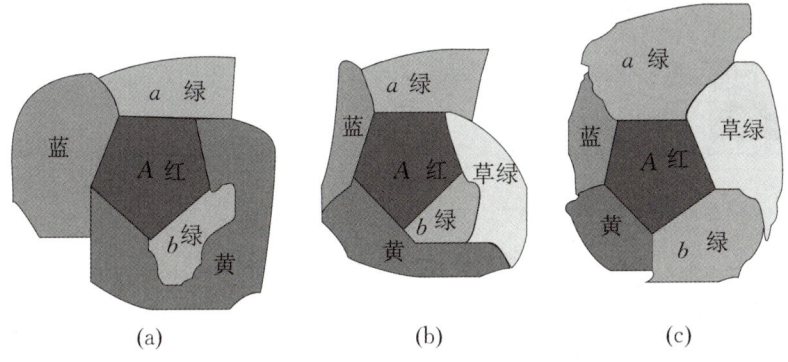

图 10.17　正规地图中相邻国家的三种情况

图 10.17（a）所示是 A 的邻国中有一个国家（图中黄色的国家）与 A 有两条公共边界，此时 a 国与 b 国是不相邻的；图 10.17（b）所示是 A 的邻国中有两个国家（图中的黄色与绿色国家）在另一不同的边界相交，此时也有两个国家（a 国与 b 国）是不相邻的；图 10.17（c）所示是最简单的一种情况，A 有 5 个互不包含的邻国，显然，此时 a 国与 b 国也是不相邻的.

若把这张地图中 a，A，b 三个国家合并成一个国家，则构成了一个只有 $k-1$ 个国家的正规地图，按照归纳假设，是可以用五色绘制的（见图 10.18）.

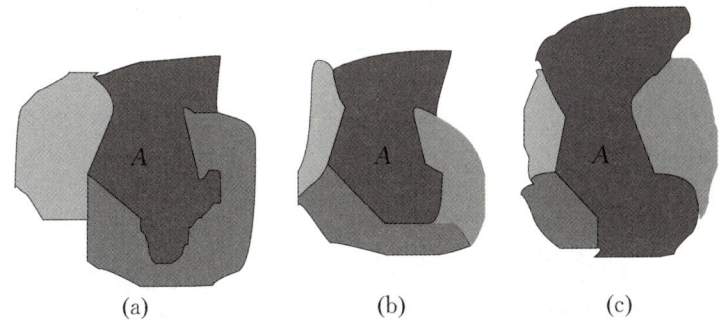

图 10.18　合并后的正规地图

由于 A 的边界只有 5 条，其邻国也最多有 5 个，合并掉两个后，还剩下最多 3 个邻国，因此，在 A 及其邻国处只需四种颜色就够了. 现在，再把 a，A，b 三国恢复，a，b 国保持原有颜色，而将 A 涂上第五种颜色，这样一来，这个具有 $k+1$ 个国家的地图也可以用五种颜色绘制了.

根据数学归纳法原理，对所有地图，五色定理成立.

第五节　庞加莱猜想

任何的推广都只是一个假设，假设扮演必要的角色，这谁都不否认，可是必须要给出证明.

——庞加莱

大奖被拒　史无前例

第 25 届国际数学家大会于 2006 年 8 月 22 日至 30 日在西班牙首都马德里召开，庞加莱猜想成为本次大会备受关注的焦点，本届大会也因此载入史册. 22 日开幕当天，大会宣布本届菲尔兹奖由 4 人分享，他们分别是俄罗斯的佩雷尔曼（Perelman, 1966—　）和奥昆科夫（Okounkov, 1969—　）、法国的维尔纳（Werner, 1968—　）、澳大利亚的陶哲轩（Terence Chi-Shen Tao, 1975—　）.

当年 40 岁的佩雷尔曼是四名获奖者中年龄最大的，刚好符合菲尔兹奖得主年龄不得超过 40 岁的限制. 他是一名"隐居"的俄罗斯数学家，当时生活、工作在俄罗斯圣彼得堡市，是当地斯蒂克洛夫数学研究所的研究员，其获奖理由是成功地证明了困扰全世界科学界近百年的数学难题——庞加莱猜想，而且有望获得美国麻省理工学院克雷数学研究所为此设立的 100 万美元巨奖. 不过出乎意料的是，这名看淡名利的数学天才对领取这个奖项和这笔奖金并不感兴趣，在会议召开前夕，他神秘地消失在圣彼得堡的森林里.

一、序

一条封闭的曲线（有长度、没面积），不论它有多么复杂，都在某种意义下等同于一个圆周（圆盘的边界）；一个封闭的无洞的曲面（有面积、没体积），不论它有多么复杂，都在某种意义下等同于一个球面（球的表面）；一块封闭的无洞的空间物体（有体积、无……），就像我们所在的宇宙，它本质上是什么样的呢？

1904 年，法国数学家庞加莱基于对一维、二维空间的朴素认识，提出了关于人类生存的无边无界的三维宇宙空间的著名猜想——**庞加莱猜想**.

2000 年 5 月 24 日，美国克雷数学研究所在巴黎法兰西学院把这一猜想列为"21 世纪七大数学难题"之一.

2003 年 4 月 7，9，11 日，俄罗斯数学家佩雷尔曼博士在麻省理工学院做了题为"三维流形的几何化与 Ricci 流"的系列公开演讲. 佩雷尔曼的结果证明了数学中一个非常深刻的定理——**瑟斯顿几何化猜想**, 它是庞加莱猜想的推广.

2010 年 3 月 18 日, 克雷数学研究所决定, 将颁发出第一笔百万美金的悬赏大奖给佩雷尔曼, 以表彰他为解决拓扑几何学上的世界难题庞加莱猜想所做的杰出贡献. 但佩雷尔曼放弃了这一大奖.

庞加莱猜想之所以引人注目, 是由于它是那样的基本, 又似乎是那样的简单. 这个问题与拓扑学有关, 拓扑学是几何学的一个分支.

二、从空间维数谈起

古希腊数学家欧几里得建立的几何学统治几何学两千多年, 17 世纪法国数学家笛卡儿和费马建立的**坐标解析几何**, 把数学的两大主角——几何学和代数学简明而有力地结合起来, 开创了近代数学的先河, 促进了微积分的产生和大量运用解析法研讨自然现象.

在几何学研究中, 刻画几何对象填充空间能力大小的量是**空间维数**. 简单地说, 一个空间的维数是指要刻画这个空间中每个点的位置所需要用的独立参数的个数.

点: 只有位置, 没有大小, 要刻画点中的点不需要参数, 这是零维空间.

直线线段: 有长度, 没有宽度, 要刻画直线中的点需要一个参数, 这是一维空间.

平面矩形: 有长度、宽度, 没有厚度, 要刻画矩形中的点需要两个参数, 这是二维空间.

长方体: 有长度、宽度, 也有厚度, 要刻画长方体中的点需要三个参数, 这是三维空间.

更一般地, 圆周、抛物线或一般曲线都是一维的. 虽然这样的几何体要在二维、三维等更高维数的空间中展现, 但在用参数描述它们时, 只需要一个参数, 如平面上的单位圆周

$$\begin{cases} x = \cos t, \\ y = \sin t, \end{cases} t \in [0, 2\pi]. \tag{10.32}$$

而球面、轮胎面或一般曲面都是二维的. 虽然这样的几何体要在三维、四维等更高维数的空间中展现, 但在用参数描述它们时, 只需要两个参数, 如空间中的单位球面

$$\begin{cases} x = \sin\theta\cos\varphi, \\ y = \sin\theta\sin\varphi, \\ z = \cos\theta, \end{cases} \theta \in [0, \pi], \varphi \in [0, 2\pi]. \tag{10.33}$$

一条曲线, 拉直了就是直线, 说它是一维的, 有道理. 一个曲面, 压平了就是平面, 说它是二维的, 没意见. 但一般说来, 几何体并不总是这么简单、直观, 或易于想象.

由于人类的视觉能且只能感知到不超过三维的空间物体, 当我们认识一维的直线时, 也不难接受展现于二维、三维空间中的曲线. 当我们认识二维的平面时, 也不难接受展现于三维空间中的曲面. 但是, 对于三维几何体, 除感知到的球体、方体甚至其他不规则几何体外, 还知道些什么? 是否有四维等更高维的空间? 事实上, 即使在我们这个现实世界上, 要想准确地描述一件事情或一个物体, 除要说明其在一定参考系下存在的空间位置 (三维) 外, 还需要说明发生或存在的时间, 因为在此之前或之后, 该物体可能不在这里. 这就是说, 要准确地描述一件事情或一个物体至少需要四个参数, 这就是四维空间.

在数学家看来, n 维欧几里得空间就是可以用 n 个参数描述的空间, 相应于一、二、三维时用一个数、一对数、一个三元数组来描述, n 维欧几里得空间 $\mathbf{R}^n$ 由 n 元数组构成:

$$\mathbf{R}^n = \{x = (x_1, x_2, \cdots, x_n) \mid x_1, x_2, \cdots, x_n \in \mathbf{R}\}. \tag{10.34}$$

几何体并不总像人们想象的那么规则, 甚至可能是无法想象的. 例如, 各种分形图形(见图 6.1, 图 6.2), 神奇的默比乌斯带和克莱因瓶等(见图 6.3, 图 6.4).

要说明这些问题, 需要用几何学的一个分支——拓扑学.

三、拓扑学

拓扑学是关于结构和空间的基本性质的科学, 它研究几何体在拉伸、压缩、弯曲等操作下的不变性质, 可以形象地比喻为**橡皮几何学**. 拓扑学中有一个重要概念——**流形**, n 维流形是 n 维欧几里得空间的推广——n 维流形的局部就是 n 维欧几里得空间的局部. 具体地说, 一维流形是曲线的推广, 二维流形是曲面的推广, 等等. 例如, 一个足球面是一个二维流形, 因为它的局部可以看作平面(二维欧几里得空间)的一部分.

通俗地讲, 一个 n 维流形由一些点(可能是完全抽象的点)构成, 其每一个点附近都可看作 n 维欧几里得空间的一部分(压平), 而且不同的局部接缝比较光滑, 就像足球面一样.

一团乱麻是一个一维流形, 因为它的局部都可以拉直为直线[见图 10.19 (a)];

一个曲面是一个二维流形, 因为它的局部都可以压平为平面[见图 10.19 (b)];

一块物体是一个三维流形, 因为它的局部都可以看作小立方体[见图 10.19 (c)].

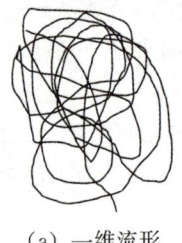
(a) 一维流形

(b) 二维流形
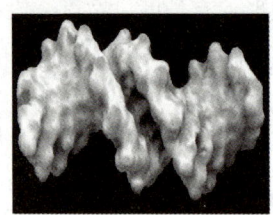
(c) 三维流形

图 10.19　流形

判断两个流形是否相同, 关键在于看其结构是否相同, 而与其中的点的表达等无关.

如果两个流形之间存在一种一一对应的变换, 而这种变换是正反连续(**同胚**)的, 则这两个流形被认为本质上是一样的. 通俗地讲, 如果可以通过拉伸、压缩、弯曲、扭转等操作把一个流形变为另一个流形, 则这两个流形被认为本质上是一样的. 例如, 一个球面可以拉伸、压缩, 以各种方式去弯翘, 只要不去撕破它, 在拓扑学家眼里它还是一个球面. 在拓扑学家看来, 一块砖头和一只实心球是一样的.

拓扑学家寻求的是如何去识别或刻画所有可能的流形, 包括宇宙的形状——这正是庞加莱猜想的主题.

四、庞加莱猜想

如何去识别或刻画所有可能的流形?

要说明两个流形相同, 一般来讲并非易事, 但是, 要说明某些流形不相同, 则不算困难.

例如, 一维的与二维的不可能相同; 断开的和整体的也不可能相同; 有洞的和无洞的也不会相同; 有一个洞的和有两个洞的也不会相同(见图 10.20).

要识别所有可能的流形, 一维的情况很简单, 只要不断开, 大家都是一样的; 二维的情况也容易搞清楚，它在 19 世纪末就已经做出来了.

人们感兴趣的是**单连通闭流形**. 试想在一个足球表面上任意地方放一个橡皮箍，它不离开表面就能收缩到一点，但在轮胎面上就不行！这种性质在数学上叫作**单连通性**. 足球表面是二维单连通流形，而轮胎面不是二维单连通流形（见图 10.21）.

所谓**闭流形**，也可以说是**紧致无边流形**. 对流形来

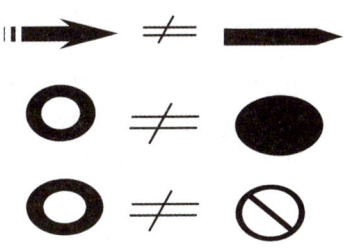

图 10.20　不相同的流形

说，**紧致**就是任何点列都有收敛子序列. 球面、环面、带皮实心球、带边圆盘、圆周等都是紧致的，但 $\mathbf{R}^n$ 就不紧致，因为其中能找到一串点趋向于无穷远，而无穷远不在 $\mathbf{R}^n$ 内. 在某种程度上，紧致性相当于有限性. 一个几何体的边界是指这样的点集，以这些点为圆心所做的任何一个小圆内都既包含这个几何体内的点，也包含这个几何体外的点. 科普读物里讲到某些宇宙模型，经常会说它是"有限而无界"的，然后费半天口舌来解释. 其实用数学语言说，就是"紧致而无边". 紧致无边流形称为**闭流形**.

 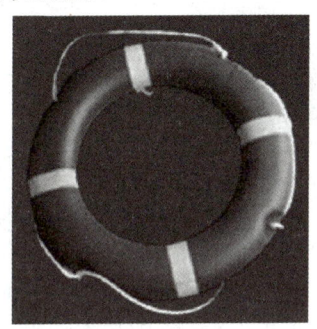

图 10.21　单连通二维流形与非单连通二维流形

命题 10.3　一个连通的一维闭流形一定同胚于一个一维球面——圆周；一个单连通的二维闭流形一定同胚于一个二维球面.

命题 10.3 给出了一维连通闭流形和二维单连通闭流形的刻画. 用解析几何知识可以把它们表示出来：

一维圆周的方程是 $x^2+y^2=1$，它是二维圆盘的边界.

二维球面的方程为 $x^2+y^2+z^2=1$，它是三维球体的边界.

不难推广到高维，例如：

三维"球面"的方程为 $x^2+y^2+z^2+t^2=1$，它是四维"球体"的边界.

当然，可以进而推广到 n 维，这些都是流形的特例.

1904 年，法国数学家庞加莱（见图 10.22）提出猜想：命题 10.3 中对一维、二维闭流形成立的刻画标准对三维闭流形也是正确的.

图 10.22　庞加莱

庞加莱猜想　任何单连通的三维闭流形（正如我们所在的宇宙）一定同胚于 $\mathbf{R}^4$ 中的单位球面

$$x^2+y^2+z^2+t^2=1. \tag{10.35}$$

五、进展

虽然在一维和二维时的结论是那么明显，证明是那么简单，但是对于三维的庞加莱猜想，在其提出后将近 60 年时间内，人们始终未能找到有效的解决办法.

1960 年，美国数学家斯梅尔（Smale, 1930— ）（见图 10.23）跨过这个维数 3，进而把庞加莱猜想推广到 $n>3$ 维. 他的推广的准确表述需要拓扑学的一个概念——k 连通. 称一个 n 维流形 M 是 k 连通的（$k<n$），是指 M 中的任何一个不超过 k 维的球面都可以在 M 中连续收缩到一点. 1 连通就是单连通. 可以证明，对于三维流形，单连通等价于 2 连通. 因此，庞加莱猜想可以改述为"任何 2 连通的三维闭流形一定同胚于三维球面". 据此，斯梅尔将庞加莱猜想推广到高维.

图 10.23　斯梅尔

n 维庞加莱猜想　任何 $n-1$ 连通的 n 维闭流形一定同胚于 n 维球面.

齐曼（Zeeman）在 1961 年证明了 $n=5$ 的情形，斯塔林斯（Stallings）在 1962 年证明了 $n=6$ 的情形. 斯梅尔在 1961 年一举证明了 $n \geqslant 5$ 的庞加莱猜想，并荣获 1966 年菲尔兹奖.

斯梅尔定理（广义庞加莱猜想）　对 $n \geqslant 5$，任何 $n-1$ 连通的 n 维闭流形一定同胚于 n 维球面.

一般认为四维流形更困难，出人意料，1982 年，美国数学家弗里德曼（Freedman, 1951— ）却证明了四维庞加莱猜想，他因此荣获 1986 年菲尔兹奖.

值得注意的是，同年，另一位年仅 29 岁的数学家唐纳森（Donaldson, 1957— ）也因为拓扑学贡献而得奖. 他们两人的工作合在一起开创了四维流形分类的新局面，而原先的庞加莱猜想成为这方面仅有的尚未解决的难题了.

六、瑟斯顿几何化猜想

瑟斯顿（Thurston, 1946—2012）（见图 10.24）是著名拓扑学家，美国康奈尔大学教授，1972 年获加州大学伯克利分校博士学位.

瑟斯顿几何化猜想源于 19 世纪德国数学家黎曼的一个里程碑式的定理——**单值化定理**：任何二维空间（任意曲面）可以被按摩成在各处均具有相同类型的曲率，即或都为负，或都为正，或为 0. 这种"几何化"的曲面具有的曲率越负，则它具有的洞越多. 一个推论是，一个无洞的曲面必是正向弯曲的，因此拓扑等价于一个球面. 运用到复平面上就是黎曼单值化定理.

图 10.24　瑟斯顿

黎曼单值化定理　复平面上所有的单连通区域共分为三类：

(1) 没有边界点的，共形等价于单位球面（或扩充复平面）；

(2) 有一个边界点的，共形等价于一般复平面；

(3) 边界多于一点的，共形等价于单位圆盘.

瑟斯顿寻求把黎曼单值化定理带到三维流形，这就是他的"几何化猜想". 但是三维流形远较二维复杂，数学家不能按黎曼那样把它们熨烫成常曲率. 在 20 世纪 70 年代后期，瑟斯顿发现有八种不同三维流形. 其中有：S^3（三维球面几何），E^3（三维欧氏几何），H^3

（三维双曲几何），$S^2 \times E^1$，$H^2 \times E^1$ 等．这些几何涉及的范围从双曲的（负向弯曲）到球面的（正向弯曲）．同时他猜想（**几何化猜想**），在适当的地方进行切割，可以把任何三维流形分成若干片，它们是这八种标准几何之一．如果上述几何化猜想为真，就给数学家某种"周期表"用来对三维流形分类，也就会立即解决庞加莱猜想．因为七种非球面的几何中每一个都将留下泄露其真面目的拓扑指纹，于是那个没有识别记号的空间就只能是球面．

瑟斯顿描述出了对所有三维流形进行分类的猜想，把低维拓扑与古典几何（尤其是双曲几何）、克莱因群、李群、复分析、动力系统等许多数学分支联系到了一起．他因此获得 1982 年的菲尔兹奖．

七、哈密顿的 Ricci 流

人们普遍认为，要想证明瑟斯顿几何化猜想，传统的几何、拓扑方法已经无能为力，需要发展新的方法．1982 年，康奈尔大学教授哈密顿（见图 10.25）发表一篇文章，提出一种新方程来构造几何结构．哈密顿是用微分方程的方法来做的，不同于瑟斯顿的几何结构方法．在这里，他提出了"Ricci 流"的概念．他指出，数学家可以诱导一个三维流形实现自身几何化，方法是促使它"流"向一种标准的几何．1988 年，哈密顿利用他的"Ricci 流"重新证明了二维的**黎曼单值化定理**.

图 10.25　哈密顿

八、佩雷尔曼的证明

2000 年 5 月 24 日，克雷数学研究所把庞加莱猜想列入百万美元大奖征集解法的问题目录，这引起了公众新一轮的兴趣．根据克雷数学研究所的规则，任何宣称的证明必须经过学术界两年的仔细审查后才能颁奖．

2002 年 11 月 12 日，俄罗斯数学家佩雷尔曼博士（见图 10.26）在互联网上发了一份帖子，他神秘地说："我们给出此猜想的一个不拘一格的证明概述."当时许多读者以为佩雷尔曼只不过勾勒出对此问题一个可能的冲击罢了．但是佩雷尔曼用电子邮件澄清说，他将要公开一个实际的证明．2003 年 3 月 10 日，佩雷尔曼发出第二份帖子，它包含了这个工作的更多细节，他还说，要继续完成这项工作．2003 年 4 月 7，9，11 日，佩雷尔曼在麻省理工学院做了系列公开演讲，佩雷尔曼的结果利用"Ricci 流"，证明了**瑟斯顿几何化猜想**，它是比庞加莱猜想更广泛的猜想，因此意味着庞

图 10.26　佩雷尔曼

加莱猜想的解决．

拓扑学

拓扑学是 19 世纪建立的几何学分支，它是研究几何图形或空间在连续改变形状后（拓扑变换）还能保持不变的一些性质的学科．它不考虑它们的形状和大小．例如，地铁或者

火车路线图，就可以称为拓扑图，它只关心线路上各点之间的顺序，不考虑实际距离，也不考虑曲直和方向问题.

堵车困局——维数的启示

"不识庐山真面目，只缘身在此山中"寓意为要认清一个事物，必须跳出事物自身. 实际上，许多问题的解决同样需要跳出问题本身. 但是，其前提是要掌握足够的空间，才能够跳出. 空间维数作为空间规模的刻画量可以清楚地去解释"更大空间"的意义和价值.

设想一下，如果你驾车在单车道上，即只有一条直线（一维空间），前面堵车了，你只好待在那里，无法知晓前后的状况，也无法逾越其他车辆前行. 但是如果你驾车在多车道上，平行展开的车道铺成一个平面（二维空间），你所在的车道前面堵车了，你就可以绕到其他车道行驶，这样就可以通过了. 但更糟糕的事情依然可能出现，如果你驾车的所有车道全部堵车，绕不过去了，好比你被困在了一个大操场的中心，四面八方都是车辆，怎么办？在我们这个三维空间中，仍然不是绝路，你可以通过直升机将其吊起，或者让车插上翅膀，从上下空间穿过. 可见，在一维空间中的困难，到了二维处理起来就轻而易举；在二维空间中的困难，在三维亦可迎刃而解.

三维空间的困难呢？设想你驾车的所有车道全部堵车，且空间也全部堵上，就像你被堵在地球中心，那你还可以过去吗？没有办法！因为我们只能想象出三维空间，却看不见四维空间是什么样子. 假设我们把时间作为第四维空间，假如时光可以倒流，那么，我们就可以驾车跟随时间穿过.

在数学中，也有许多这样的例子. 例如，要研究数论问题，不能简单地把目光只瞄准整数（实轴上的离散点），而是要在整个复数（平面上的点）的角度，用解析函数的观点去观察、去处理；代数领域的费马猜想，却使用了几何的工具；几何领域的三大作图难题，却使用了代数的方法. 如此种种，不胜枚举.

第六节 黎曼假设

在数学的领域中,提出问题的艺术比解答问题的艺术更为重要.
——康托尔

一、素数与黎曼 ζ 函数

黎曼假设与素数有关. 早在古希腊时期,欧几里得就巧妙地证明了:素数有无穷多个. 但是这些素数的存在有一个固定的模式吗?对于用纸和笔来研究素数的人来说,他们只能认识最初的一些素数,这些素数的出现看起来是随机的. 然而在 1859 年,德国数学家黎曼提出猜想:素数不仅有无穷多个,而且这无穷多个素数以一种微妙和精确的模式出现. 这种模式与一个函数有关,那就是**黎曼 ζ 函数**,它源自调和级数.

中世纪晚期,著名哲学家奥里斯姆(Oresme,约 1320—1382)发现下面这个**调和级数**是发散的:

$$1 + \frac{1}{2} + \frac{1}{3} + \cdots + \frac{1}{n} + \cdots = 1 + \frac{1}{2} + \left(\frac{1}{3} + \frac{1}{4}\right) + \cdots + \left(\frac{1}{2^n+1} + \cdots + \frac{1}{2^n+2^n}\right) + \cdots$$
$$> 1 + \frac{1}{2} + \frac{1}{2} + \cdots + \frac{1}{2} + \cdots \to \infty. \tag{10.36}$$

1735 年,瑞士数学家欧拉发现,当 $s=2$ 时下述**欧拉级数**却是收敛的:

$$\zeta(s) = \sum_{n=1}^{\infty} \frac{1}{n^s} = 1 + \frac{1}{2^s} + \frac{1}{3^s} + \cdots + \frac{1}{n^s} + \cdots, \tag{10.37}$$

而且具体计算出了该级数的和:

$$\zeta(2) = 1 + \frac{1}{2^2} + \frac{1}{3^2} + \cdots + \frac{1}{n^2} + \cdots = \frac{\pi^2}{6}. \tag{10.38}$$

后来,欧拉和其他数学家进一步发现,欧拉级数对所有 $s>1$ 都收敛. 例如:

$$\zeta(4) = 1 + \frac{1}{2^4} + \frac{1}{3^4} + \cdots + \frac{1}{n^4} + \cdots = \frac{\pi^4}{90}, \tag{10.39}$$

$$\zeta(6) = 1 + \frac{1}{2^6} + \frac{1}{3^6} + \cdots + \frac{1}{n^6} + \cdots = \frac{\pi^6}{945}. \tag{10.40}$$

因此,欧拉级数(10.37)在 $s>1$ 上定义了一个关于 s 的函数.

对于不同的表达范围或应用目的,同一个函数可以有不同的表达形式. 例如,x^2-3x+2 与 $(x-1)(x-2)$ 是同一个函数,前者更能看清楚它各次项的系数,后者可以清晰地

看出它的根；又如，
$$\frac{1}{1+x^2}=1-x^2+x^4-x^6+\cdots \quad (|x|<1), \tag{10.41}$$
左边的定义域为全体实数，右边仅适合于绝对值小于1的实数．

无穷级数是多项式的推广．对于多项式，根据代数基本定理，n 次代数多项式在复数范围内有 n 个根（包括重数）．因此，多项式函数可以有两种表达方式：一种是和的形式
$$P(x)=a_n x^n+a_{n-1}x^{n-1}+\cdots+a_1 x+a_0, \tag{10.42}$$
另一种是乘积的形式
$$P(x)=a_n(x-x_1)(x-x_2)\cdots(x-x_n), \tag{10.43}$$
其中 x_k，$k=1,2,3,\cdots,n$ 是该多项式的全部根．仿照多项式的情况，1737 年，欧拉把欧拉级数（10.37）由无限和的形式改写成无穷乘积形式：
$$\zeta(s)=\prod_{p\text{是素数}}\frac{1}{1-p^{-s}} \quad (s>1). \tag{10.44}$$
这是一个重大发现，它表明欧拉级数事实上包含了所有素数的信息．

19 世纪，德国数学家黎曼把欧拉级数进一步推广到复数域，成为复变量 $s=\sigma+it$ 的函数，称为**黎曼 ζ 函数**：
$$\zeta(s)=\sum_{n=1}^{\infty}\frac{1}{n^s}=1+\frac{1}{2^s}+\frac{1}{3^s}+\cdots+\frac{1}{n^s}+\cdots \quad (\operatorname{Re} s>1). \tag{10.45}$$

根据级数的控制收敛准则，黎曼 ζ 函数在右半平面（$\operatorname{Re} s>1$）都是解析函数．为了有效研究素数问题，黎曼把黎曼 ζ 函数解析延拓到整个复平面上，除去唯一的奇点 $s=1$，仍记为 $\zeta(s)$．当然它依然包含了所有素数的信息．需要强调的是，解析延拓后的黎曼 ζ 函数，在形式上已经不再是原来的级数（10.45），它可以通过积分和其他特殊函数表达出来．下面是其中一种表达式：
$$\zeta(s)=\frac{1}{\Gamma(s)}\int_0^{\infty}\frac{x^{s-1}}{\mathrm{e}^x-1}\mathrm{d}x \quad (s\neq 1), \tag{10.46}$$
其中 Γ 是伽马函数，它是我们熟知的阶乘的推广，$\Gamma(n)=(n-1)!$．

对于这个函数，常常有一些误解．例如，对黎曼 ζ 函数（10.46），由具体点计算可知
$$\zeta(-1)=-\frac{1}{12},\quad \zeta(-2)=0,\quad \zeta(-3)=\frac{1}{120},\quad \cdots,$$
有人就理解为
$$1+2+3+\cdots+n+\cdots=1+\frac{1}{2^{-1}}+\frac{1}{3^{-1}}+\cdots+\frac{1}{n^{-1}}+\cdots=\zeta(-1)=-\frac{1}{12}.$$
显然这是荒唐的．事实上，解析延拓后的黎曼 ζ 函数（10.46）仅在 $\operatorname{Re} s>1$ 时与级数（10.45）相等，在其他地方，它不代表相应的级数和．

二、黎曼假设

正如多项式的情形一样，函数的信息大部分包含在其零点的信息当中．由于黎曼 ζ 函数包含了所有素数的信息，因此为了弄清素数的分布状态，黎曼 ζ 函数的零点就成为大家关心的头等大事．可以证明，黎曼 ζ 函数满足函数方程
$$\zeta(s)=2\Gamma(1-s)(2\pi)^{s-1}\sin\left(\frac{s\pi}{2}\right)\zeta(1-s), \tag{10.47}$$

由此容易知道
$$\zeta(-2n) = 0 \quad (n = 1, 2, 3, \cdots). \tag{10.48}$$

这说明，黎曼 ζ 函数在负偶数 -2，-4，-6，$\cdots$ 处有零点，人们称之为"**平凡零点**"，其他处的零点就叫作"**非平凡零点**"。那么黎曼 ζ 函数的非平凡零点具有怎样的分布呢？

1859 年，时年 33 岁的德国数学家黎曼当选为德国柏林科学院通信院士。出于对柏林科学院所授予的崇高荣誉的回报，他将一篇论文《论小于给定数值的素数个数》献给了柏林科学院。在这篇仅有 8 页的论文里，黎曼阐述了素数的精确分布规律。具体来讲，他提出了关于黎曼 ζ 函数的非平凡零点的三个命题（见图 10.27）。

命题 10.4 黎曼 ζ 函数的非平凡零点分布在实部大于 0 但是小于 1 的带状区域上。

命题 10.5 黎曼 ζ 函数的几乎所有非平凡零点都位于实部等于 $\frac{1}{2}$ 的直线上。

命题 10.6 很可能黎曼 ζ 函数的所有非平凡零点都位于实部等于 $\frac{1}{2}$ 的直线上。

这条实部等于 $\frac{1}{2}$ 的直线被称为**临界线**。命题 10.6 就是**黎曼假设**。

黎曼假设 黎曼 ζ 函数的所有非平凡零点的实部等于 $\frac{1}{2}$，即所有非平凡零点都在 $\sigma = \frac{1}{2}$ 这条直线上。

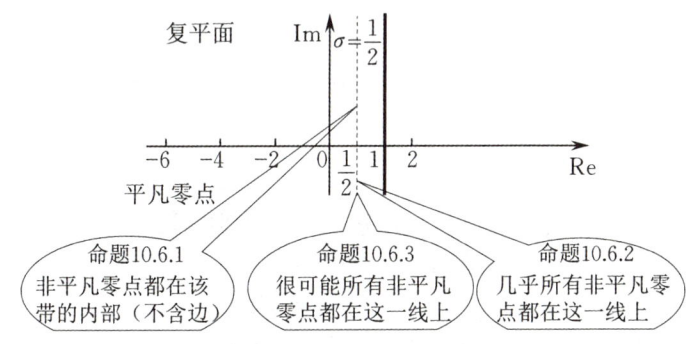

图 10.27 黎曼的三个命题

对于命题 10.4，黎曼用轻松的语气写道，这是不言而喻的普适性结果，然而这难倒了其他数学家。其实，容易证明黎曼 ζ 函数的非平凡零点位于所述带边带状区域上，但要排除两条边是十分困难的。人们发现，如果能证明黎曼命题 10.4 中的某一关键结论，则可以直接证明素数定理。36 年后，阿达马（Hadamard，1865—1963）等证明了该结论，也顺带解决了素数定理。命题 10.4 的完整结论，直到 46 年后的 1905 年才由德国数学家曼戈尔特（Mangoldt，1854—1925）完成。

针对命题 10.5，黎曼用了相当肯定的语气指出其正确性。遗憾的是，他没有给出任何证明线索，只是在与朋友的通信里提到，命题的证明还没有简化到可以发表的程度。

至于命题 10.6，黎曼破天荒地没有使用肯定的语气，而是谨慎地说道，这很有可能是正确的结论。让黎曼犹豫而止步的命题，其难度可想而知。

三、进展

黎曼假设这个看起来简单的问题事实上并不容易。从历史上看，求多项式的零点，特别是求代数方程的复根，都不是简单的问题，即便是一个特殊函数的零点，也不太容易找到。

鉴于黎曼假设的巨大难度，人们无法一步征服如此雄伟的山峰，一批数学家就另辟蹊径，不再驻足于寻求黎曼假设的证明，而是从相反的方向去具体计算黎曼ζ函数的零点，试图发现某一个不满足实部等于$\frac{1}{2}$的零点，从而否决黎曼假设。1903年，丹麦数学家第一次算出了15个非平凡零点；1925年，李特尔伍德和哈代改进了计算方法，算出138个非平凡零点，这基本达到了人类计算能力的极限。无一例外，它们全在临界线上。

1932年，德国数学家西格尔（Siegel, 1896—1981）历经两年钻研，从黎曼的手稿里找到了一个关键工具——黎曼-西格尔公式。基于这一公式，人们可以很轻松地继续推进零点的计算。之后，人们迅速算出1000个，10000个……2004年，这一记录达到了8500亿个。最新的成果是法国团队用改进的算法，将黎曼ζ函数的零点计算达到了10万亿个，居然没有发现反例！现在人们已经放弃这种努力！因为黎曼ζ函数毕竟有无穷多个零点，十万亿和无穷大比起来，仍然只是沧海一粟。

1914年，丹麦数学家玻尔（Bohr, 1887—1951）和德国数学家兰道合作证明了玻尔-兰道定理：含有临界线的任意带状区域都包含了黎曼ζ函数的几乎所有非平凡零点。这表明临界线为零点汇聚的"中心位置"。同年，英国数学家哈代证明：黎曼ζ函数有无穷多个零点位于临界线上。这是一个重大突破，是对黎曼假设强有力的支持，但离确立其正确性还相差很远。

四、黎曼假设的重要性

黎曼假设在数学上有重大意义。第一，它跟其他数学命题有千丝万缕的联系。许多数学家在解决其他问题时都遇到了一道坎——黎曼假设的正确性。他们发现，如果黎曼假设是对的，那么他们的问题就解决了！世界上发表的这样的成果超过一千个。如果黎曼假设被完全证明，整个解析数论将取得全面进展。第二，黎曼假设与数论中的素数分布问题有着密切关系。第三，对它的研究促进了其他成果的建立。在这个假设上稍有突破，就有不少重大成果。200年前高斯提出的素数定理就是在100年前由于黎曼假设的一个重大突破而证明的。第四，黎曼假设"浸入"到了物理学及数学的其他领域，在代数数论、代数几何、微分几何、动力系统理论等学科中都引入各种黎曼ζ函数和它们的推广L函数，它们各有相应的"黎曼假设"，其中有的黎曼假设已经得到证明，使得该分支获得突破性的进展。可以设想，黎曼假设及其各种推广是21世纪数学的中心问题之一。

1900年，德国数学家希尔伯特提出的23个数学问题中，黎曼假设作为第8个问题的一部分而被世人所知。时至今日，23个问题中已经有19个确定解决，3个部分解决，但黎曼假设依然像巍峨的奇山，是人类的智力巅峰。2000年，美国克雷数学研究所提出了七大难题，并且为每个难题悬赏100万美元，黎曼假设位列其首。

种种证据表明，黎曼假设无疑是当今世界上最重要的数学问题之一，如果没有思想方法的突破，很难想象它如何被解决。对黎曼假设的研究，可以让上千条命题确认为定理，也可以让上千条命题被彻底否定.

第十章思考题

1. 三大几何作图难题的解决给我们什么启示?
2. 数论是关于整数的科学,但研究数论使用解析的方法,对此你受到什么启发?
3. 简述黎曼假设的重要性.

附录 菲尔兹奖与沃尔夫奖简介

1. "数学中的诺贝尔奖"——菲尔兹奖

诺贝尔奖中为什么没有设数学奖？对此人们一直有着各种猜测与议论．许多人曾听过这样的故事：诺贝尔（Nobel，1833—1896）不设数学奖，主要是他的好朋友——瑞典数学家列夫勒（Leffler，1846—1927）曾与他的妻子有染，如果他设数学奖，这奖金就会落在他痛恨的人手里．这个故事，仅仅是一种猜测．公开的原因，是诺贝尔希望奖金能给在科学上的发现或发明，能"马上"给人类带来福利．而数学发现的东西，很难在短短的十年中就看出对人类幸福有什么贡献．

附录图 1 菲尔兹

但是，数学领域也有一种世界性的奖励，这就是每 4 年颁发一次的菲尔兹奖．菲尔兹奖是数学学科中最著名的国际奖，是以终生致力于数学研究的加拿大数学家、数学教育家菲尔兹（Fields，1863—1932）（见附录图 1）的名字命名的，在各国数学家的眼里，菲尔兹奖所带来的荣誉可与诺贝尔奖媲美，被人们称为"数学中的诺贝尔奖"．

这一大奖于 1932 年第 9 届国际数学家大会时设立，1936 年首次颁奖．该奖每 4 年颁发一次，在每隔 4 年召开一次的国际数学家大会的开幕式上举行颁奖仪式，由评委会主席宣布获奖名单，由大会东道主国的要员或著名数学家颁发奖章和奖金，由权威数学家分别介绍获奖人的主要数学成就．该奖项由数学界的国际权威学术团体——国际数学联合会主持，从全世界第一流的 40 岁以下的数学家中评选，专门奖励 40 岁以下的年轻数学家的杰出成就，每次获奖者不超过 4 人，每人可获得一枚纯金制成的奖章和 1500 美元奖金．奖章上面有希腊数学家阿基米德的头像，并且用拉丁文镌刻上"超越人类极限，做宇宙主人"的格言，如附录图 2 所示．

菲尔兹奖章正面
Transire suum pectus mundoque potiri.
超越人类极限，做宇宙主人．

菲尔兹奖章背面
Congregati ex toto orbe mathematici ob
scripta insignia tribuere.
全世界的数学家聚集一起，为知识做出新贡献而自豪．

附录图 2 菲尔兹奖章

2. 沃尔夫奖

1976年1月,德国化学家沃尔夫(Wolf,1887—1981)(见附录图3)及其家族捐献1000万美元成立了沃尔夫基金会,其宗旨是奖励对推动人类科学与艺术文明做出杰出贡献的人士,每年评选一次,分别奖励在数学、物理、化学、医学和农业领域,或艺术领域中建筑、音乐、绘画、雕塑四大项目之一中取得突出成绩的人士,其中以沃尔夫数学奖影响最大. 沃尔夫奖于1978年开始颁发,通常是每年颁发一次,每个奖的奖金为10万美元,可以由几人分得.

由于沃尔夫数学奖具有终身成就奖的性质,所有获得该奖项的数学家都是享誉数坛、闻名遐迩的当代数学大师,他们的成就在相当程度上代表了当代数学的水平和进展.

附录图3　沃尔夫

参 考 文 献

[1] 周宪. 美学是什么 [M]. 北京：北京大学出版社，2015.
[2] 堀场芳数. e 的奥秘 [M]. 丁树深，译. 北京：科学出版社，2000.
[3] 马奥尔. e 的故事：一个常数的传奇 [M]. 周昌智，毛兆荣，译. 北京：人民邮电出版社，2010.
[4] 张顺燕. 数学的源与流 [M]. 2 版. 北京：高等教育出版社，2003.
[5] 利维奥. φ 的故事：解读黄金比例 [M]. 刘军，译. 长春：长春出版社，2003.
[6] 易南轩. 数学美拾趣 [M]. 北京：科学出版社，2004.
[7] 方延伟. 数学归纳法 [M]. 武汉：湖北教育出版社，2002.
[8] 王树禾. 数学思想史 [M]. 北京：国防工业出版社，2003.
[9] 苏淳. 漫话数学归纳法 [M]. 4 版. 合肥：中国科学技术大学出版社，2014.
[10] 项武义. 基础几何学 [M]. 北京：人民教育出版社，2004.
[11] 克莱因. 现代世界中的数学 [M]. 齐民友，等译. 上海：上海教育出版社，2007.
[12] 克莱因. 古今数学思想：第 1 册 [M]. 张理京，张锦炎，江泽涵，译. 上海：上海科学技术出版社，2002.
[13] 克莱因. 古今数学思想：第 2 册 [M]. 朱学贤，等译. 上海：上海科学技术出版社，2002.
[14] 克莱因. 古今数学思想：第 3 册 [M]. 万伟勋，等译. 上海：上海科学技术出版社，2002.
[15] 克莱因. 古今数学思想：第 4 册 [M]. 邓东皋，等译. 上海：上海科学技术出版社，2002.
[16] 邓东皋，孙小礼，张祖贵. 数学与文化 [M]. 北京：北京大学出版社，1990.
[17] Wilson R. Four Colours Suffice [M]. New Jersey：Princeton University Press，2013.
[18] 冯克勤. 从整数谈起 [M]. 哈尔滨：哈尔滨工业大学出版社，2015.
[19] 吴文俊. 世界著名数学家传记 [M]. 北京：科学出版社，1995.
[20] 马忠林. 数学辞典 [M]. 长春：吉林教育出版社，1996.
[21] 张景中. 数学与哲学 [M]. 大连：大连理工大学出版社，2008.
[22] 张景中. 数学家的眼光：典藏版 [M]. 北京：中国少年儿童出版社，2011.
[23] 张顺燕. 数学的美与理 [M]. 2 版. 北京：北京大学出版社，2012.
[24] 李文林，任辛喜. 数学的力量：漫话数学的价值 [M]. 北京：科学出版社，2006.
[25] 龚升. 微积分五讲 [M]. 北京：科学出版社，2004.
[26] 费黎宗. 神奇方阵 [M]. 李志宏，译. 北京：中国市场出版社，2008.

人 名 索 引

阿贝尔	Abel，32，41，217
阿达马	Hadamard，243
阿德曼	Adleman，208
阿格里帕	Agrippa，187
阿基米德	Archimedes，106，215，217，246
阿罗	Arrow，185
阿佩尔	Appel，230，231
埃庇米尼得斯	Epimenides，173
埃尔米特	Hermite，120，135
埃夫隆	Efron，34
埃拉托色尼	Eratosthenes，22，226
爱因斯坦	Einstein，15，25，27，28，80，87，143，145，230
安纳萨格拉斯	Anaxagoras，213
奥昆科夫	Okounkov，234
奥雷	Ole，230
奥里斯姆	Oresme，241
奥皮亚奈	O'Beirne，160
奥斯特罗格拉茨基	Ostrogradsky，141
巴门尼德	Parmenides，172
巴特莱	Pateler，122
柏拉图	Plato，53，54，103
邦贝利	Bombelli，127，183
鲍耶	Bolyai，38，140
贝尔特拉米	Beltrami，142，143
贝克莱	Berkeley，177
比尔吉	Burgi，119
比内	Binet，113
毕达哥拉斯	Pythagoras，28，73，162，175
波尔查诺	Bolzano，181，182
波利亚	Polya，48
玻尔	Bohr，244
伯克霍夫	Birkhoff，159，230
伯里克利	Pericles，213

伯努利	Bernoulli, 43, 45, 183
博拉斯曼	Borrasmann, 141
布赫斯塔勃	Buchstab, 227
布朗	Brun, 226
布里格斯	Briggs, 119
布龙克尔	Brouncker, 108
布尼雅可夫斯基	Bunyakovsky, 141
布特鲁	Boutroux, 171
策梅洛	Zermelo, 179
陈景润	227
陈省身	27, 47, 54
达·芬奇	da Vinci, 28, 117
达朗贝尔	d'Alembert, 43
戴德金	Dedekind, 132, 175, 177
德·摩根	De Morgan, 141, 228, 229
狄利克雷	Dirichlet, 199, 220
笛卡儿	Descartes, 10, 20, 31, 36, 37, 40, 61, 65, 85, 87, 92, 95, 104, 127, 213, 214, 235
笛沙格	Desargues, 37
第欧根尼	Diogenēs, 173
棣莫弗	De Moivre, 45
丁夏唯	227
丢番图	Diophantus, 39, 99, 166, 167, 217
丢勒	Dürer, 153
恩格斯	Engels, 3, 65
法尔廷斯	Faltings, 221
菲尔兹	Fields, 246
斐波那契	Fibonacci, 112
费马	Fermat, 37, 45, 99, 217, 218, 220, 222, 225, 235
冯·米塞斯	von Mises, 45
冯·诺依曼	von Neumann, 27
弗雷格	Frege, 178
弗里德曼	Freedman, 238
弗伦克尔	Fraenkel, 179
符雷	Frey, 221, 222
傅鹰	31
富兰克林	Franklin, 154, 230
伽利略	Galileo, 21, 181

伽罗瓦	Galois, 32, 42, 61
盖尔美斯	Gailmes, 215
盖伊	Guy, 228
高基莫夫	Gorkimov, 159
高斯	Gauss, 11, 32, 38, 39, 40, 44, 87, 94, 96, 121, 127, 140, 142, 206, 215, 219, 224, 244
哥德巴赫	Goldbach, 224, 225
哥德尔	Gödel, 11, 136, 179
格拉斯曼	Grassmann, 38
格雷戈里	Gregory, 108
龚升	95
古普费尔	Gupfer, 141
谷山丰	Yutaka Taniyama, 222
关孝和	Takakazu, 156
郭沫若	146
哈伯斯坦姆	Halberstam, 227
哈代	Hardy, 47, 97, 225, 226, 244
哈肯	Haken, 230
哈密顿	Hamilton, 38, 128, 229, 239
华蘅芳	127
华罗庚	15, 23, 117, 224, 227
怀尔斯	Wiles, 99, 222
惠更斯	Huygens, 45
姬曼	Germain, 220
加菲尔德	Garfield, 165
卡尔达诺	Cardano, 45, 127, 183
开普勒	Kepler, 28, 111, 162
凯莱	Cayley, 128, 229
康德	Kant, 198
康托尔	Cantor, 5, 32, 33, 35, 45, 130, 132, 133, 135, 136, 177, 178, 179, 181, 186, 241
柯西	Cauchy, 27, 32, 44, 177, 180, 181
科恩	Cohen, 136
科赫	Koch, 230
克莱罗	Clairaut, 43
克莱因	Klein, 87, 144, 215
克莱因	Kline, 19, 22, 28
克罗内克	Kronecker, 128

肯普	Kempe，229，230，231
库恩	Kuhn，226
库默尔	Kummer，220，221
拉格朗日	Lagrange，43，224
拉梅	Lamé，220
拉普拉斯	Laplace，45，193，202
拉泽里尼	Lazzerrini，110
莱布尼茨	Leibniz，31，42，108，176，183，218
兰伯特	Lambert，105
兰道	Landau，225，226，244
劳伯尔	Loubère，149
勒贝格	Lebesgue，45
勒让德	Legendre，105，220
雷麦	Raymer，221
雷诺	Reynolds，230
黎曼	Riemann，32，38，44，140，142，238，241，242，243，244
黎西罗	Ricillo，215
李大潜	19，20
李善兰	138
李特尔伍德	Littlewood，226，244
李维斯特	Rivest，208
李希特	Richet，227
里贝特	Ribet，222
利玛窦	Matteo Ricci，138
列夫勒	Leffler，246
林德曼	Lindemann，105，135，213
刘徽	39，71，106，107，127，166，167，176
刘维尔	Liouville，42，134
卢卡斯	Lucas，112
卢米斯	Loomis，163
鲁道夫	Ludolph，106，107
罗巴切夫斯基	Lobachevsky，11，32，38，125，137，140，141，142
罗士琳	168
罗素	Russell，85，174，178
洛瓦兹	Lovász，34
麦克斯韦	Maxwell，28，38
曼戈尔特	Mangoldt，243
芒德布罗	Mandelbrot，39

梅钦	Machin, 108, 109
蒙日	Monge, 39
密克萨	Miksa, 155
闵可夫斯基	Minkowski, 230
摩根斯坦	Morgenstern, 27
莫代尔	Mordell, 221
莫尔斯	Morse, 207
莫扎特	Mozart, 117
纳皮尔	Napier, 43, 119
牛顿	Newton, 27, 31, 42, 43, 61, 108, 176
诺贝尔	Nobel, 246
欧多克斯	Eudoxus, 175
欧几里得	Euclid, 11, 32, 36, 92, 95, 121, 137, 138, 145, 162, 164, 174, 176, 212, 235, 241
欧拉	Euler, 39, 40, 43, 78, 93, 94, 96, 104, 105, 109, 119, 127, 184, 202, 203, 218, 219, 220, 225, 241, 242
帕斯卡	Pascal, 37, 45, 194
帕西奥利	Pacioli, 45, 111
潘承洞	227
庞加莱	Poincaré, 31, 50, 91, 143, 144, 178, 179, 234, 237
佩雷尔曼	Perelman, 234, 235, 239
佩亚诺	Peano, 194
彭赛列	Poncelet, 37, 143
片桐善直	Katagiri Yoshinao, 154
蒲丰	Buffon, 45, 109, 110
普鲁塔克	Plutarch, 213
齐曼	Zeeman, 238
齐民友	25
儒歇	Rouche, 29
瑞尼	Renyi, 227
萨莫尔	Shamir, 208
塞尔	Serre, 222
塞尔伯格	Selberg, 226
三上义夫	Mikami, 107
瑟斯顿	Thurston, 238, 239
施泰纳	Steiner, 37
史尼尔勒曼	Schnirelmann, 225, 226
斯梅尔	Smale, 238
斯特普	Stemple, 230

泰勒斯	Thales, 36, 137, 175, 212
唐纳森	Donaldson, 238
陶哲轩	Terence Chi-Shen Tao, 234
托里拆利	Torricelli, 182
瓦格斯达芙	Wagstaffe, 221
外尔	Weyl, 212
王元	227
旺策尔	Wantzel, 213, 214
韦达	Viète, 40, 108, 206, 217
韦依	Weil, 222
维尔纳	Werner, 234
维纳	Wiener, 230
维诺格拉多夫	Vinogradov, 226
伟烈亚力	Wylie, 138
魏尔斯特拉斯	Weierstrass, 32, 44, 53, 132, 177
沃尔夫	Wolf, 247
沃尔泰拉	Volterra, 27
沃利斯	Wallis, 108
吴文俊	231
西尔维斯特	Sylvester, 35
西格尔	Siegel, 244
西蒙诺夫	Simonov, 141
希尔伯特	Hilbert, 33, 57, 126, 136, 145, 211, 221, 224, 225, 244
希帕索斯	Hippasus, 175
希伍德	Heawood, 229, 230, 231
徐光启	138
徐利治	125
许凯	Chuquet, 127
亚里士多德	Aristotle, 103
杨辉	147, 148, 154, 155
雨果	Hugo, 18
扎德	Zadeh, 46
张景中	6, 231
赵爽	163, 164, 165
芝诺	Zeno, 172, 173
志村五郎	Goro Shimura, 222
祖冲之	106, 107

图书在版编目(CIP)数据

数学文化赏析/张文俊编著. —北京:北京大学出版社,2022.7
ISBN 978-7-301-32968-9

Ⅰ. ①数… Ⅱ. ①张… Ⅲ. ①数学—文化—高等学校—教材 Ⅳ. ①O1-05

中国版本图书馆 CIP 数据核字(2022)第 049286 号

书　　　名	数学文化赏析 SHUXUE WENHUA SHANGXI
著作责任者	张文俊　编著
责任编辑	刘　啸
标准书号	ISBN 978-7-301-32968-9
出版发行	北京大学出版社
地　　　址	北京市海淀区成府路 205 号　100871
网　　　址	http://www.pup.cn
电子信箱	zpup@pup.cn
新浪微博	@北京大学出版社
电　　　话	邮购部 010-62752015　发行部 010-62750672　编辑部 010-62754271
印　刷　者	湖南省众鑫印务有限公司
经　销　者	新华书店
	787 毫米×1092 毫米　16 开本　17.25 印张　431 千字 2022 年 7 月第 1 版　2022 年 7 月第 1 次印刷
定　　　价	58.00 元

未经许可,不得以任何方式复制或抄袭本书之部分或全部内容。
版权所有,侵权必究
举报电话:010-62752024　电子信箱:fd@pup.pku.edu.cn
图书如有印装质量问题,请与出版部联系,电话:010-62756370